R 可视化数据分析

主编　郭明才　刘文杰　孙　源　张　艺
于俊丽　曹小丽　辛成龙　付　颖

·青岛·

图书在版编目(CIP)数据

R 可视化数据分析 / 郭明才等主编. -- 青岛 : 中国海洋大学出版社, 2022.5 (2023.4 重印)

ISBN 978-7-5670-3152-4

Ⅰ. ①R… Ⅱ. ①郭… Ⅲ. ①可视化软件 Ⅳ. ①TP31

中国版本图书馆 CIP 数据核字(2022)第 077694 号

R 可视化数据分析　　R KESHIHUA SHUJU FENXI

出版发行　中国海洋大学出版社
社　　址　青岛市香港东路 23 号　　邮政编码　266071
出 版 人　杨立敏
网　　址　http://pub.ouc.edu.cn
电子信箱　2627654282@qq.com
责任编辑　赵孟欣　　电　　话　0532-85901092
印　　制　日照报业印刷有限公司
版　　次　2022 年 6 月第 1 版
印　　次　2023 年 4 月第 2 次印刷
成品尺寸　185 mm × 260 mm
印　　张　15.75
字　　数　361 千
印　　数　1001~1650
定　　价　78.00 元

编 委 会

前言

可视化是数据描述的图形展示，旨在一目了然地揭示数据包含的各种信息。统计图形在揭示特殊现象或规律上的功能，是数据本身不能替代的。R作为一种开源平台，已被广泛用作数据统计分析和可视化的工具。

一个人不一定非要成为一名程序员才能使用R，只要有一定的计算机基础，就可以使用基本的R功能来进行图形数据分析，针对初学者和中级R用户，本书涵盖的内容包括数据可视化简史、分类变量数据可视化、散点图、直方图、概率密度图、箱线图、小提琴图、条形图、折线图、分析质量控制图、地图热力图(空间数据可视化)和饼图等。

本书R代码输出的图形，既有默认风格，也有定制风格，配色方案和分辨率达到了国际顶级SCI期刊自然杂志和科学杂志的出版要求。

本书主要适用于公共卫生领域和其他领域有可视化数据分析需求的各类专业技术人员，也可供相关专业高校学生在内的其他人员参考。

书中引用了一些公开发表的文献资料，在此不能一一列举，谨向这些文献的原作者表示谢意。

本书编写过程中，限于我们的学识，疏漏和错误在所难免，恳请各位专家和同行指正。

编　者

2022年3月4日于济南

目 录

第一章 数据可视化简史

公元950年，一位欧洲天文学家创作了一幅《行星运动图》，从此揭开了数据可视化的篇章。这幅图描绘了7个主要行星轨道随时间变化的趋势，纵轴代表天体运行轨迹，横轴代表时间。这是目前能找到的年代最久远的数据可视化作品，也是人类文献中最古老的线形图。虽然年代久远，但图表中包含了很多现代统计图形的元素：坐标轴、网格、平行坐标和时间序列。

17世纪，数据的收集、整理和可视化开始了系统性的发展。数据的获取方式主要集中在时间、空间、距离的测量上，数据的应用主要集中在地图制作和天文分析上。此时，笛卡尔发明了可以在两个或三个维度上进行数据分析的解析几何和坐标系，使数据可视化向前迈出了重要的一步。同时，早期概率论(Pierre de Fermat 与 Pierre Laplace)和人口统计学(John Graunt)研究开始出现。

18世纪可以说是科学史上承上启下的年代，英国工业革命、牛顿对天体的研究以及后来微积分方程等的建立，都推动着数据向精准化阶段发展，统计学研究的需求也愈发显著，用抽象图形的方式来表示数据的想法也不断成熟。此时，经济学中出现了类似当今柱状图的线图表述方式，英国神学家 Joseph Priestley 也尝试在历史教育上使用图的形式介绍不同国家在各个历史时期的关系。法国人 Marcellin du Carla 绘制了等高线图，用一条曲线表示相同的高程，对于测绘、工程和军事有着重大的意义，成了地图的标准形式之一。

随着对数据系统性的收集以及科学的分析处理，条形图和时间序列图等可视化形式的出现，体现了人类数据运用能力的进步。随着数据在经济、地理、数学等领域不同应用场景的应用，数据可视化的形式变得更加丰富。

作为那个年代博学多才的学者代表，著名天文学家、哈雷彗星的轨迹计算者(埃德蒙·哈雷 Edmond Halley，1656—1742)在数据可视化领域也有诸多贡献，他绘制了第一张天气图，编制了第一张死亡率表等，图1-1是哈雷绘于1702年的一张地图，在坐标网格上用等值线表示了等值的磁偏角，这可能是第一张基于数据的绘有等值线的主题地图。

地图领域的下一个创造，是法国人 Marcellin du Carla 绘制的等高线图，用一条曲线表示相同的高程，对于测绘、工程和军事有着重大的意义。在地图中，出现了等高线表示的3D地图[Marcellin du Carla-Boniface(1782)]。比较国家间差别的几何图形开始出现在地图上[Charles de Fourcroy(1782)]，时间线被历史研究者引入用来表示历史的变迁[Priestley(1765)]。特别重要的是，在后来年代中被人们作为基本图形使用的饼图、圆环图、条形图和线图也出现了[Playfair(1786,1801)]。

数据可视化发展中的重要人物，苏格兰工程师、政治经济学家以及统计图形方法的奠基人之一 William Playfair(1759—1823),在 1765 年创造了第一个时间线图,其中单个线,用于表示人的生命周期,整体可用于比较多人的生命跨度。这些时间线直接启发了他发明条形图以及其他一些我们至今仍常用的图形,包括饼图、时间序列图等。他的这一思想可以说是数据可视化发展史上一次新的尝试, 用新的形式表达了尽可能多且直观的数据。

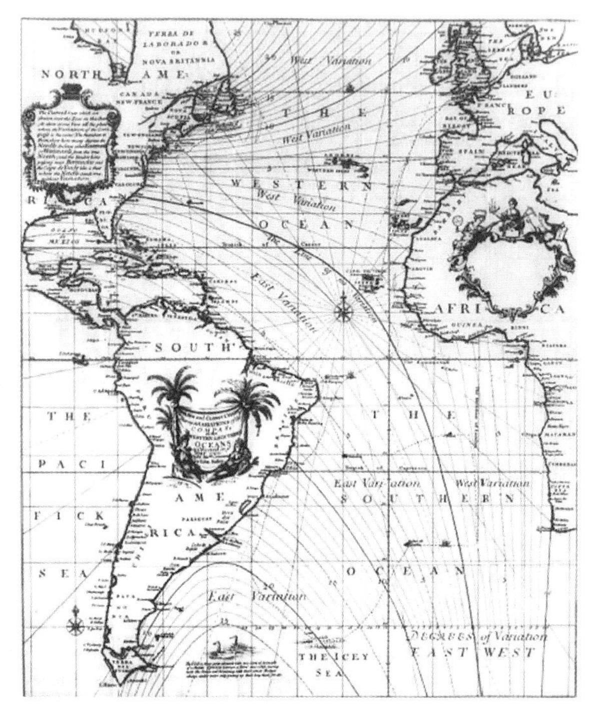

图 1-1 地球等磁线可视化

在 *The Statistical Breviary*(Playfair,1801) 一书中,他第一次使用饼图来展示一些欧洲国家的领土比例(图 1-2),成为历史上第一例饼图。这幅图在今天看来似乎没有什么惊世骇俗之处,但在当时统计图形种类极为稀少的年代,能以这种方式清晰展示数据结构,也实属难能可贵。除了这两种图形之外,他还发明了条形图和圆环图。

19 世纪是现代图形学的开始,随着科技迅速发展,工业革命从英国扩散到欧洲大陆和北美。随着社会对数据的积累和应用的需求,现代的数据可视化、统计图形和主题图的主要表达方式,在这几十年间基本都出现了。在这个时期内,数据可视化的重要发展包括:散点图、直方图、极坐标图形和时间序列图等等。主题地图和地图集成为这个年代展示数据信息的一种常用方式,应用领域涵盖社会、经济、疾病、自然等各个主题。

19 世纪上半叶,受到 18 世纪视觉表达方法创新的影响,统计图形和专题绘图领域出现了爆炸式的发展, 目前已知的几乎所有形式的统计图形都是在此时被发明的。在此期间,数据的收集整理范围明显扩大,由于政府加强对人口、教育、犯罪、疾病等领域的关注,大量社会管理方面的数据被收集用于分析。1801 年英国地质学家 William Smith 绘制了第一幅地质图,引领了一场在地图上表现量化信息的潮流,也被称为“改变世界的地图”。

这一时期,数据的收集整理从科学技术和经济领域扩展到社会管理领域,对社会公共领域数据的收集标志着人们开始以科学手段进行社会研究。与此同时科学研究对数据的需求也变得更加精确,研究数据的范围也有明显扩大,人们开始有意识地使用可视化的方式尝试研究、解决更广泛领域的问题。

高尔顿(Francis Galton,1822—1911),英国博物学家,在多个学科的发展史上留下了自己或深或浅的印记。他的成就现在为人所熟知的包括:指纹识别、数理统计、相关和回归、遗传学和优生学、心理学等等。他创立的生物统计实验室,后来发展成伦敦大学的统计系,成为 K.Pearson,R.A.Fisher 这些数理统计早期大师的舞台。在可视化的历史上,Francis Galton 也做出了创造性的贡献。

Francis Galton 在对遗传学进行研究的时候,提出了一个统计思想,在二元正态分布中:(a)相同频率的等值线表现为同轴的椭圆族;(b)关于 x|y 或 y|x 的均值的(回归)线轨迹是这些椭圆的共轭直径。这个想法是通过对他所收集的数据平滑之后的大量可视化实验得到的。他的学生 K.Pearson 评价说:“那些 Francis Galton 通过观察而逐渐形成的思想,在我看来,是从纯粹的观察分析中得到的最有价值的科学发现。”

Francis Galton 在可视化领域的另一个主要贡献是天气图。Francis Galton 对气象学的研究开始于 1861 年,在 1863 年发表的 *Meterographica* 中,包括了 600 多幅地图和图表,利用这些图表,Francis Galton 发现了一些新的气象现象,其中最著名的是反气旋(anti-cyclone)。Francis Galton 虽然没有像他的表兄达尔文那样作出过惊天动地的大发现,依然对科学大厦添加了自己的贡献。高尔顿的可视化发现展示了一种经验科学的研究方法:利用可视化总结抽象数据,发现模式,提出洞见,形成理论。

19 世纪上半叶末,数据可视化领域开始了快速的发展,随着数字信息对社会、工业、商业和交通规划的影响不断增大,欧洲开始着力发展数据分析技术,数据可视化迎来了历史上的第一个黄金时代。

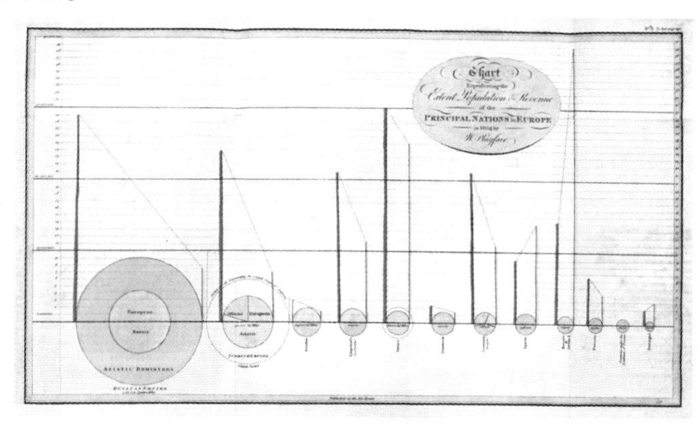

图 1-2 饼图

图 1-2 描述了法国大革命前后一些欧洲国家的统计数据,展示了各个国家的领土面积(和圆圈成比例)以及人口(左垂线)、税收(右垂线)、国土在各大洲分布比例等数据,两条垂线连线的斜率可表示税负的轻重。

随着社会统计学的影响力越来越大,在 1857 年维也纳统计学国际会议上,学者就已经开始对可视化图形的分类和标准化进行讨论。不同数据图形开始出现在书籍、报刊、研究报告和政府报告等正式场合之中。这一时期法国工程师 Charles Joseph Minard 绘制了多幅有意义的可视化作品，被称为“法国的 Playfair”，他最著名的作品是用二维的表达方式，展现六种类型的数据，用于描述拿破仑战争时期军队损失的统计图(图 1-3)。

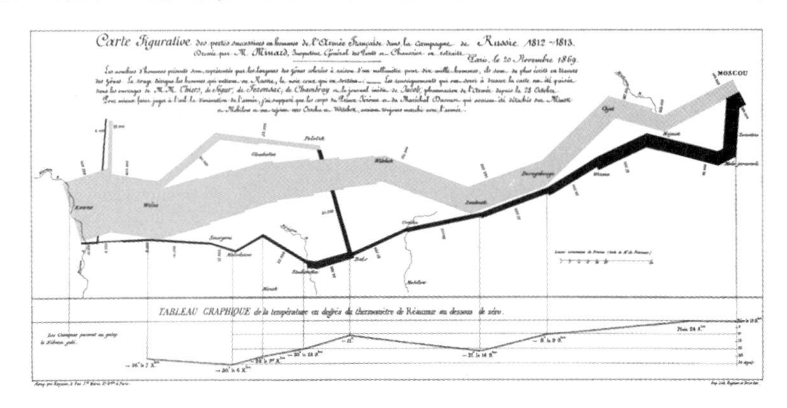

图 1-3 拿破仑军队损失统计图

Minard 绘制的地图，展现了 1812 年拿破仑的大军进军俄国的路线(上半部分)和撤退时的气温变化(下半部分)。这一历史事件中，法军数量的急剧减少以及恶劣的气候条件一览无遗。

1812 年 6 月 24 日，拿破仑率领欧洲历史上集结的最大规模的部队 691 501 名士兵开赴莫斯科。但等他们到达那里，看到的只是一座空城。城里的人都被遣散，所有的供给也被切断。军队不得不撤退。在归程中，因为天气过于恶劣，给军队提供补给几乎是不可能的。马匹因为缺少粮草而变得虚弱，所有的马要么饿死，要么被饥饿的士兵拿去果腹。没有了坐骑，法国骑兵们成了步兵，大炮和马车被迫丢弃，部队没了装甲。饥饿与疾病带来惨重的伤亡，而逃兵数目也直线上升。大军团的小分队在维亚济马、克拉斯内和波洛茨克也被俄国人击溃。法国军队在渡贝尔齐纳河时遭到俄军两面夹击，伤亡惨重，这也是法军在俄国遭遇的最后一场灾难。1812 年 12 月 14 日，大军团被驱逐出俄国领土。在这场远征俄罗斯的战役中，拿破仑的士兵只有大约 22 000 人得以幸存。这一历史事件被 Charles Joseph Minard 用一张二维平面图形记录了下来，在这张二维图形中，他成功地展示了如下信息：

(1)军队的位置和前进方向，以及一路上军队的分支和汇合情况；

(2)士兵数目的减少[(图形顶端最粗的线条表示最初渡河的 422 000 人，他们一路深入到俄国领土，在莫斯科停下来的时候还有 10 万人左右。从右到左，他们朝西走回头路，渡过 Niemen 河的时候，仅仅剩下 10 000。随着大部队和余部会师(比如在渡贝尔齐纳河之前)，图中显示的数字降中也有升]；

(3)撤退时的气温变化(参见图的下半部分，可知当时气候条件极其恶劣)。

这幅图形在统计图形界内享有至高无上的地位，被统计图形和信息可视化领域的领军人物，人称“数据达芬奇”的 Edward Tufte 称为“有史以来最好的统计图形”。

1831 年 10 月，英国第一次爆发亚洲霍乱，患者突然开始腹痛腹泻，呕吐不止，没有什么有效的治疗手段，大部分人一旦发病就只能在一两天内因为腹泻脱水而死。这次疫情夺走了5万余人的生命。当时的医疗界大部分人笃信瘴气传染说。因为个人的从医经历,斯诺很早就怀疑引起消化道症状的霍乱是通过水源传播的,但要推翻广为接受的瘴气传染说,需要很坚实的证据。斯诺先是研究了1848—1849年伦敦霍乱爆发时的数据,他发现在泰晤士河上游取水的水务公司,送水的区域发病率很低,而在泰晤士河下游取脏水的公司,所辖的区域发病率很高。同时他还发现了一个典型案例,在一个大四方院里,喝一口井水的很多家都有人发病了,而取不到那口井水的几家都没有人发病,说这病从空气传播说不通。可是,斯诺的证据被无视了。

1854年,霍乱蹿到了离斯诺家5分钟路程的宽街,这一次斯诺不再局限于数据挖掘,开始了徒步追踪。他先采集了爆发区附近水井的水样,又找了一些没病例的地区的干净水样做对照,拿到显微镜下面看了半天,啥也没看出来。不能亲眼看到猎物,他就开始走访寻踪。

斯诺发现附近一个啤酒厂里无一人染病,原来是因为酒厂工人都只喝酒不喝那口井里的水。还有一家是女儿每天从宽街水井给全家打水,但正好那几天女儿没去打水,全家都没染病。几天之后,他盯上了宽街的一口水井。从8月31日第一个病人去世,到9月2日斯诺开始调查,宽街登记的83名死者中有73人住得离那口井很近。而其中61人日常就喝这口井的水,73人中另外的10个人也喝过这口井的水。除了这73人,他还另外发现几个远离宽街的死者其实都喝过那口井的水。

这些信息让他成功说服教区理事做了个实验:把那口井的摇把拆了,阻止人们打水。摇把拆掉以后,当地的疫情快速消失了。

但理事笃信瘴气传染,认为没得病的好多都跑了,宽街跟个鬼城似的,霍乱自然也走了。拆掉摇把和霍乱消失这两件事"相关未必是因果"。一个月后,水井摇把又被装回去了。

斯诺并没有放弃,为了更好地科普他的污水传染论,通过逐家走访询问,他在宽街的地图上详细地标出了每一家的死亡人数,就是图上每家门口的那些小杠,一条杠代表一条人命。他还补充上了因为去其他区域就医而没有登记在宽街的死者(图1-4)。图1-4很清晰地呈现出了后世流行病学调查中很常见的"靶心效应"——离疫源地水井越近,病例越多。当地一位名叫亨利·怀特黑德的牧师加入了斯诺的"狩猎"。怀特黑德最初认定瘴气说,但他不是一个死脑筋,在走访的过程中,他开始怀疑自己。细致的工作让他挖掘出了宽街这次爆发的0号病人,一个6月大的女婴。走访之后他发现,孩子的母亲把孩子腹泻后洗尿布的污水倒入了屋前的污水池,而池中的污水可以渗入那口水井。如果真的是污水传染,女婴8月28日开始腹泻,疫情随之爆发;孩子9月2日死亡之后,再没有病原进入水井,疫情就逐渐消失了,一切就都对上了。但是他和斯诺的报告依旧没有扭转主流认识。

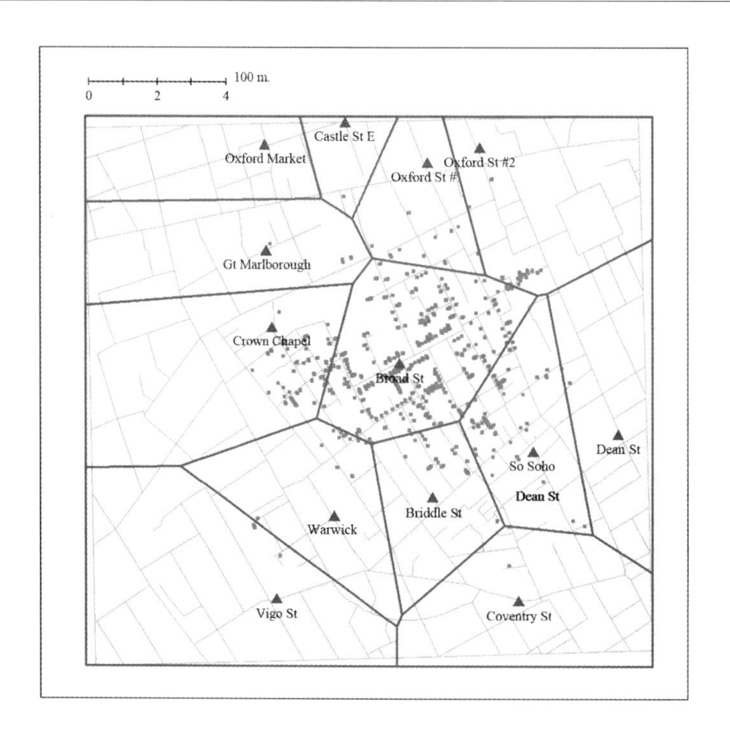

图 1–4 英国宽街霍乱感染者点图

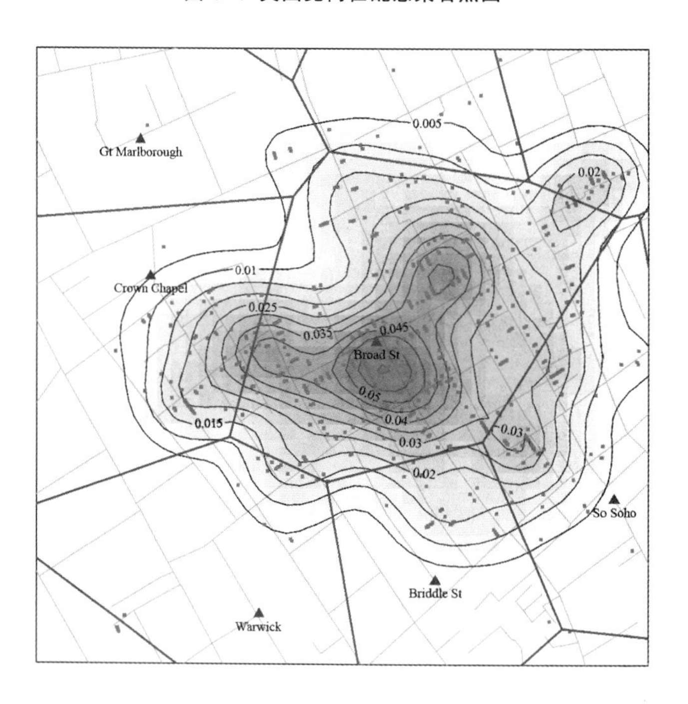

图 1–5 英国宽街霍乱感染者点图

斯诺开创性地将统计学和点地图应用于疫情调查,被认为是现代公共卫生学的始祖。

图 1-6 约翰·斯诺(John Snow),英国麻醉学家、流行病专家

最早使用玫瑰图的是法国律师Guerry,创造性地使用玫瑰图的是世界最著名的女护士——弗罗伦斯·南丁格尔(Florence Nightingale,1820—1910)。南丁格尔将不同颜色的饼状图和直方图结合,外形就像一朵绽放的玫瑰,因此被称为"南丁格尔玫瑰图",玫瑰图形象具体地表现了原本枯燥的统计数据,用以表达军医院季节性的死亡率。

1853 年,土耳其、英国、法国等与俄国为争夺巴尔干半岛爆发了克里米亚战争,获知克里米亚战争中一年竟有 4 000 多英国士兵因没有得到及时救治死亡,南丁格尔主动请缨,于 1854 年 10 月 21 日前往克里米亚野战医院工作,成了英国战斗救护团的一名护士。

现实的残酷出乎南丁格尔的预料:临时搭建的军营中污水横流,卫生状况极其糟糕;食物和药品的补给不足;因为人满为患,过多伤员令军医们应付不暇,疲惫不堪。才几天的护理,南丁格尔就发现,很多病人并没直接死于战争,而是因为负伤后没得到妥善照顾,死于斑疹伤寒、痢疾、霍乱等疾病。

在这样恶劣的环境下,受伤士兵能不被感染吗?为什么这一问题一直没得到解决呢?南丁格尔很疑惑。问询其他医生时,他们说自己早就注意到了这个问题,也向上级反映过,可不知为什么至今没得到解决。

南丁格尔开始四处访寻原因,其实,好多医生都给政府递交了报告,只是那些报告几十页长,全是医学术语,政府官员没时间看,也看不太懂;同时,当时军方普遍认为药品和食物短缺才是士兵死亡的关键因素,一来二去就将这一问题搁置了。知道这些情况后,南丁格尔陷入思索,怎样才能让人们更容易理解呢?

一天,南丁格尔正在统计病人的治疗情况。看着眼前的统计表,她灵光一闪,豁然开朗:既然文字太复杂,自己以前学过统计学,如果用独特的统计表格,简明扼要地画出来,情况不就一目了然了吗?

激动无比的南丁格尔很快将自己的想法投入到了行动中。为说明和对比伤员死亡原因所对应的人数,南丁格尔制作了一幅统计图,用扇形划分出不同月份,标题为"东部军队

(战士)死亡原因示意图”(图 1-7)。该图呈现了在两年的克里米亚战争中,英军士兵死亡人数与死亡原因的统计结果。

左图呈现了第二轮英军死亡的人数和原因。图中长短不一的 12 个扇面，表示从 1855 年 4 月到 1856 年 3 月,历时 12 个月的数据。每个扇面又由红色、黑色和蓝色三种颜色构成,最内层靠近圆心的红色区域表示死于战场的士兵人数,中间黑色区域表示死于其他原因的士兵人数,最外层的蓝色区域表示死于受伤后得不到良好救治的士兵人数。

右图呈现了第一轮英军死亡的人数和原因。时间是从 1854 年 4 月到 1855 年 3 月,为期 12 个月,图中每个扇形区颜色所代表的意思与左图相同。

右图中有一个最大的蓝色区域,统计时间是 1855 年 1 月。在第一个寒冬的战火中,就在斯库台(Scutari)这个地方,有 4 077 名士兵死亡,这些士兵死于伤寒和霍乱的人数是阵亡人数的 10 倍。这段时间,因受伤得不到有效救治士兵殒命的数量大大超过阵亡士兵的数量。这表明,士兵死亡的主要原因不是在战场上被枪炮夺命,而是死于受伤以后得不到及时有效的救治。

一左一右两张统计图,呈现的是同一个内容,只是时间段不同,但时间长度一样,具有可比性。这样的呈现,让人一眼就看得分明,左图和右图相比,右图有大片的蓝色区域,左图的蓝色区域显然要小得多。

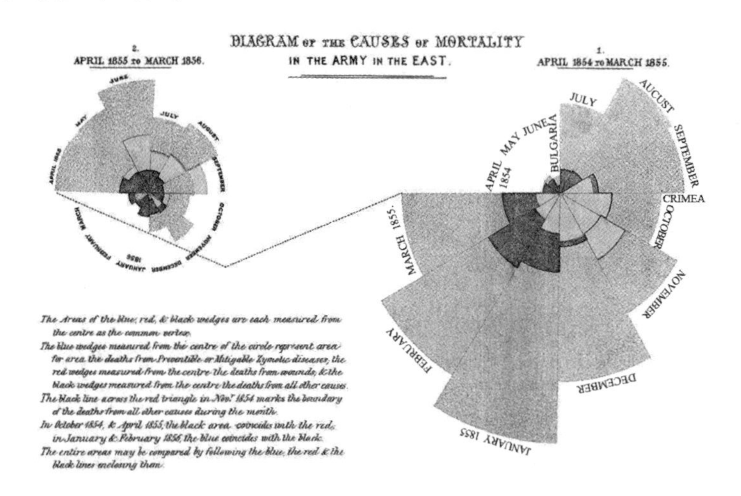

图 1-7 东部军队(战士)死亡原因示意图

南丁格尔递交的这张统计图,以简洁明了的图表取代了冗长的数据报表说明,直接向军方高层报告了克里米亚战争的医疗条件,让他们快速读懂数据的意思:英国士兵大批死亡,“元凶”是受伤后感染疾病,军队缺乏有效的医疗护理。她希望以玫瑰图的形式,让军方高层高度重视这个问题,及时增加战地护士和增援医疗设备,有效挽救大批受伤士兵的生命,从而提高部队的战斗力。很快,易于理解的申请打动了军方要人以及维多利亚女王本人,顺利得到了批复。医院迅速行动,疏通了下水道,移除水源附近的人畜尸体,又改善了通风情况,卫生状况立即得到了极大改观。政府还聘请了著名工程师布鲁内尔设计了一座预制医院,再由运输船送往达达尼尔海峡,在当地快速搭建使用;南丁格尔指导人们养成勤洗手、勤换衣等卫生习惯,加上对病人们的悉心照料,伤员的死亡率很快从 42%降低到了 2%。伤员们深受感动,称她和她的姐妹们是“上帝派来的提灯天使”。

南丁格尔不仅是现代护理的创始人,也是优秀的卫生统计学家和统计图形的先驱,是英国皇家统计学会的第一位女会员。她的玫瑰图被大数据可视化公司塔普软件公司(Tableau Software)评为人类历史上最有影响力的五个数据可视化信息图之一,在那个时代是一种充满创造力的表达数据的方式,100 多年后的今天,作为数据分析中很重要的一部分,依旧在现代公共卫生中扮演着举足轻重的作用,在流行病学调查中也大量使用到。

1879 年,Luigi Perozzo 绘制了一张 1750—1875 年瑞典人口普查数据图,以金字塔形式表现了人口变化的三维立体图,此图与之前所看到的可视化形式有一个明显的区别:开始使用三维的形式,并使用彩色表示了数据值之间的区别,提高了视觉感知。

从 20 世纪上半叶末到 1974 年这一时期被称为数据可视化领域的复苏期,在这一时期引起变革的最重要的因素就是计算机的发明,计算机的出现让人类处理数据的能力有了跨越式的提升。在现代统计学与计算机计算能力的共同推动下,数据可视化开始复苏,统计学家 John W. Tukey 和制图师 Jacques Bertin 成为可视化复苏期的领军人物。

John W. Tukey 在二战期间对火力控制进行的长期研究中意识到了统计学在实际研究中的价值,从而发表了有划时代意义的论文 *The Future of Data Analysis*,成功地让科学界将探索性数据分析(EDA)视为不同于数学统计的另一独立学科,并在 20 世纪后期首次采用了茎叶图、盒形图等新的可视化图形形式,成为可视化新时代的开启性人物。Jacques Bertin 发表了他里程碑式的著作 *Semiologie Graphique*。这部书根据数据的联系和特征,来组织图形的视觉元素,为信息的可视化提供了坚实的理论基础。

随着计算机的普及,20 世纪 60 年代末,各研究机构就逐渐开始使用计算机程序取代手绘的图形。由于计算机的数据处理精度和速度具有强大的优势,高精度分析图形就已不能用手绘制。在这一时期,数据缩减图、多维标度法 MDS、聚类图、树形图等更为新颖复杂的数据可视化形式开始出现。人们开始尝试着在一张图上表达多种类型数据,或用新的形式表现数据之间的复杂关联,这也成为现今数据处理应用的主流方向。数据和计算机的结合让数据可视化迎来了新的发展阶段。

随着应用领域的增加和数据规模的扩大,更多新的数据可视化需求逐渐出现。20 世纪 70 年代到 80 年代,人们主要尝试使用多维定量数据的静态图来表现静态数据,80 年代中期动态统计图开始出现,最终在 20 世纪末两种方式开始合并,试图实现动态、可交互的数据可视化,于是动态交互式的数据可视化方式成为新的发展主题。

数据可视化在这一时期的最大潜力来自动态图形方法的发展,允许对图形对象和相关统计特性的即时和直接的操纵。早期就已经出现为了实时的与概率图(Fowlkes,1969)进行交互的系统,通过调整控制来选择参考分布的形状参数和功率变换。这可以看作动态交互式可视化发展的起源,推动了这一时期数据可视化的发展。

近代统计图形以 John W. Tukey(1977) 的探索性数据分析为里程碑式的起点,诞生了大批具有数理统计意义和计算机应用的图形著作和图形种类,如箱线图(Robert McGill and Larsen,1978),LOWESS 曲线(Cleveland,1979),直方图和密度曲线(Scott,2015),基于 S 语言的著作(Chambers et al.,1983) 以及注重表达信息的著作(如前文介绍的 Tufte)等;现代统计图形的发展则更偏重计算机工具的开发以及高维图形和动态图形的展示,其中 S 语言(Becker, Chambers, and Wilks,1988) 为现代统计图形的发展奠定了重要的基础, 随后 R 语言 (Ihaka and Gentleman,1996; R Core Team,2021) 的兴起, 更是带来了数不胜数的统计图形方法, 比较有代表性的如 R 语言的基础包 graphics 包和 grid 包(Murrell,2018)、基于 Trellis 图形(Cleveland,1993) 思想的 lattice 图形(Sarkar,2008)、基于统计图形理论著作(Wilkinson,2005) 的 ggplot2 图形(Wickham,2016)、分类数据图示的 vcd 包(Meyer, Zeileis, and Hornik,2020)等。此外, 还有一批新的高维图形思想被提出, 如打破笛卡尔坐标系常规的平行坐标图 (Inselberg 2009),并出现了一些 R 语言之外的独立交互图形软件,如用于分析缺失值的 MANET 软件 (Unwin et al.,1996) 和交互式图形分析软件 Mondrian(Theus,2002) 等。

第二章　分类变量数据可视化

第一节　四格表资料数据可视化

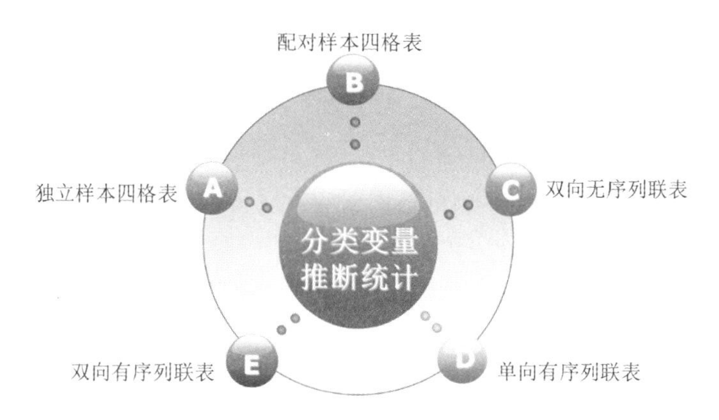

一、独立样本四格表

(一)独立样本四格表数据格式

表 2-1　不同性别高血压患病率

组别	高血压		合计
	不是	是	
女性	3 204	1 095	4 299
男性	2 838	1 414	4 252
合计	6 042	2 509	8 551

(二)检验步骤

1. 建立假设

H_0:两组样本率相同;H_1:两组样本率不同。

2. 确定检验水准

一般确定检验水准为 $\alpha=0.05$。

3. 计算统计量

4. 统计推断

$P\leqslant0.05$,拒绝原假设,接受备择假设,两组样本率差异有统计学意义;

$P>0.05$,不能拒绝原假设,两组样本率差异无统计学意义。

(三)检验方法

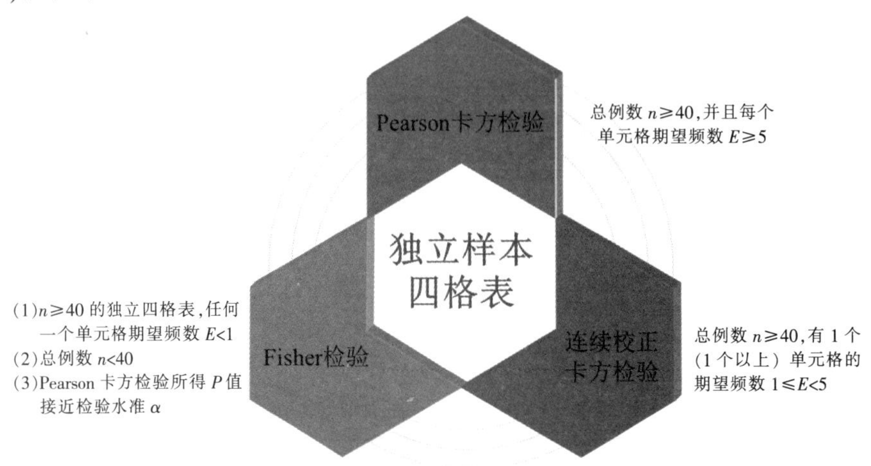

1. Pearson χ^2 检验

Pearson χ^2 检验是一种计数资料的假设检验方法,由英国统计学家 Karl Pearson 于 1900 年提出。主要用于比较两个及两个以上样本率(构成比)以及两个分类变量的关联性。

Pearson χ^2 检验适用条件:总例数 $n \geqslant 40$,并且每个单元格期望频数 $E \geqslant 5$。当 Pearson χ^2 检验的 $P \approx \alpha$ 时,改用 Fisher 精确检验。

实际(观测)频数:Actual /Observed frequency,简称 A 或 O。

理论(期望)频数:Theoretical /Expected frequency,简称 T 或 E。

$$\chi^2=\sum \frac{(O-E)^2}{E} \tag{2-1}$$

如果 χ^2 值大于事先确定的水准 α 对应的 χ^2 临界值,则拒绝 H_0,接受 H_1,差异有统计学意义。

2. 连续校正卡方检验

英国统计学家 Yates F. (1934)认为,χ^2 分布是一种连续型分布,而四格表中的资料属离散型分布,由此得到的 χ^2 统计量的抽样分布也是离散的。为改善 χ^2 统计量分布的连续性,他建议将实际观察频数 O 和理论期望频数 E 之差的绝对值减去 0.5 进行连续性校正,这种方法被称为连续性校正卡方检验。计算公式为

$$\chi^2=\sum \frac{(|O-E|-0.5)^2}{E} \tag{2-2}$$

四格表资料是否需要进行连续校正,一般可按如下情况处理:总例数 $n \geqslant 40$,若有一个(或一个以上)单元格的期望频数 $1 \leqslant E<5$,采用连续校正检验或 Fisher 精确检验。

3. Fisher 确切概率检验

Fisher 确切概率法(Fisher's exact probability)是一种直接计算概率的假设检验方法,其理论依据为超几何分布。该法不属于卡方检验的范畴,但常作为成组设计行乘列表检验的补充。

下列情况采用Fisher确切概率检验。

(1)$n \geqslant 40$的独立四格表,任何一个单元格期望频数$E<1$;

(2)总例数$n<40$;

(3)卡方检验所得P值接近检验水准α。

(四)R 实例

1. 利用数据集进行卡方检验

使用NHANES数据集(美国国家健康和营养调查)。

美国的高血压标准是高压≥130mmHg 和(或) 低压≥80mmHg。数据集NHANES中的变量BPSysAv为合并收缩压读数;变量BPDiaAv为合并舒张压读数。定义BPSysAve≥130或BPDiaAve≥80为高血压,否则为正常血压。将数值变量转换为分类变量。

```
library(NHANES)
NHANES$Hypertension <- ifelse(
  NHANES$BPSysAve >= 130|NHANES$BPDiaAve >= 80, "Yes", "No")
  NHANES$Hypertension <- as.factor(NHANES$Hypertension
) # 创建新变量 Hypertension
attach(NHANES)
#用table()函数生成四格表,分组变量在前,结果变量在后
mydata <- table(Gender, Hypertension)
mydata
##          Hypertension
## Gender      No  Yes
##   female  3204 1095
##   male    2838 1414
chisq.test(mydata, correct = FALSE)
          Pearson's Chi-squared test
data:  mydata
X-squared = 62.473, df = 1, p-value = 2.702e-15
```

$P=2.702\times10^{-15}$,说明男性和女性的高血压患病率在统计学上有显著性差异。

2. 将四格表数据转换成R数据格式(数据矩阵)进行卡方检验

(1)数据矩阵命名为compare

```
compare <- matrix(c(3204, 2838, 1095, 1414), nrow=2,
  dimnames = list(Gender = c("female", "male"),
  Hypertension = c("No", "Yes")))
compare
##       Hypertension
## Gender     No   Yes
##   female 3204 1095
##   male   2838 1414
```

(2)卡方检验

```
chisq.test(compare, correct = FALSE)
     Pearson's Chi-squared test
data:  compare
X-squared = 62.473, df = 1, p-value = 2.702e-15
```

(3)结论

$P=2.702\times10^{-15}$,拒绝 H_0 ,差异有统计学意义。

(4)皮尔逊残差(Pearson residuals)

```
chisq.test(compare, correct = FALSE)$residuals
```

(5)标准化残差(standardized residuals)

```
chisq.test(compare, correct = FALSE)$stdres
```

chisq.test(x),缺省设置为 correct = TRUE,连续校正卡方检验。

fisher.test(x),Fisher 确切概率检验。

3. 独立样本四格表关联性分析

经卡方检验拒绝独立的原假设后,可采用 phi 系数、Cramer's V 系数、列联相关系数(contingency coefficient)来度量两个定性变量之间的相关程度大小。

上述三个系数的取值范围为 0~1,0 表示完全独立,1 表示完全相关;愈接近于 1,关系愈密切。

vcd 包中的 assocstats()函数可以用来计算二维列联表的 phi 系数、列联相关系数和 Cramer's V 系数。

(1)phi 系数

phi coefficient 只适用于独立样本四格表。

(2)列联系数

列联相关系数也称 C 系数,主要用于列联表。

(3)Cramer's V 系数

这个系数由瑞典统计学家 Harald Cramer1964 年提出。

如果卡方检验证明两个变量无关,就没有必要计算列联相关系数了。

```
library(NHANES)
NHANES$Hypertension <- ifelse(
  NHANES$BPSysAve >= 130|NHANES$BPDiaAve >= 80, "Yes", "No"
)
  NHANES$Hypertension <- as.factor(NHANES$Hypertension)
attach(NHANES)
tab <- table(Diabetes, Hypertension)
tab
##          Hypertension
## Diabetes   No  Yes
##     No     5658 2144
```

```
##    Yes     379  365
chisq.test(tab,correct = FALSE)
##  Pearson's Chi-squared test
## data:  tab
## X-squared = 152.5, df = 1, p-value < 2.2e-16
library(vcd)
assocstats(tab)
##                     X^2 df P(> X^2)
## Likelihood Ratio 140.43  1        0
## Pearson          152.50  1        0
##
## Phi-Coefficient   : 0.134
## Contingency Coeff.: 0.132
## Cramer's V        : 0.134
```

4. 数据可视化

(1)马赛克图(图 2-1)

马赛克图 (Mosaic Plot) 由 Hartigan 和 Kleiner 于 1981 年引入，后经 Friendly (1994)进行了改进。利用列联表对分类数据进行图形表示,可观察两个或多个分类变量之间的关系。

每个矩形面积的大小与其对应单元格的观察频数成正比。

```
library(NHANES)
attach(NHANES)
art <- xtabs(~ Gender + Diabetes)
library(vcd)
mosaic(art, gp = shading_max)
# gp = shading_max,根据拟合模型的皮尔逊残差值对图形上色
```

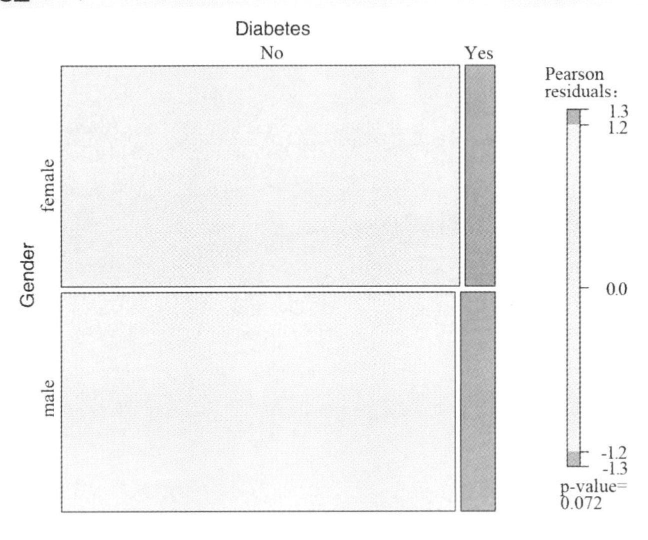

图 2-1 马赛克图

(2)关联图(图 2-2)

关联图显示每一个单元格的皮尔逊残差值。

```
library(vcd)
library(NHANES)
attach(NHANES)
art <- xtabs(~ Gender + Diabetes)
art
assoc(art, main = "Relation between Gender and Diabetes", gp = shading_max)
```

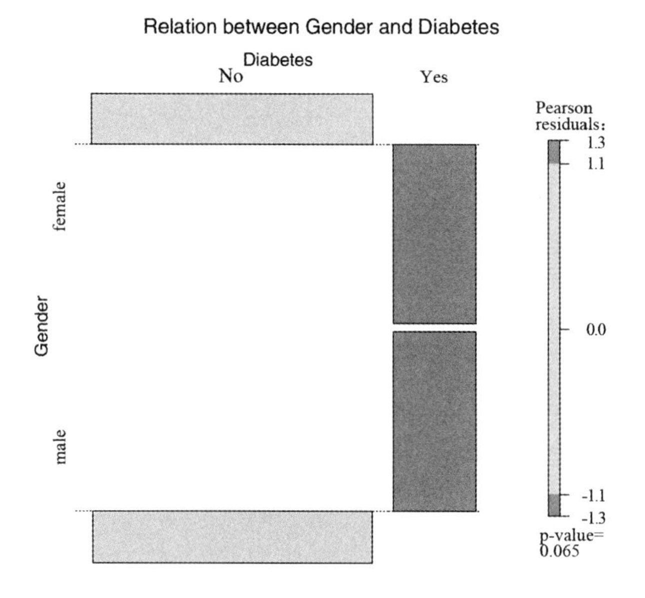

图 2-2 关联图

(3)径向图(图 2-3)

径向图只适用于四格表资料。

```
library(NHANES)
library(vcd)
attach(NHANES)
art <- xtabs(~ Gender + Diabetes)
fourfold(art, std = "ind.max")
```

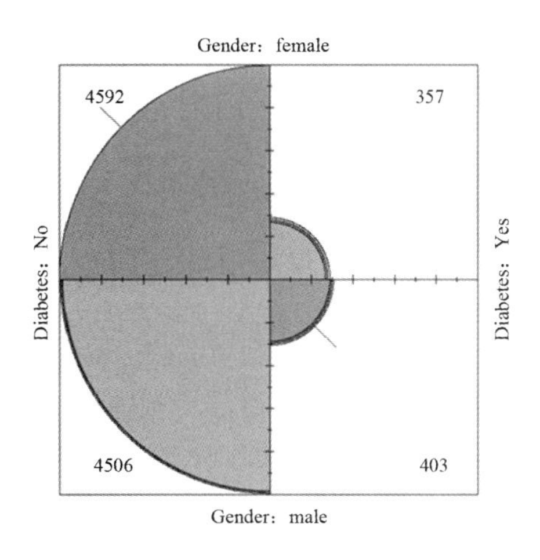

图 2-3 径向图

不同颜色代表不同的皮尔逊残差值。

二、配对样本四格表

配对设计的特点是对同一样本的每一份样品分别用 A、B 两种方法处理或一种方法处理前与处理后的结果比较。

配对四格表,有两种检验方法,即 Mcnemar 检验和 Kappa 检验。Mcnemar 检验关注的是差异性,Kappa 检验关注的是一致性。

(一)Mcnemar 检验

例：某实验室分别用乳胶凝集法和免疫荧光法对 58 名患者血清中抗核抗体进行测定,结果如表 2-2 所示。问两种方法的检测结果有无差异?

表 2-2　两种方法检测结果

		乳胶凝集法		合计
		+	−	
免疫荧光法	+	11(a)	12(b)	23
	−	2(c)	33(d)	35
合计		13	45	58

H_0:两种方法检测结果没有差异

H_1:两种方法检测结果有差异

α=0.05

mcnemar.test(x, y = NULL, correct = TRUE)　#其中 x 是具有二维列联表形式的矩阵或是由因子构成的对象。y 是由因子构成的对象,当 x 是矩阵时,此值无效。correct 是逻辑变量,TRUE(缺省值)表示在计算检验统计量时用连续校正,FALSE 是不用校正。

当 $b+c < 40$ 时,使用连续性校正,correct=TRUE(缺省值)。

当 $b+c \geq 40$ 时,不使用连续性校正,correct=FALSE。

【R 实例】

首先将配对四格表数据转换为 R 格式数据,然后进行 Mcnemar 检验。

```
mydata <- matrix(c(11, 2, 12, 33), nrow = 2,
  dimnames =list("Method1" = c("+", "-"),
  "Method2" = c("+", "-")))
  mydata
##             Method2
##   Method1     +   -
##         +    11  12
##         -     2  33
mcnemar.test(mydata)# b+c < 40,使用连续校正。
##  McNemar's Chi-squared test with continuity correction
## data: mydata
## McNemar's chi-squared = 5.7857, df = 1, p-value = 0.01616
```

χ^2=5.79,P=0.016,P<0.05 两种方法检测结果有统计学差异

(二)Kappa 检验

Kappa 检验由 Cohen 于 1960 年提出,因此又称为 Cohen's Kappa。

Kappa 一致性检验样本为两变量多分类。Kappa 值即内部一致性系数(inter-rater, coefficient of internal consistency),是作为评价判断的一致性程度的重要指标。取值在-1~1 之间,通常大于 0。-1 代表完全不一致;1 代表完全一致;正值越接近 1 代表一致性越好。Kappa≥0.75,两者一致性较好;0.75>Kappa≥0.4,两者一致性一般;Kappa<0.4,两者一致性较差。

```
library(vcd)
c_table = matrix(c(11, 2, 12, 33), nrow = 2)
c_table
##      [,1] [,2]
## [1,]   11   12
## [2,]    2   33
K <- Kappa(c_table)
K
##             value   ASE     z  Pr(>|z|)
## Unweighted 0.455 0.1153 3.945 7.97e-05
## Weighted   0.455 0.1153 3.945 7.97e-05
confint(K)
##  Kappa            lwr       upr
##   Unweighted 0.2289804 0.6810867
##   Weighted   0.2289804 0.6810867
```

ASE(Approximate Standard Error):渐进标准误差;P<0.05,代表具有一致性。

```
library(vcd)
mydata1 <- matrix(c(11, 1, 1, 33), nrow = 2,
  dimnames = list("Method1" = c("+", "-"), "Method2" = c("+", "-")))
K <- Kappa(mydata1)
##              value     ASE    z   Pr(>|z|)
## Unweighted 0.8873 0.07785 11.4 4.342e-30
## Weighted   0.8873 0.07785 11.4 4.342e-30
mydata2 < -matrix(c(11, 2, 3, 33), nrow = 2,
  dimnames = list("Method1" = c("+", "-"), "Method2" = c("+", "-")))
K <- Kappa(mydata2)
##             value    ASE     z    Pr(>|z|)
## Unweighted 0.7445 0.1074 6.935 4.068e-12
## Weighted   0.7445 0.1074 6.935 4.068e-12
mydata3 < -matrix(c(11, 5, 12, 33), nrow = 2,
  dimnames = list("Method1" = c("+", "-"), "Method2" = c("+", "-")))
K <- Kappa(mydata3)
##              value    ASE     z   Pr(>|z|)
## Unweighted 0.3688 0.1219 3.026 0.002476
## Weighted   0.3688 0.1219 3.026 0.002476
mydata4 <- matrix(c(6, 5, 12, 15), nrow = 2,
  dimnames = list("Method1" = c("+", "-"), "Method2" = c("+", "-")))
K <- Kappa(mydata4)
##               value    ASE      z    Pr(>|z|)
## Unweighted 0.08499 0.1503 0.5654    0.5718
## Weighted   0.08499 0.1503 0.5654    0.5718
```

一致性图表(通过将黑色正方形的面积与矩形的面积进行比较,可以看出一致性大小)

```
agreementplot(t(mydata1), main = "kappa = 0.8873")
agreementplot(t(mydata2), main = "kappa = 0.7445")
agreementplot(t(mydata3), main = "kappa = 0.3688")
agreementplot(t(mydata4), main = "kappa = 0.085")
```

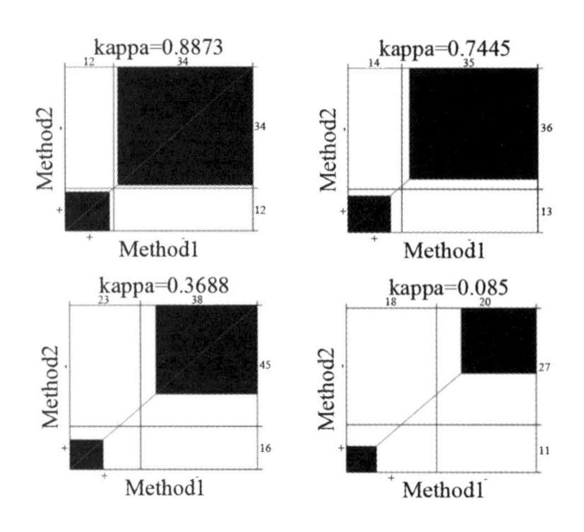

图 2-5 一致性图表

【卡方分布】

卡方分布是重要的抽样分布之一。由阿贝(Abbe)于 1863 年首先提出,后来由海尔墨特(Hermert)和现代统计学奠基人之一的卡尔·皮尔逊(Karl.Pearson)分别于 1875 年和 1900 年推导出来。

$X_1,X_2,\cdots\cdots X_n$ 相互独立,都服从标准正态分布 N(0,1),则称随机变量$\chi^2=X_1^2+X_2^2+\cdots+X_n^2$ 所服从的分布为 χ^2 分布(自由度为 n)。

自由度为所随机变量 χ^2 包含的独立变量个数(例:$\chi^2=X_1^2+X_2^2$,自由度 n=2)。

不同的自由度决定不同的卡方分布,自由度越小,分布越偏斜。当自由度很大时,χ^2 分布近似为正态分布(图 2-6)。

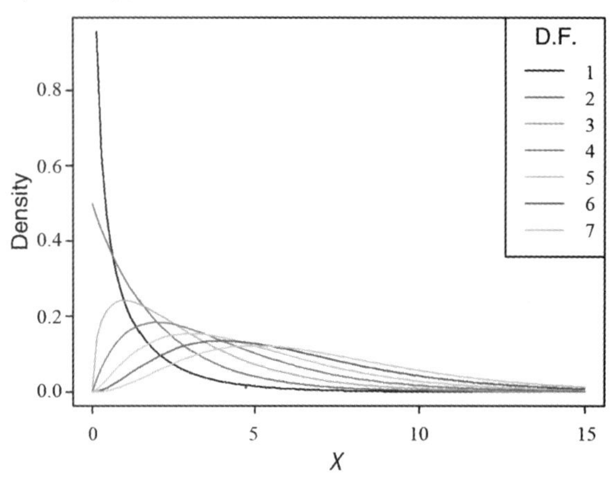

图 2-6 卡方分布概率密度函数曲线

第二节 列联表资料数据可视化

一、列联表的一般形式

列联表又称 R×C 表,R 表示行(Row),C 表示列(Column)。最常见的就是表 2-3 的二维表。维,指的是变量个数,两个变量就是二维。

两个变量分别为分组变量和结果变量。分组变量有 R (Row) 个分类, 结果变量有 C (Column)个分类,组合形成了 R×C 行列表,又称列联表或交叉表。R×C 行列表共有 R×C 个单元格,每个单元格中的数字为两个变量的各个分类组合所对应的频数。

表 2-3 列联表

	B_1	B_2	…	B_c	行和
A_1	n_{11}	n_{12}	…	n_{1c}	n_1
A_2	n_{21}	n_{22}	…	n_{2c}	n_2
…	…	…	…	…	…
A_r	n_{r1}	n_{r2}	…	n_{rc}	n_r
列和	n_1	n_2	…	n_c	n(总和)

其中,分类变量 A 有 r 个水平,分类变量 B 有 c 个水平,表中共有 r×c 个组合,n_{ij} 代表两个变量各分类某一组合的频数。

二、双向无序列联表

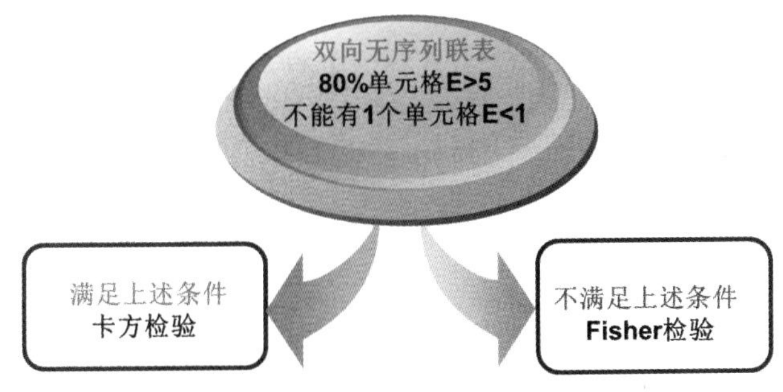

(一)双向无序列联表的独立性分析

双向无序列联表的独立性分析,最常用的分析方法是 Pearson 卡方检验。要求 80%以上单元格的期望频数大于 5,并且不能有期望频数小于 1 的单元格。

如果不能满足上述条件,则采用 Fisher 确切概率检验。

```
chisq.test(data)# data 的数据格式为矩阵;
fisher.test(data)
```

```
library(NHANES)
NHANES$Hypertension <- ifelse(
  NHANES$BPSysAve >= 130|NHANES$BPDiaAve >= 80, "Yes", "No")
  NHANES$Hypertension <- as.factor(NHANES$Hypertension
)
attach(NHANES)
tab <- table(Race1, Hypertension)
tab
##            Hypertension
## Race1        No  Yes
##   Black     651  340
##   Hispanic  366  133
##   Mexican   646  168
##   White    3878 1715
##   Other     501  153
chisq.test(tab)
##  Pearson's Chi-squared test
## data:  tab
## X-squared = 59.139, df = 4, p-value = 4.399e-12
```

$P=4.399\times10^{-12}$,拒绝 H_0,变量 Race1 与 Hypertension 不相互独立。

进行多个样本率比较时,如果拒绝 H_0,则多个样本率之间的差异有统计学意义。表明至少有某两个之间有差异。

事后两两比较由于检验次数的增多，会增加一类错误的概率，所以通常需要校正 P 值。需要说明的是,有的 P 值经校正之后等于 1,这很正常。

多个样本率的多重比较,可采用 Bonferroni 法进行多个样本率的两两比较。

k 组样本两两比较时,比较次数为 k(k-1)/2,检验水准

$$\alpha'=\frac{\alpha}{k(k-1)/2} \tag{2-3}$$

实验组与同意对照组比较,在 k 组样本中,指定对照组与其余各组比较时,比较次数为 k-1,检验水准

$$\alpha'=\frac{\alpha}{k-1} \tag{2-4}$$

(二)为列联表添加边际和(边际频数)

```
library(NHANES)
attach(NHANES)
art <- xtabs(~ Gender + Diabetes)
art
addmargins(art)
```

(三)马赛克图

```
library(vcd)
data("Arthritis")
art <- xtabs(~ Treatment + Improved, data = Arthritis, subset = Sex == "Female")
art
mosaic(art, gp = shading_max) # 图 2-7
```

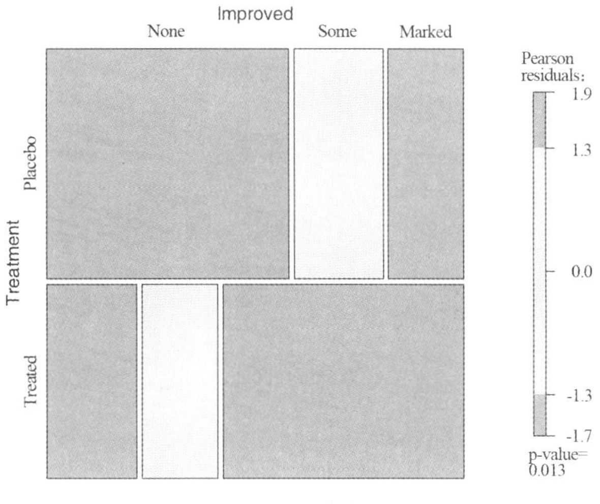

图 2-7　马赛克图

```
attach(Arthritis)
mosaic(~ Treatment + Improved, gp = shading_max) # 图 2-8
```

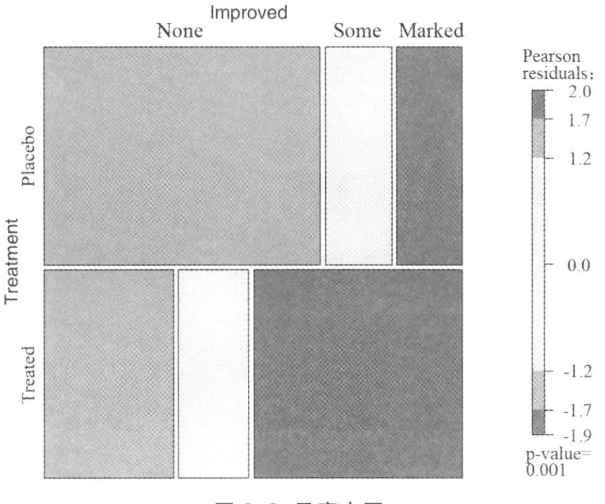

图 2-8　马赛克图

(四)关联图

```
data("HairEyeColor")
## Aggregate over sex:
(x <- margin.table(HairEyeColor, c(1, 2)))
```

```
## Ordinary assocplot:
assoc(x)
## and with residual-based shading (of independence)
## 图 2-9
```

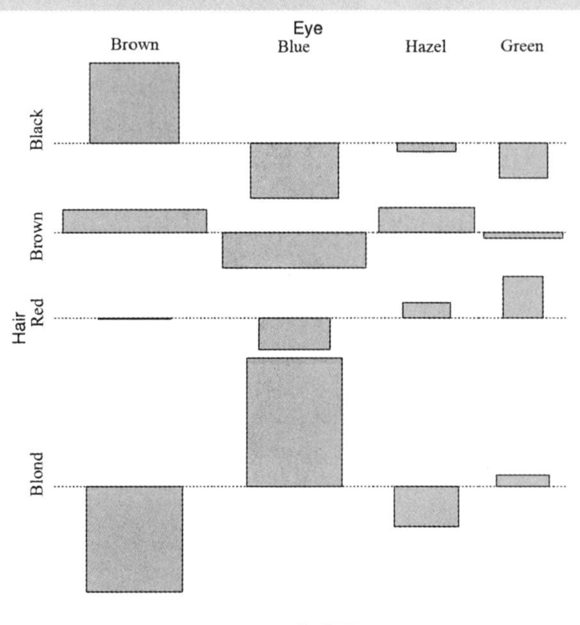

图 2-9 关联图

```
assoc(x, main = "Relation between hair and eye color", shade = TRUE)
#图 2-10
```

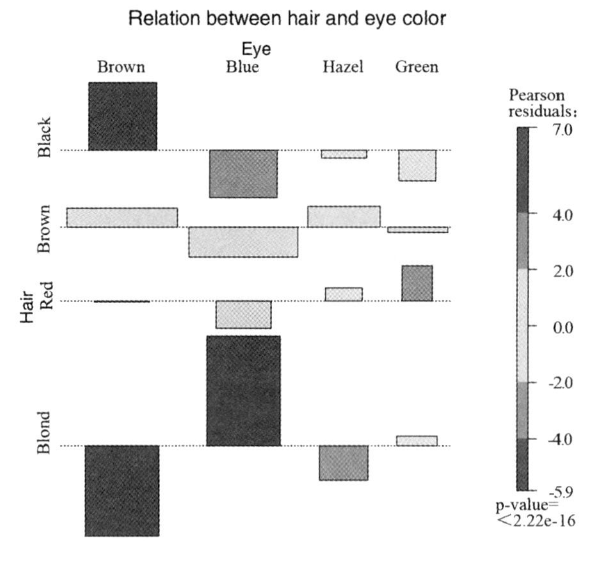

图 2-10 关联图

（五）百分比条形图

```
library(NHANES)
```

```
attach(NHANES)
library(vcdExtra)
xtabs(~ Race1, data = NHANES)
plot(Diabetes ~ Race1, data = NHANES, col = c("pink", "lightblue"))
#图 2-11
```

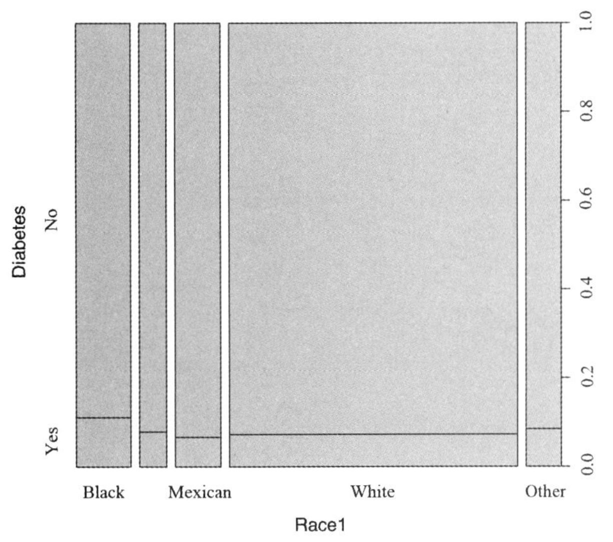

图 2-11　百分比条形图

(六)分面马赛克图

```
library(vcd)
data("Arthritis")
cotabplot(~ Treatment + Improved | Sex, data = Arthritis) #图 2-12
```

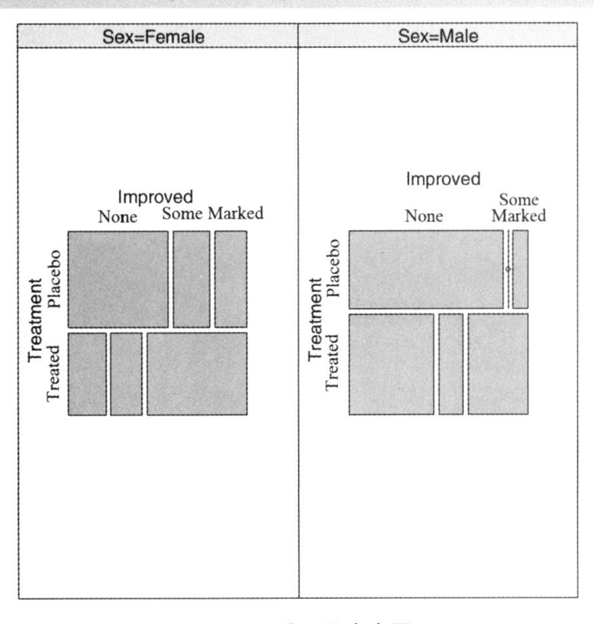

图 2-12　分面马赛克图

(七)分面关联图

```
cotabplot(~ Treatment + Improved | Sex, data = Arthritis, panel = cotab_assoc)
## 图 2-13
```

图 2–13 分面关联图

三、单向有序列联表

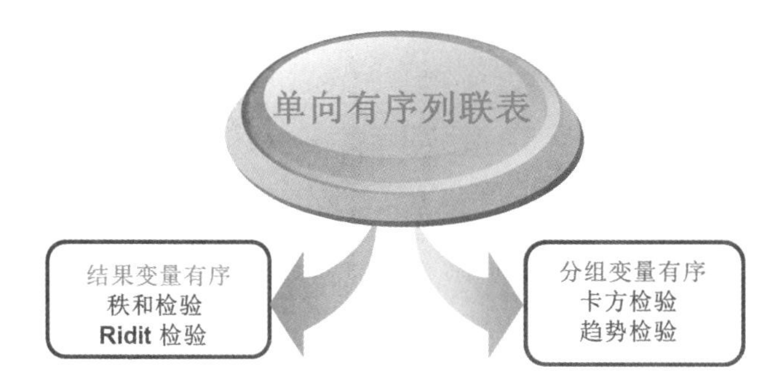

(一)结果变量有序

1. 结果变量有序,分组变量为二分类

采用 Wilcoxon 秩和检验,秩和检验可推断各等级强度的差别。

```
wilcox.test(x ~ y)# 结果变量在前,分组变量在后
```

vcd 包数据集 Arthritis 来自 Kock & Edward (1988),是关于风湿性关节炎新疗法的双盲临床实验结果。治疗情况(安慰剂治疗、用药治疗)、性别(男性、女性)和改善情况(无改善、一定程度的改善、显著改善)均为类别型因子。

```
library(vcd)
Arthritis$Improved<-as.numeric(Arthritis$Improved)
```

```
# 必须将有序分类转换为数字
attach(Arthritis)
wilcox.test(Improved ~ Treatment)
            Wilcoxon rank sum test with continuity correction
data:  Improved by Treatment
W = 517.5, p-value = 0.0003666
alternative hypothesis: true location shift is not equal to 0
Warning message:
In wilcox.test.default(x = c(1, 1, 1, 1, 1, 1, 1, 1, 1, 1, 3, 1,  :
  cannot compute exact p-value with ties
```

```
library(vcd)
## Loading required package: grid
attach(Arthritis)
library(Ridit)
ridit(Improved, Treatment)
##
## Ridit Analysis:
##
## Group   Label   Mean Ridit
## -----   -----   ----------
## 1   Placebo  0.3992
## 2   Treated  0.6057
##
## Reference: Total of all groups
## chi-squared = 12.7301, df = 1, p-value = 0.0003598
```

2. 结果变量有序,分组变量为多分类(分类数大于 2)

使用函数:

```
kruskal.test {stats}
kruskal.test(x ~ y)# 结果变量在前,分组变量在后
```

```
library(NHANES)
attach(NHANES)
tab <- table(Race1, BMI_WHO)
tab
##         BMI_WHO
##  Race1  12.0_18.5 18.5_to_24.9 25.0_to_29.9 30.0_plus
##   Black       165          299          250       442
```

```
##   Hispanic    82          159          191       155
##   Mexican    151          238          289       276
##   White      732         1903         1748      1747
##   Other      147          312          186       131
kruskal.test(BMI_WHO, Race1)
##
##  Kruskal-Wallis rank sum test
##
## data:  BMI_WHO and Race1
## Kruskal-Wallis chi-squared = 102.63, df = 4, p-value < 2.2e-16
library(Ridit)
ridit(BMI_WHO, Race1)
##
## Ridit Analysis:
##
## Group Label    Mean Ridit
## ----- -----   ----------
## 1    Black      0.535
## 2    Hispanic   0.4996
## 3    Mexican    0.5035
## 4    White      0.5044
## 5    Other      0.4094
##
## Reference: Total of all groups
## chi-squared = 102.6266, df = 4, p-value = 2.714e-21
```

Ridit 分析和秩和检验是等效的,因为 Ridit 分析采用正态近似,所以在小样本情况下(有样本量小于 50 的组),还是应该考虑用秩和检验。

(二)分组变量有序

分组变量有序这种单向有序列联表的分析可将其视为双向无序列联表进行分析,采用卡方检验。

1. 卡方检验

```
library(NHANES)
NHANES$AgeDecade2 = ifelse(NHANES$Age <= 20, "0-20",
  ifelse(NHANES$Age > 20&NHANES$Age <= 40, "21-40",
  ifelse(NHANES$Age > 40&NHANES$Age <= 60, "41-60",
  ifelse(NHANES$Age > 60, "60+", NA))))
NHANES$AgeDecade2 <- as.factor(NHANES$AgeDecade2)
attach(NHANES)
```

```
mydata <- table(AgeDecade2, Diabetes)
mydata
##              Diabetes
## AgeDecade2    No   Yes
##     0-20     2748   18
##     21-40    2648   57
##     41-60    2372  299
##     60+      1330  386
chisq.test(mydata, correct = FALSE)
##  Pearson's Chi-squared test
## data:  mydata
## X-squared = 885.79, df = 3, p-value < 2.2e-16
```

2. 线性趋势检验

分组变量为有序的列联表还可以应用线性趋势检验。

考虑到行(分组)变量的有序性,随着行变量水平的递增,列变量的结局有没有趋势变化呢?此时考察的目标就是“行列变量之间有无线性趋势”。如果 $P<0.05$,则拒绝原假设,即行列变量间存在线性趋势。

Cochran－Armitage 趋势检验常用来说明某一事件发生率是否随着分组变量的变化而呈线性趋势。(结果变量可以二分类,也可多分类。)

无效假设:分组变量与结果变量无线性趋势

备择假设:分组变量与结果变量有线性趋势

(1)multiCA 包

Nakajima 等人(2014)收集了 9 年内中风患者的信息。根据病因,将中风类型分为 5 类。数据框 stroke,包含 3 个变量,共 45 个观察值。Type,中风病因,小血管闭塞、大动脉硬化、心源性栓塞、其他已确定病因和未确定病因;Year,观测年份;Freq,当年特定病因中风患者的数量。

```
library(multiCA)
data(stroke)
mytable <- xtabs(Freq ~ Type+Year, data = stroke)
mytable
multiCA.test(Type ~ Year, weight = Freq, data = stroke)
## $overall
##  Multinomial Cochran-Armitage trend test
## data:  tab
## W = 40.066, df = 4, p-value = 4.195e-08
## alternative hypothesis: true slope for outcomes 1:nrow(x) is not equal to 0
## $individual
## [1] 4.623706e-01 4.623706e-01 1.209429e-06 5.698241e-05 4.105723e-01
```

```
## attr(,"method")
## [1] "Holm-Shaffer"
```

(2)DescTools 包

```
CochranArmitageTest {DescTools}
CochranArmitageTest(x, alternative = c("two.sided", "increasing", "decreasing"))
```

alternative，指定替代假设的字符串必须是“two.sided”(默认)、“increasing”或“discreating”之一。可以只指定首字母。

①使用列联表数据

已知某地区的某一人群 2011—2015 年的某急性传染性疾病的发病情况数据，问此人群该疾病的发病率逐年变化是否有线性趋势？

```
fatality <- matrix(
  c(20, 30, 40, 35, 50, 180, 170, 160, 165, 150), 5, 2,
  dimnames = list(year = c(2011:2015), outcome = c(" 发病 ", " 未发病 "))
)
fatality
##                  outcome
## year        发病         未发病
##    2011      20           180
##    2012      30           170
##    2013      40           160
##    2014      35           165
##    2015      50           150
CochranArmitageTest(fatality)
        Cochran-Armitage test for trend
data:  fatality
Z = 3.8252, dim = 5, p-value = 0.0001307
alternative hypothesis: two.sided
```

②使用数据集数据(图 2-14)

```
library(NHANES)
NHANES$AgeDecade2 = ifelse(NHANES$Age <= 20, "0-20",
  ifelse(NHANES$Age > 20&NHANES$Age <= 40, "21-40",
  ifelse(NHANES$Age > 40&NHANES$Age <= 60, "41-60",
  ifelse(NHANES$Age > 60, "60+", NA))))
NHANES$AgeDecade2 <- as.factor(NHANES$AgeDecade2)
NHANES$Hypertension <- ifelse(NHANES$BPSysAve>=130|NHANES$BPDiaAve>=80,
  "Yes","No")
NHANES$Hypertension <- as.factor(NHANES$Hypertension)
attach(NHANES)
```

```
tab <- table(AgeDecade2, Hypertension)
##             Hypertension
## AgeDecade2   No    Yes
##     0-20    1653   66
##    21-40    2028  554
##    41-60    1577 1013
##    60+       784  876
library(vcd)
mosaic(~AgeDecade2+Hypertension, gp = shading_max)
```

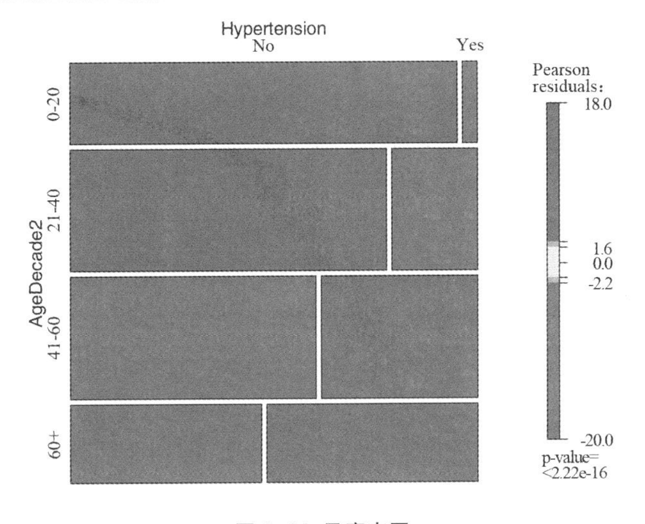

图 2-14 马赛克图

```
library(DescTools)
CochranArmitageTest(tab)
##  Cochran-Armitage test for trend
## data:  tab
## Z = -34.215, dim = 4, p-value < 2.2e-16
## alternative hypothesis: two.sided
CochranArmitageTest(tab,"increasing")
##  Cochran-Armitage test for trend
## data:  tab
## Z = -34.215, dim = 4, p-value < 2.2e-16
## alternative hypothesis: increasing
CochranArmitageTest(tab,"decreasing")
##  Cochran-Armitage test for trend
## data:  tab
## Z = -34.215, dim = 4, p-value = 1
```

```
## alternative hypothesis: decreasing
```

Cochran-Armitage trend test,简称为 CAT 趋势卡方检验,是由 William Cochran 于 1954 年提出,由 Peter Armitage 于 1955 年完善,因此此方法以两个人的名字命名。

该检验是一种线性趋势检验,但线性不是指比率的变化呈线性变化,而是指经过逻辑斯蒂(logistic)变换后呈现出线性变化趋势。

可用来评估一个二分类变量和一个有序分类变量之间的关联性,即 R×2 列联表资料,因此又称趋势性卡方检验。

四、双向有序属性相同列联表一致性分析

表 2-4 双向有序属性相同列联表

rater1	rater2				
	Level.1	Level.2	Level.…	Level.k	Total
Level.1	n_{11}	n_{12}	…	n_{1k}	n_1+
Level.2	n_{21}	n_{22}	…	n_{2k}	n_2+
Level.…	…	…	…	…	…
Level.k	n_{k1}	n_{k2}	…	n_{kk}	n_k+
Total	n+1	n+2	…	n+k	N

【R 实例】

```
library(vcd)
## Loading required package: grid
data(SexualFun)# SexualFun {vcd}
K <- Kappa(SexualFun)
K
##                value     ASE     z  Pr(>|z|)
## Unweighted 0.1293 0.06860 1.885 0.059387
## Weighted   0.2374 0.07832 3.031 0.002437
```

```
## Agreement Chart
agreementplot(t(SexualFun), weights = 1) # 图 2-15
```

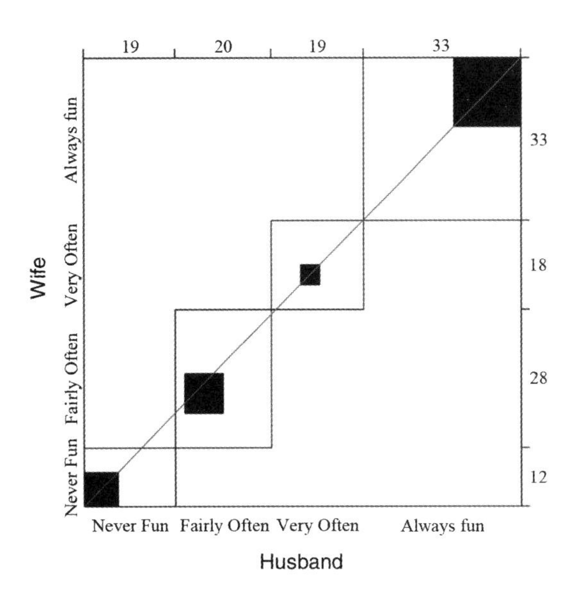

图 2–15 一致性图

```
## Partial Agreement Chart and B-Statistics
agreementplot(t(SexualFun),
              xlab = "Husband's Rating",
              ylab = "Wife's Rating",
              main = "Husband's and Wife's Sexual Fun") #图 2-16
```

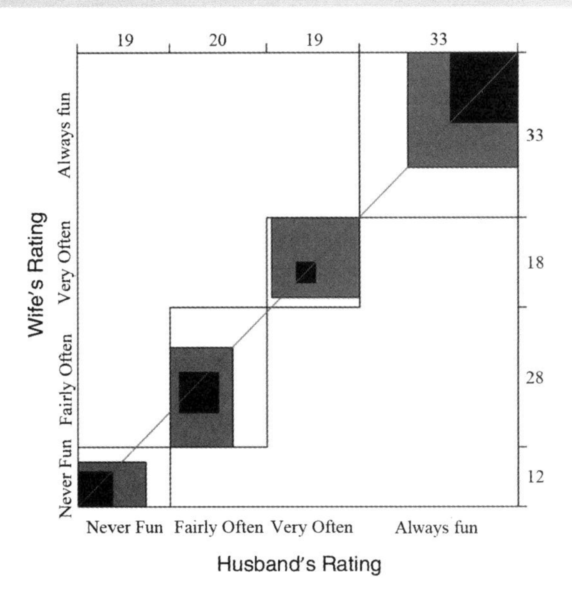

图 2–16 一致性图

第三章 散点图

将连续型变量的数据以点的形式展现在直角坐标系上,这种图形称为散点图。散点图是科研绘图中最常见的图形之一,它主要用于展示两组连续型变量之间的关系。

连续型变量在一定区间内可以任意取值,其数值是连续的,相邻两个数值可作无限分割。如人体身高、体重等。

第一节 美国国家健康与营养调查简介

美国国家健康与营养调查(NHANES)是美国国家卫生统计中心的主要计划,始于 20 世纪 60 年代初期,旨在评估美国成人和儿童的健康和营养状况。该调查将家庭访谈和健康体检相结合,已进行了一系列针对不同人群或健康主题的调查。1999 年,该调查成为一项连续计划,其重点逐渐转向满足各种新需求的健康和营养测量。该调查每年探访 15 个县,调查约 5 000 人的全国代表性样本。选择调查样本以代表所有年龄段的美国人口。为了产生可靠的统计数据,NHANES 对 60 岁以上的人, 非裔美国人和西班牙裔人进行了过度抽样。

家庭访谈包括人口、社会经济、饮食和健康相关问题。健康体检在经过特殊设计和装备的移动中心执行,移动中心遍布全国各地。健康体检主要内容包括医学、牙科和生理学测量以及由训练有素的医务人员进行的实验室检测。研究团队由医师、医学和健康技术人员以及饮食和健康人员组成。许多研究人员精通双语(英语、西班牙语)。

这些信息将用于评估营养状况及其与健康促进和疾病预防的关系, 有助于制定合理的公共卫生政策,指导和设计健康计划和服务,并为国家增加健康知识。

由于 21 世纪美国老年人口数量急剧增长,因此人口老龄化对医疗保健需求,公共政策和研究重点产生了重大影响。美国国家卫生统计中心(NCHS)正在与公共卫生机构合作,以增加对美国老年人健康状况的了解,NHANES 在这项工作中起着主要作用。

NHANES 旨在促进和鼓励参与。调查中收集的所有信息均严格保密。隐私受公共法律保护。

NHANES 数据集通常包含两年的数据(即一个调查周期)和一个以上的变量。

对于每个数据周期,数据文件均按照其收集方法进行组织,该方法可以归为以下 5 个主要组成部分之一:人口统计、饮食、检查、实验室和问卷调查。

第二节 基本散点图(基本绘图系统绘制)

R 的基础绘图系统由 Ross Ihaka 编写，功能非常强大，主要由 graphics 包和 grDevices 包组成,它们在启动 R 时会自动加载。基础绘图系统中有两类函数,一类是用于直接产生图形的高水平作图函数，另一类是用于在高水平作图函数所绘图形的基础上添加图形元素的低水平作图函数等。

基本绘图数据使用美国全国健康与营养调查数据文档(2017—2018)。

一、数据获取与整理

(一)获取数据

NHANES 数据来源:https://www.cdc.gov/nchs/nhanes/about_nhanes.htm

(二)导入数据

```
library(foreign)
DEMO_J <- read.xport("D:\\DEMO_J.XPT")
BMX_J <- read.xport("D:\\BMX_J.XPT")
```

(三)筛选变量,创建新数据框

1. 从人口统计数据文件 DEMO_J.XPT 中选取如下变量，建立新数据框，命名为 DEMO_JNEW。

SEQN:序列号(男性和女性,0~150 岁)

RIAGENDR:性别(1- Male,2- Female)

RIDAGEYR:筛查时的年龄(以年为单位)

RIDAGEMN:筛查时的年龄(以月为单位,0~24 月)

```
attach(DEMO_J)
DEMO_JNEW <- DEMO_J[c("SEQN","RIAGENDR","RIDAGEYR","RIDAGEMN")]
```

2. 从身体测量数据文件 BMX_J.xpt 中选取如下变量，建立新数据框，命名为 BMX_JNEW。

SEQN:序列号(男性和女性,0~150 岁)

BMXWT:重量(千克,男性和女性,0~150 岁)

BMXRECUM:横卧长度(厘米,男性和女性,0~47 个月)

BMXHT:站立身高(厘米,男性和女性,2~150 岁)

```
attach(BMX_J)
BMX_JNEW <- BMX_J[c("SEQN","BMXWT","BMXRECUM","BMXHT")]
```

(四)数据框合并

向数据框中添加变量,可以将两个数据框通过一个(多个)共有变量进行联结。数据框合并使用 merge( )函数。

merge(x, y, ...)

其中,x 为第一个数据框,y 为第二个数据框。

返回两数据框中匹配的行，参数为 all=FALSE；返回两数据框中所有行，参数为 all=TRUE;返回 x 数据框中所有行以及和 y 数据框中匹配的行,参数为 all.x=TRUE;返回 y 数据框中所有行以及和 x 数据框匹配的行,参数为 all.y=TRUE。

```
DB <- merge(DEMO_JNEW, BMX_JNEW )
```

二、双变量散点图

双变量散点图(图 3-1)使用两组连续型变量绘制,R 代码为 plot(x, y),其中,x 和 y 是数值向量,x 代表横坐标,y 代表纵坐标。

```
attach(DB)
plot(BMXWT ~ BMXHT, subset(DB, RIDAGEYR == 3),
    xlab = " 身高(cm)", ylab = " 体重(kg)")
```

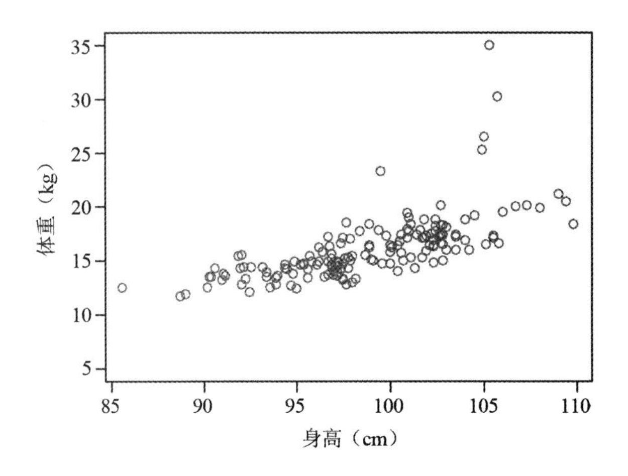

图 3-1 三岁儿童身高和体重的散点图

从图 3-1 可以看出,随着身高的增长,体重也趋于增加。

三、三变量散点图

(一)两组连续型变量和一组分类变量

1. 根据分类变量的类别将两组连续型变量分成若干子集,使用不同的数据符号表示每一个子集。

(1)用分类变量的类别指定每一个子集的数据符号(图 3-2)。

```
plot(BMXWT ~ BMXHT, subset(DB, RIDAGEYR == 3),
    xlab = " 身高(cm)", ylab = " 体重(kg)", pch = RIAGENDR)
```

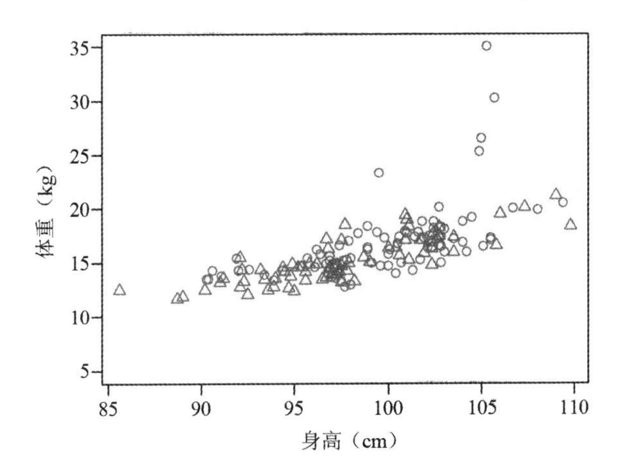

图 3-2 三岁儿童身高和体重的散点图(不同数据符号)

注意:上述分类变量 RIAGENDR 的类别为数字型,如果分类变量的类别为字符型,需要转换为数字型。例如:pch=as.numeric(Species)),其中,Species 为字符型分类变量。

(2)通过参数 pch 指定每一个子集的数据符号(图 3-3)。

```
plot(BMXWT ~ BMXHT, subset(DB, RIDAGEYR == 3),
    xlab = "身高(cm)", ylab = "体重(kg)", pch = c(1, 16)[RIAGENDR])
```

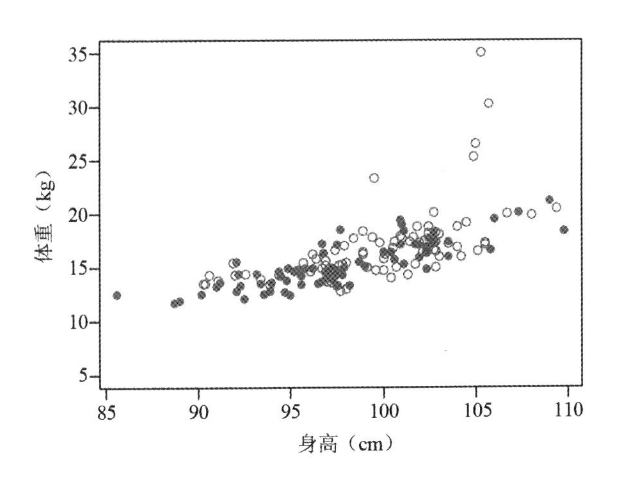

图 3-3 三岁儿童身高和体重的散点图(不同数据符号)

参数 pch=c(1,16)的作用是将分类变量的两个类别对应的子集数据符号分别指定为 pch=1,pch=16。

2. 根据分类变量的类别将两组连续型变量分成若干子集,使用不同的颜色表示每一个子集。

(1)用分类变量的类别指定每一个子集数据符号的颜色(图 3-4)。

```
plot(BMXWT ~ BMXHT, subset(DB, RIDAGEYR == 3),
    xlab = "身高(cm)", ylab = "体重(kg)", col = RIAGENDR)
```

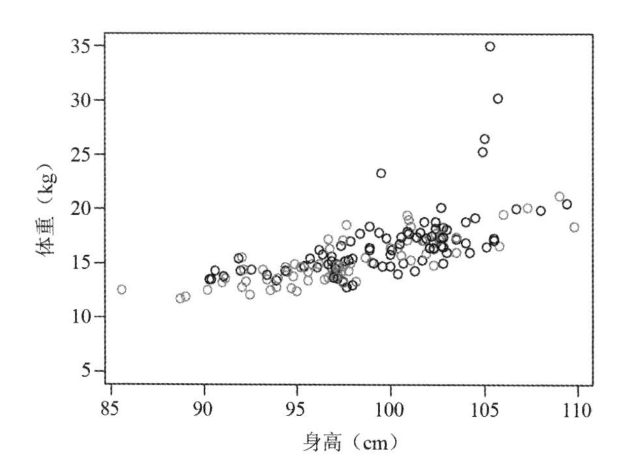

图 3-4 三岁儿童身高和体重的散点图(不同颜色)

注意:上述分类变量 RIAGENDR 的类别为数字型,如果分类变量的类别为字符型,需要转换为数字型。例如:col=as.numeric(Species)),其中,Species 为字符型分类变量。

(2)通过参数 col 指定分类变量不同类别所对应子集数据符号的颜色(图 3-5)。

```
plot(BMXWT ~ BMXHT, subset(DB, RIDAGEYR == 3),
    xlab = "身高(cm)", ylab = "体重(kg)",
    col = c("#EE0000", "#008B45")[RIAGENDR], pch=16)
```

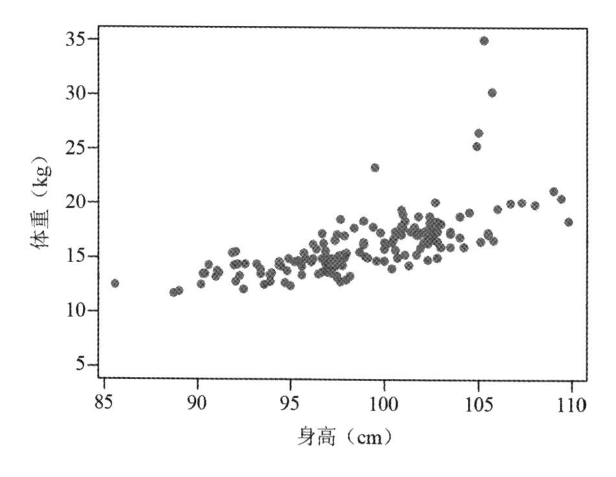

图 3-5 三岁儿童身高和体重的散点图(不同颜色)

3. 分面散点图

分面散点图是根据分类变量的类别,将两组连续型变量分为若干个子集,每个子集单独绘制散点图(图 3-6)。

```
par(mfrow = c(1, 2), mai = c(0.5, 0.5, 0.26, 0.2))
plot(BMXWT ~ BMXHT, subset(DB, RIDAGEYR == 3&RIAGENDR == 1),
    xlab = "身高(cm)", ylab="体重(kg)", pch = 16, main = "Male")
plot(BMXWT ~ BMXHT, subset(DB, RIDAGEYR == 3&RIAGENDR == 2),
```

```
    xlab = "身高(cm)", ylab = "体重(kg)", pch = 16, main = "Fmale")
```

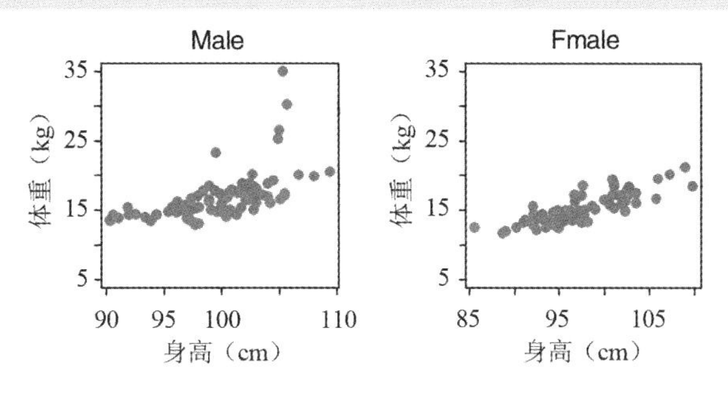

图 3-6 分面散点图

(二)三组连续型变量散点图

1. 3D 散点图

将三组连续型变量的数据以点的形式展现在三维坐标系上,这种图形称为 3D 散点图(图 3-7)。

```
library(scatterplot3d)
scatterplot3d(subset(DB, RIDAGEMN < 12)[, c(4, 5, 6)])
```

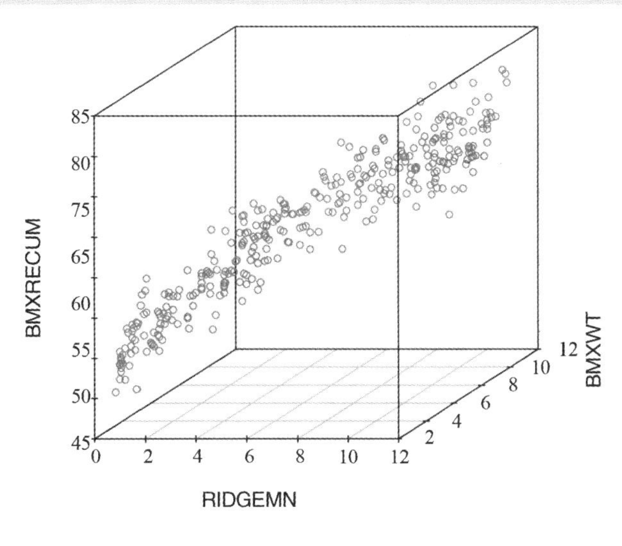

图 3-7 3D 散点图

2. 条件散点图

条件散点图也称为条件分割图，以一个或者两个条件变量作为两组连续型变量的划分条件,条件变量在图形的边缘用灰色矩形条标记出变量的取值范围,每个矩形条对应着一幅散点图。R 中条件散点图的函数为 coplot()。

```
coplot(formula, data, given.values, panel = points, rows, columns,
       show.given = TRUE, col = par("fg"), pch = par("pch"),
       bar.bg = c(num = gray(0.8), fac = gray(0.95)),
       xlab = c(x.name, paste("Given :", a.name))
```

```
ylab = c(y.name, paste("Given :", b.name)),
subscripts = FALSE, axlabels = function(f) abbreviate(levels(f)),
number = 6, overlap = 0.5, xlim, ylim, ...)
```

参数 formula 为一个公式,形式为 y ~ x | a(一个条件变量)或 y ~ x | a * b(两个条件变量),“|” 后面即为条件变量; data 为数据, 其中包含了 x 、y 、a 和 b 等变量; given.values 指定条件变量的取值范围;panel 参数为该函数的关键参数, 它决定了每一幅散点图的画法,默认只是画点,可以将其任意扩展为我们需要的图示功能,如添加拟合线等; rows 和 columns 参数用来设定散点图的摆放行数和列数; col 和 pch 分别设定散点图中点的颜色和样式; bar.bg 给定条件变量指示条的填充颜色;number 和 overlap 传给 co.intervals() 函数用来计算划分连续变量的区间,前者设定划分段数,后者设定区间之间的重叠比例,如:条件分割图中散点图的顺序是从左到右、从下到上,分别与条件变量从左到右、从下到上的指示条对应(图 3-8,图 3-9,图 3-10)。

参数 number=6(默认),表示将数值型变量所对应的值分为 6 组;overlap=0.5(默认),表示组与组之间有 50%的数据是重叠的。number 和 overlap 两个参数可以根据需要修改。

```
coplot(BMXWT ~ BMXRECUM|RIDAGEMN, data = subset(DB, RIDAGEMN < 12),
      panel = panel.smooth, col = "#7F7F7FFF")
```

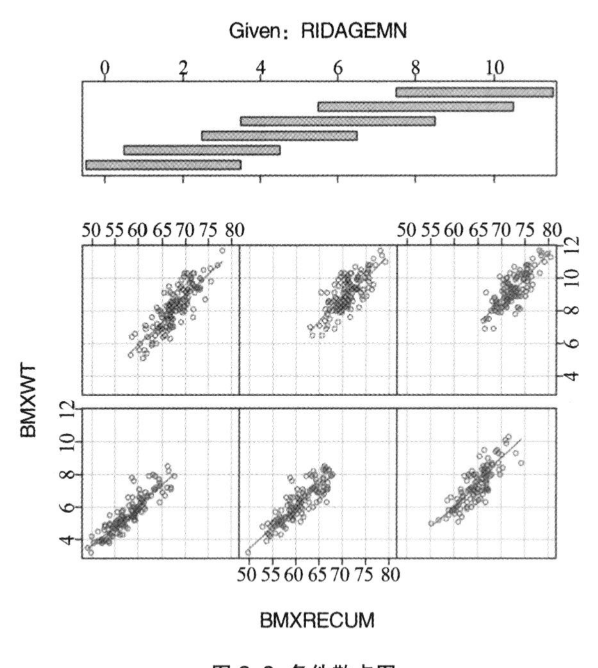

图 3-8 条件散点图

```
coplot(BMXWT ~ BMXRECUM|RIDAGEMN,
      data = subset(DB, RIDAGEMN < 12))
```

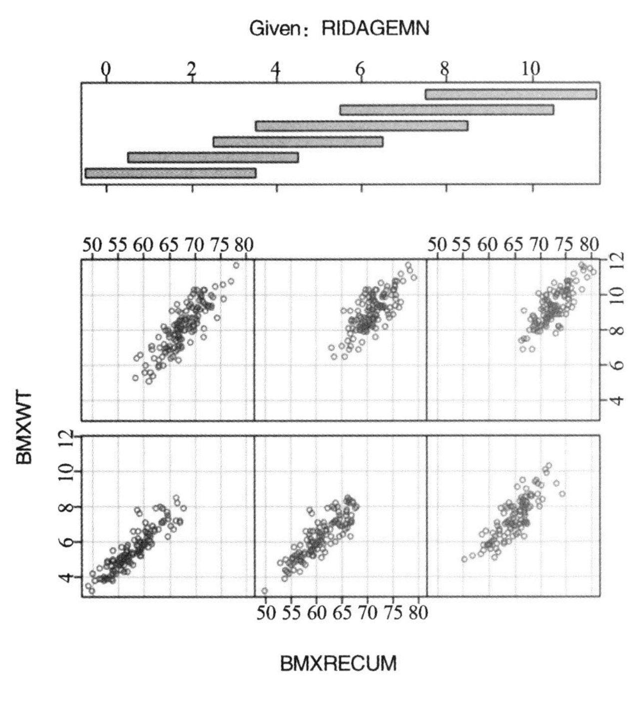

图 3–9 条件散点图

```
coplot(BMXWT ~ BMXRECUM|RIDAGEMN, data = subset(DB, RIDAGEMN<12),
      col = "#7F7F7FFF", overlap=0)
```

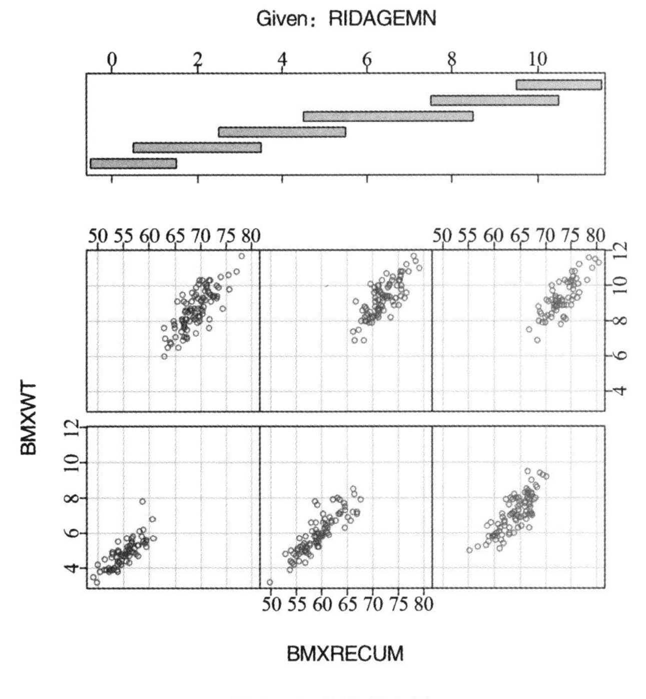

图 3–10 条件散点图

3. 气泡图

```
par(mfrow = c(2, 2))
par(mai = c(0.45, 0.7, 0.1, 0.2), cex = 0.86,
   mgp = c(1.2, 0.36, 0))
data = subset(DB, RIDAGEMN<4&RIAGENDR == 1)
attach(data)
symbols(BMXWT ~ BMXRECUM, circle = RIDAGEMN)
symbols(BMXWT ~ BMXRECUM, circle = RIDAGEMN, inches = 0.3)
symbols(BMXWT ~ BMXRECUM, circle = RIDAGEMN,
      bg = "gray80", inches = 0.3)
op <- palette(rainbow(31, end = 0.9))
symbols(BMXWT ~ BMXRECUM, circle = RIDAGEMN,
      bg = 1:31, fg = "gray30", inches = 0.3)
palette(op)
```

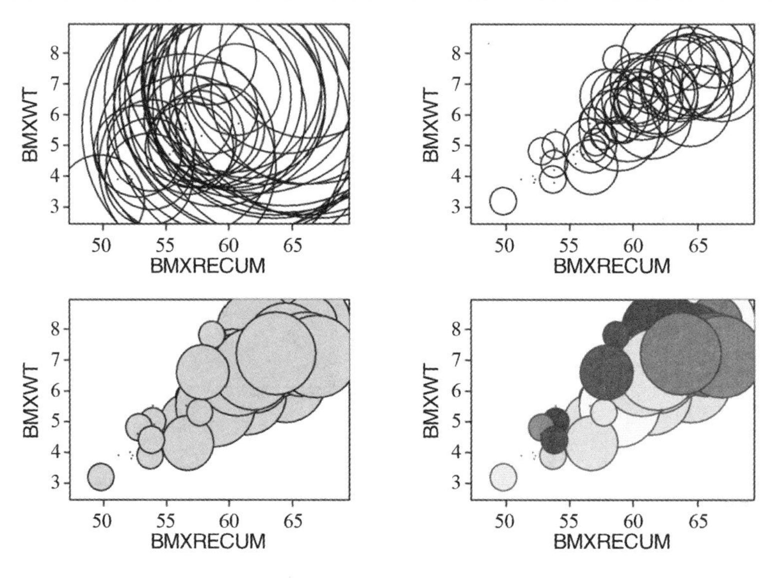

图 3-11 气泡图

图 3-11 左上图为标准参数绘制,右上图设置气泡尺寸 inches=0.3,左下图气泡填充色为浅灰色,右下图气泡填充色为彩虹。

四、三组连续型变量散点图矩阵

散点图矩阵(图 3-12)是散点图的高维扩展,它从一定程度上克服了在平面上展示高维数据的困难,可以同时看到三个及以上连续变量的分布和它们两两之间的关系。探索性数据分析最有效的工具之一就是散点图矩阵。

(一)绘制散点图矩阵

R 代码为 pairs(x),其中,x 为数据框。

```
pairs(subset(DB, RIDAGEMN<12)[, c(4, 5, 6)])
```

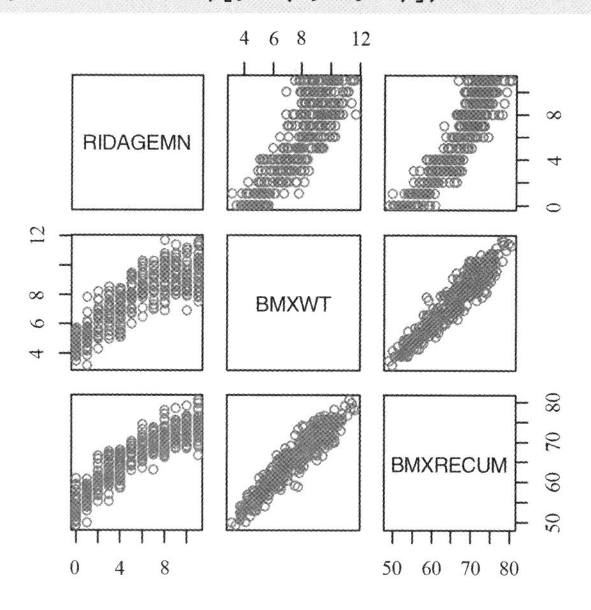

图 3-12 散点图矩阵

修改参数 upper.panel=NULL,仅显示散点图矩阵下半部分(图 3-13)。

```
pairs(subset(DB, RIDAGEMN<12)[, c(4, 5, 6)], upper.panel = NULL)
```

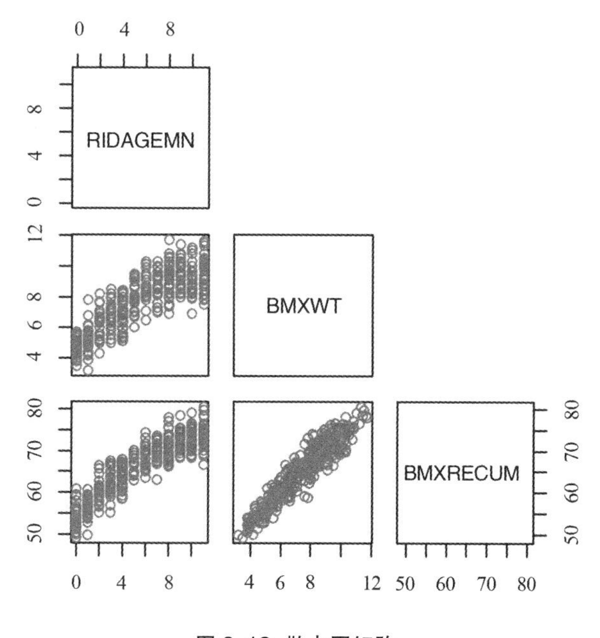

图 3-13 散点图矩阵

(二)同时构建直方图并添加拟合线(图 3-14)

```
panel.hist <- function(x, ...){
  usr <- par("usr"); on.exit(par(usr))
```

```
  par(usr = c(usr[1:2], 0, 1.5))
  h <- hist(x, plot = FALSE)
  breaks <- h$breaks; nB <- length(breaks)
  y <- h$counts; y <- y/max(y)
  rect(breaks[-nB], 0, breaks[-1], y, col = "cyan", ...)
}
pairs(subset(DB, RIDAGEMN<12)[, c(4, 5, 6)] , panel = panel.smooth,
      cex = 0.8, pch = 21, bg = "light blue", horOdd = TRUE,
      diag.panel = panel.hist, cex.labels = 0.8, font.labels = 2)
```

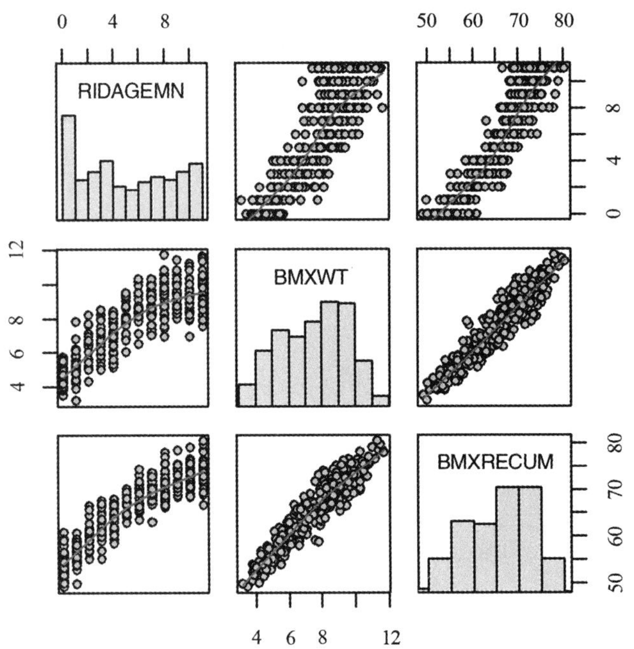

图 3-14 添加直方图和拟合曲线的散点图矩阵

图 3-14 中位于对角线位置的直方图可以看到每一个数值变量的分布，对角线下方的散点图展示了不同变量两两之间的关系。

(三)同时显示 pearson 相关系数(图 3-15)

```
panel.cor <- function(x, y, digits = 2, prefix = "", cex.cor, ...){
  usr <- par("usr"); on.exit(par(usr))
  par(usr = c(0, 1, 0, 1))
  r <- abs(cor(x, y))
  txt <- format(c(r, 0.123456789), digits = digits)[1]
  txt <- paste0(prefix, txt)
  if(missing(cex.cor)) cex.cor <- 0.8/strwidth(txt)
  text(0.5, 0.5, txt, cex = cex.cor * r)
}
```

```
pairs(subset(DB, RIDAGEMN<12)[, c(4, 5, 6)], col="#7F7F7FFF",
  lower.panel = panel.smooth,
  upper.panel = panel.cor, gap = 0, row1attop = T)
```

图 3-15 外边缘上是变量值标签，对角线上方为不同变量两两之间的 pearson 相关系数。

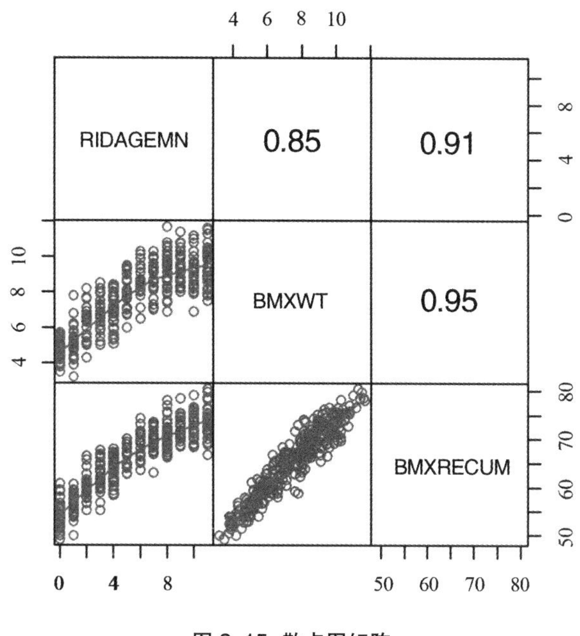

图 3–15 散点图矩阵

五、多变量散点矩阵图

多变量散点图矩阵指的是四组及四组以上变量散点图矩阵。这些变量可以全部是连续型变量,也可以是连续型变量和分类变量混合。使用 pairs( )函数绘制。

第三节 定制散点图(基本绘图系统绘制)

通常情况下,plot （ ） 函数以标准参数方式输出的散点图不能够完全满足用户的需求,特别是绘制用于出版的图形时。这就需要根据具体要求设置 plot( )函数的有关参数或通过低级函数添加图形元素,如文字、线段等改进输出图形,以精确控制绘制图形的细节。

一、数据符号的颜色、大小与形状

(一)数据符号的形状

数据符号是用来绘制数据点的。参数 pch 可以控制数据符号的样式,固定数据符号状态值(数据符号编号)的取值范围为[0, 24]。图 3-16 中有些绘图符号形状相同,比如 0、15 和 22 都是正方形,它们之间的区别在于 color 和 bg 这两个图形属性。空心形状(0~14)的边界颜色由 color 决定;实心形状(15~20)的颜色由 color 决定;填充形状(21~25)的边界颜色由 color 决定,填充颜色由 bg 决定。

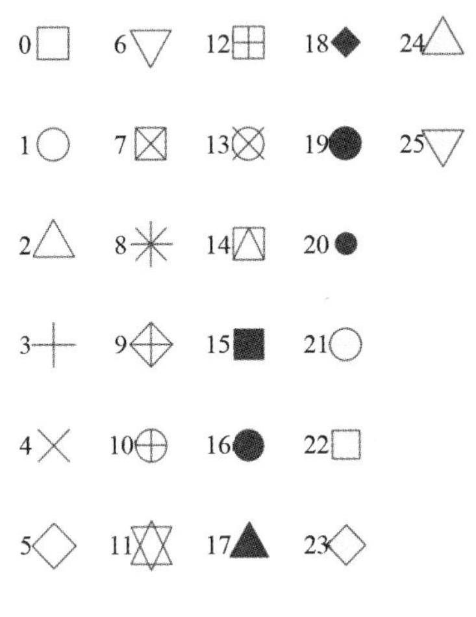

图 3–16 数据符号

如果选择字符,如“#”,指定 pch="#"

(二)数据符号的大小

参数 cex 是一个数值,表示数据符号相对于默认大小的缩放倍数。默认大小为 1,cex=1.5 表示放大为默认值的 1.5 倍,cex=0.5 表示缩小为默认值的 50%,等等。

注意:参数 cex 和 plot()函数一起使用,控制的是数据符号的大小;和 par()函数一起使用,除了控制数据符号大小外,还控制图形标题、副标题、坐标轴标题和坐标轴刻度标签大小。

(三)数据符号的颜色

数据符号的颜色可以采用颜色下标、颜色名称、十六进制的颜色值、RGB 色值、HSV 值来表示。

例如:col=1,col="red",col="FFFFFF",col=rgb(1,1,1),col=hsv(0,0,1)

例 1 将散点图数据符号设置为红色实心圆点,放大 1.5 倍

plot( )函数绘制散点图,默认的数据符号为“o”,将散点图数据符号设置为红色实心圆点,放大 1.5 倍,需要在标准绘图函数的基础上加参数 pch=16,cex=1.5,col="red",参数的作用是选择第 16 个数据符号,放大 1.5 倍,颜色设为红色。

注意:参数 col 和 plot()函数一起使用,控制的是数据符号的颜色;和 par()函数一起使用,除了控制数据符号的颜色,还控制图形边框的颜色。

例 2 将数据符号设置为填充三角形,边缘为红色,填充色为绿色,放大 0.8 倍

在 plot()函数的参数中,pch=24,指定数据符号为填充三角形;cex=0.8,指定数据符号放大倍数为 0.8 倍;col="red",填充三角形的边缘为红色,bg="green";填充三角形的填充色为绿色。

二、图形标题与副标题

title()函数的参数 main 和 sub 用于指定图形的标题与副标题。

(一)图形标题的字体与样式

参数 family 用于控制文字的字体,标准的取值为 serif(衬线),sans(无衬线)和 mono(等宽),其中 sans 为默认值;选用其他字体时,首先要用 windowsFonts 参数对字体进行赋值,以黑体字为例:

windowsFonts(HT = windowsFont(" 黑体 "))

此后就可以用参数 family=" HT " 来设置黑体字体了。

参数 font.main 用于指定字体样式,取值为 1(正常),2(粗体),3(斜体)和 4(粗斜体)。

1. 无衬线字体的四种字体样式

BMXWT 和 BMXHT 的散点图

BMXWT 和 BMXHT 的散点图

BMXWT 和 BMXHT 的散点图

BMXWT 和 BMXHT 的散点图

2. 衬线字体的四种字体样式

BMXWT 和 BMXHT 的散点图

BMXWT 和 BMXHT 的散点图

BMXWT 和 BMXHT 的散点图

BMXWT 和 BMXHT 的散点图

3. 等宽字体的四种字体样式

BMXWT 和 BMXHT 的散点图

BMXWT 和 BMXHT 的散点图

BMXWT 和 BMXHT 的散点图

BMXWT 和 BMXHT 的散点图

serif(衬线)对应的是 Word 的 Times New Roman 字体;sans(无衬线)对应的是 Word 的 Arial 字体;mono(等宽)对应的是 Word 的 Courier New 字体。

副标题的字体与字体样式设置和标题一样,只是把相应的参数 font.main 换成参数 font.sub。

(二)图形标题的颜色

参数 col.main 用于指定标题颜色,参数 col.sub 用于指定副标题颜色。

例如:title(main = "wt 和 mpg 的散点图 ",col.main="blue")

(三)图形标题的字号

参数 cex.main 由于指定图形标题的缩放倍数,参数 cex.sub 用于指定图形副标题的缩放倍数。参数 cex.main 与参数 cex.sub 的默认值为 1。

例如:将图形标题分别放大 0.5 倍、1.2 倍和 1.5 倍:

title(main = "wt 和 mpg 的散点图 ", cex.main=0.5)

title(main = "wt 和 mpg 的散点图 ", cex.main=1.2)

```
title(main = "wt 和 mpg 的散点图 ", cex.main=1.5)
```

(四)图形标题的对齐方式

参数 adj 和函数 title( ) 一起使用,用于控制图形标题的对齐方式,0 表示左对齐,0.5(默认值)表示居中,1 表示右对齐。

(五)两行图形标题

有时候一行图形标题过长,想变成成两行,可以使用下述 R 代码。

```
attach(mtcars);plot(wt,mpg);
title(main="1974 年《美国汽车趋势》wt 和 mpg 的散点图 ")
```

三、坐标轴设置

(一)坐标轴标题

1. 字体

字体设置参照图形标题的字体设置。

2. 缩放倍数

参数 cex.lab 指定坐标轴标题的缩放倍数。

```
plot(wt,mpg,cex.lab=1.5)# 设置参数 cex.lab,将坐标轴标题放大 1.5 倍
```

3. 字体颜色

坐标轴标题颜色默认为黑色。参数 col.lab 用于指定坐标轴标题颜色。

```
plot(wt,mpg,col.lab="green")# 设置坐标轴标题文字为绿色
```

4. 字体样式

参数 font.lab 指定坐标轴标题的字体样式。1= 常规,2= 粗体,3= 斜体,4= 粗斜体。

```
plot(wt,mpg,font.lab=2)# 设置坐标轴标题为粗体
```

(二)坐标轴刻度标签

1. 字体

字体设置参照图形标题的字体设置。

2. 缩放倍数

参数 cex.axis 指定坐标轴刻度标签的缩放倍数。

```
plot(wt,mpg,cex.axis=1.5)# 将坐标轴刻度标签放大 1.5 倍设置参数 cex.axis
```

3. 字体颜色

坐标轴刻度标签颜色默认为黑色。参数 col.axis 用于指定坐标轴刻度标签颜色。

```
plot(wt,mpg,col.axis="red") # 设置坐标轴刻度标签文字为红色
```

4. 字体样式

参数 font.axis 指定坐标轴刻度标签的字体样式。1= 常规,2= 粗体,3= 斜体,4= 粗斜体。

```
plot(wt,mpg, font.axis =1)# 设置坐标轴刻度标签为常规
```

5. 坐标轴刻度标签的方向

参数 las 指定坐标轴刻度标签的方向(图 3-17)。

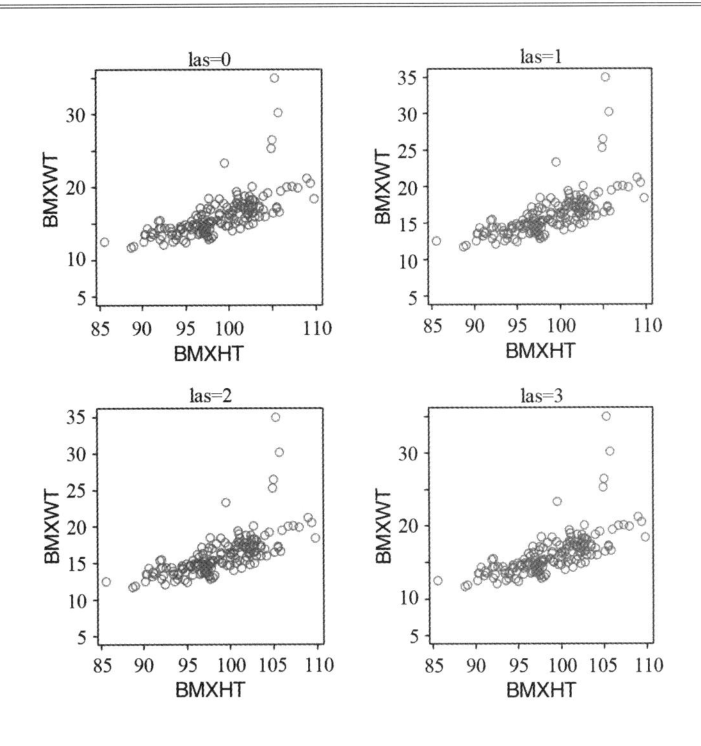

图 3–17 坐标轴刻度标签的方向

6. 更改坐标轴标签

坐标轴默认的标签为绘制散点图的两个变量名称，更改坐标轴标签，需要设置参数 xlab 和 ylab(图 3-18)。

```
plot(BMXWT ~ BMXHT, subset(DB, RIDAGEYR == 3&RIAGENDR == 2),
    xlab = "身高(cm)", ylab = "体重(kg)", col = "#7F7F7FFF", pch=16)
```

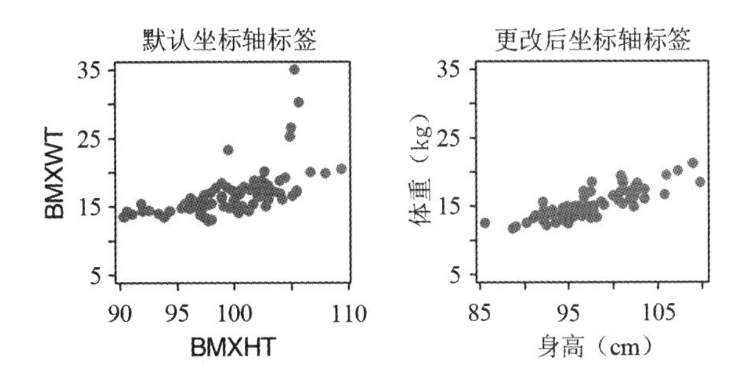

图 3–18 不同坐标轴标签的身高和体重的散点图

(三)坐标轴标题、坐标轴刻度标签到边框线的距离

参数 mgp 指定坐标轴标题、坐标轴刻度标签到边框线的距离。R 默认 mgp=c(3,1,0)，括号中第一位数字代表坐标轴标题到边框线的距离，第二位数字代表坐标轴刻度标签到边框线的距离,第三位数字代表坐标轴到边框线的距离。

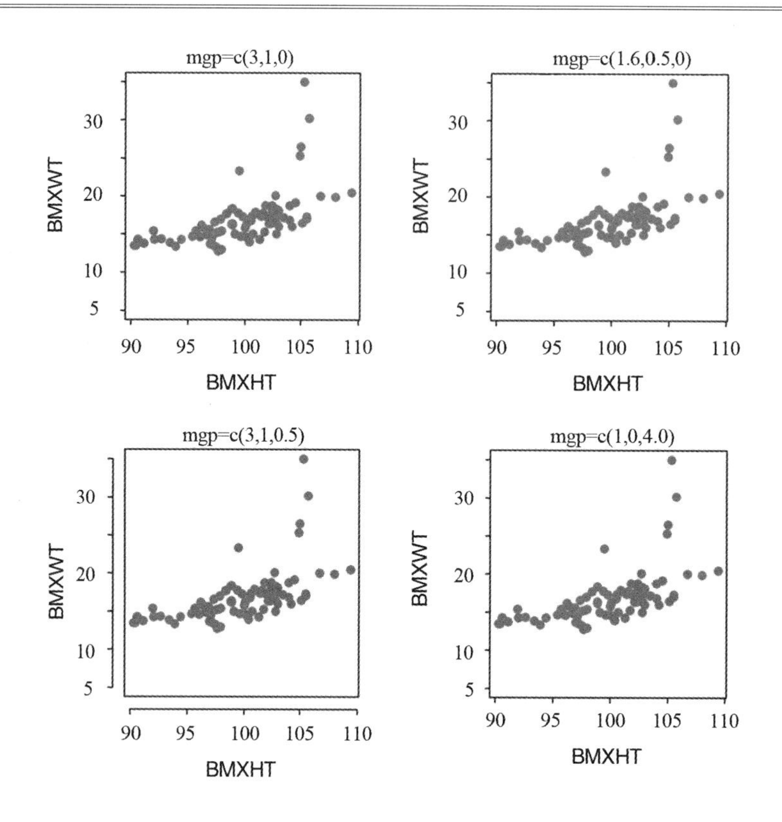

图 3-19 坐标轴标题、坐标轴刻度标签到边框线的不同距离

图 3-19 中,左上图为默认距离,右上图距离适中,左下坐标轴离开边框线,右下图坐标轴标题与坐标轴刻度标签距离过小。

(四)坐标轴刻度线

1. 刻度线的长度与位置

参数 tck 指定坐标轴刻度线长度,以相对于绘图区域大小的分数表示。tck 值为负,坐标轴刻度线在坐标轴外侧,tck 值为正, 坐标轴刻度线在坐标轴内侧,tck=0, 禁用刻度,tck=1,绘制网格线(图 3-20)。

2. 次要刻度线

要创建次要刻度线,需要使用 Hmisc 包中的 minor.tick()函数(图 3-21)。

minor.tick(nx=n, ny=n, tick.ratio=n)

其中,nx 和 ny 分别指定了 X 轴和 Y 轴每两条主刻度线之间通过次要刻度线划分得到的区间个数;tick.ratio 表示次要刻度线相对于主刻度线的大小比例。当前的主刻度线长度可以使用 par("tck")获取。

下列语句将在 X 轴的每两条主刻度线之间添加 1 条次要刻度线, 并在 Y 轴的每 2 条主刻度线之间添加 2 条次要刻度线,次要刻度线的长度将是主刻度线的一半:minor.tick(nx=2, ny=3, tick.ratio=0.5)。

```
library(Hmisc)
```

```
plot(BMXWT ~ BMXHT, subset(DB, RIDAGEYR == 3),
    col = "#7F7F7FFF", pch = 16)
minor.tick(nx = 2, ny = 3, tick.ratio = 0.5)
```

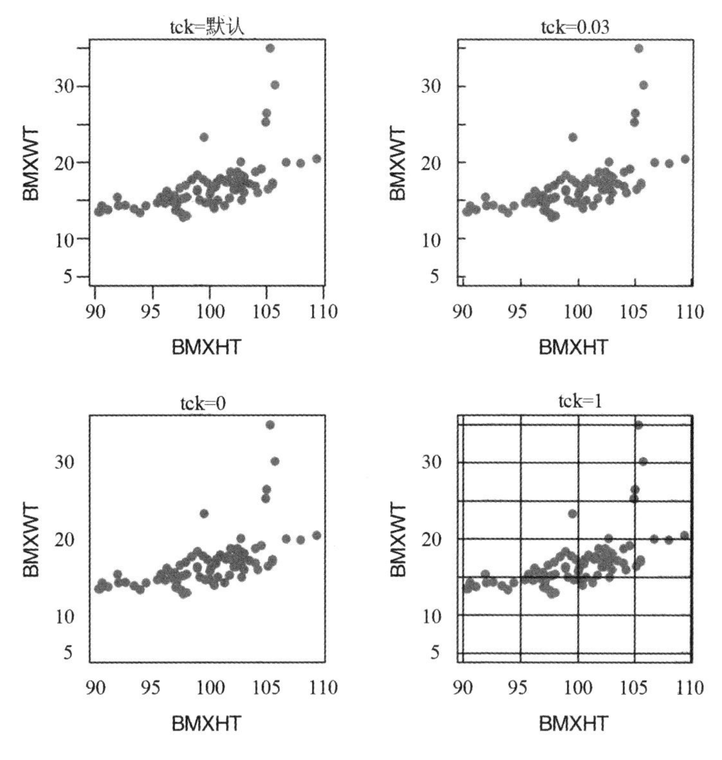

图 3-20 坐标轴刻度线的不同长度与位置

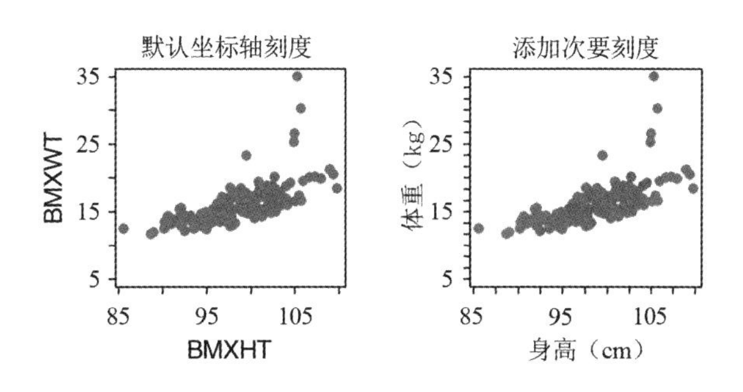

图 3-21 添加次要刻度线

(五)对数刻度坐标轴

连续型变量的数据点在普通直角坐标系中有时严重重叠,影响观察。对数标度可以减轻数据点的重叠。

plot()函数绘制对数刻度坐标轴,需要加参数 log="xy"。

```
library(ggplot2);attach(msleep)
plot(bodywt, brainwt, log = "xy")
```

从图 3-22 可以看出,使用对数刻度坐标轴,连续变量 bodywt 和 brainwt 的数据点重叠的情况得到很好改善。

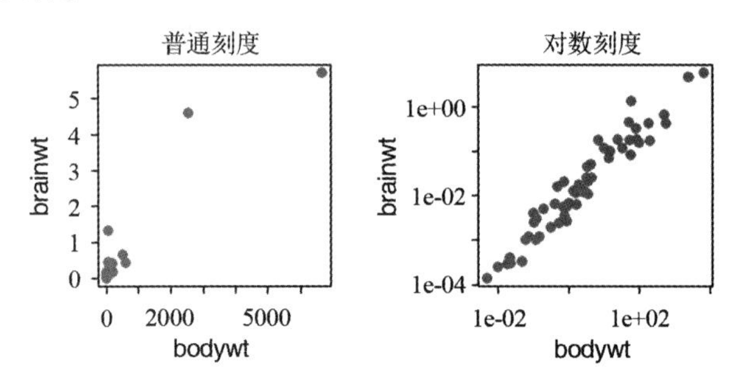

图 3-22 brainwt 和 bodywt 的散点图

四、边框

参数 bty 用来设置边框形式，默认为 "o"，表示四面边框都画出，其余可选值包括 "l"（左下）、"7"（上右）、"c"（上下左）、"u"（左下右）、"]"（上下右）和 "n"（无，即不画边框），在很多个性化绘图中，bty 设为 "n"，后期的边框线再使用其他函数（如 axis）自行添加。

设置 plot()函数的参数 bty，使 bty="l"（小写 L），见图 3-23。

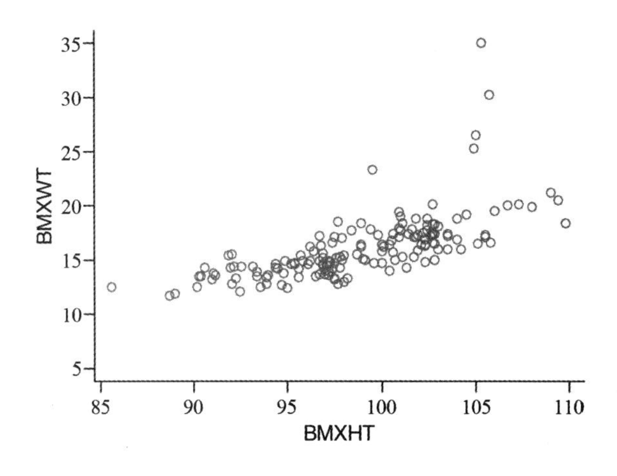

图 3-23 身高和体重的散点图（左下边框）

五、添加图形元素

（一）添加参考线

函数 abline()用来为图形添加参考线。

abline(h=yvalues, v=xvalues) # 参数 h 添加水平线，参数 v 添加垂直线参数 lty 指定线条类型，参数 lwd 指定线条宽度，参数 col 指定线条颜色。

```
plot(BMXWT ~ BMXHT, col = "#7F7F7FFF", ylim = c(5, 35),
    subset(DB,RIDAGEYR==3));abline(h=16,col="red")
plot(BMXWT ~ BMXHT, col = "#7F7F7FFF", ylim = c(5, 35),
```

```
    subset(DB, RIDAGEYR == 3)); abline(v = 100, lty = 2, col = "blue")
plot(BMXWT ~ BMXHT,col = "#7F7F7FFF", ylim = c(5, 35),
    subset(DB, RIDAGEYR == 3));
abline(h = 16, col = "red"); abline(v = 100, lty = 2, col = "blue")
```

图 3-24 线条类型

abline(h=16,col="red"),在 y 为 16 的位置添加红色水平实线(图 3-25 左)。

abline(v=100, lty=2,col="blue"),在 x 为 100 的位置添加垂直的蓝虚线(图 3-25 中)。

abline(h=16,col="red");abline(v=100,lty=2,col="blue"),在 y 为 16 的位置添加红色水平实线,在 x 为 100 的位置添加垂直的蓝虚线(图 3-25 右)。

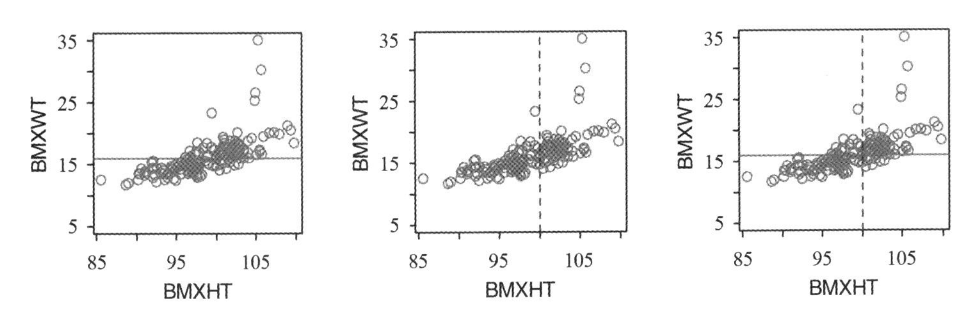

图 3-25 散点图添加参考线

添加的水平线或垂直线多于一条时,参数 h 或 v 使用 c( )函数。

例如：abline(v=c(95, 105),lty=2,col="blue"), 在 x 为 95 和 105 的位置添加两条垂直的蓝虚线。

(二)添加回归模型拟合线

1. 添加线性回归模型拟合线

(1)散点图

```
DB2 <- subset(DB, RIDAGEYR == 3, select = c(1, 2, 3, 5, 7))
DB3 <- na.omit(DB2)
attach(DB3)
```

```
plot(BMXWT ~ BMXHT, col = "#7F7F7FFF", ylim = c(5, 35))
```

(2)线性回归模型拟合线

```
plot(BMXWT ~ BMXHT, col = "#7F7F7FFF", ylim = c(5, 35))
fit <- lm(BMXWT ~ BMXHT)
newx <- seq(min(BMXHT), max(BMXHT), length = 300)
pred <- predict(fit, newdata = data.frame(BMXHT = newx),
  interval = c("confidence"), level = 0.95)
lines(newx, pred[,1], lwd = 1.6, col = '#008B45FF')
```

(3)线性回归模型拟合线带置信区间

```
plot(BMXWT ~ BMXHT, col = "#7F7F7FFF", ylim = c(5, 35))
fit <- lm(BMXWT ~ BMXHT)
newx <- seq(min(BMXHT), max(BMXHT), length = 300)
pred <- predict(fit, newdata = data.frame(BMXHT = newx),
  interval = c("confidence"), level = 0.95)
lines(newx, pred[,1], lwd = 1.6, col = '#008B45FF')
lines(newx, pred[,2], col = "#008B45FF", lty = 2, lwd = 1.6)
lines(newx, pred[,3], col = "#008B45FF", lty = 2, lwd = 1.6)
```

(4)线性回归模型拟合线带置信区间和预测区间

```
plot(BMXWT ~ BMXHT, col = "#7F7F7FFF", ylim = c(5, 35))
fit <- lm(BMXWT ~ BMXHT)
newx <- seq(min(BMXHT), max(BMXHT), length = 300)
pred <- predict(fit, newdata = data.frame(BMXHT = newx),
  interval = c("confidence"), level = 0.95)
lines(newx, pred[,1], lwd = 1.6, col = '#008B45FF')
lines(newx, pred[,2], col = "#008B45FF", lty = 2)
lines(newx, pred[,3], col = "#008B45FF", lty = 2)
prep <- predict(fit, newdata = data.frame(BMXHT = newx),
  interval = c("prediction"), level = 0.95)
lines(newx, prep[,2], col = "#AD002AFF")
lines(newx, prep[,3], col = "#AD002AFF")
```

图 3-26 右上图添加线性回归模型拟合线,左下图添加线性回归模型拟合线带置信区间,右下图添加线性回归模型拟合线带置信区间和预测区间(最外侧实线)。

图 3-27 置信区间和预测区间添加灰色阴影。

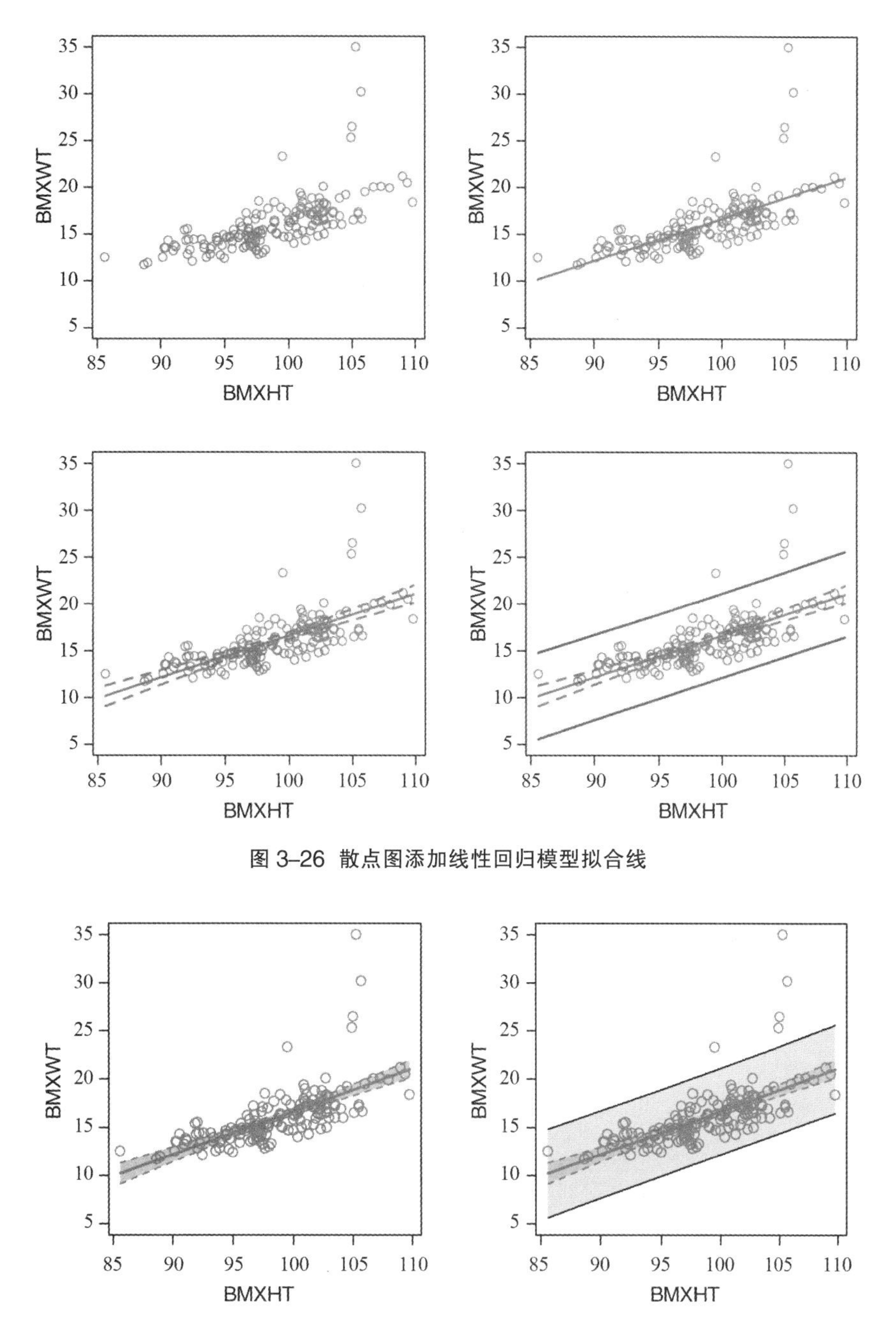

图 3-26 散点图添加线性回归模型拟合线

图 3-27 散点图添加线性回归模型拟合线(添加阴影)

2. 非线性回归模型拟合线

局部多项式回归是一种用于局部回归分析的非参数方法。它主要是把样本划分成一个个小区间,对每个区间中的样本进行多项式拟合,不断重复这个过程得到在不同区间的加权回归曲线,最后再把这些回归曲线的中心连在一起,合成完整的回归曲线。R 语言进行局部多项式回归拟合利用 loess 函数。参数 span 表示数据子集的获取范围,取值越大则数据子集越多,曲线越平滑。

(1)散点图(图 3-28A)

```
DB2 <- subset(DB, RIDAGEYR == 3, select = c(1, 2, 3, 5, 7))
DB3 <- na.omit(DB2)
attach(DB3)
plot(BMXHT, BMXWT, ylim = c(5, 35), col = "#7F7F7FFF")
```

(2)添加非线性回归模型拟合线(图 3-28B)

```
plot(BMXHT, BMXWT, ylim = c(5, 35), col = "#7F7F7FFF")
cars.lo <- loess(BMXWT ~ BMXHT, span = 1)
cars <- data.frame(BMXHT = seq(min(BMXHT), max(BMXHT), length = 300))
plx <- predict(cars.lo, data.frame(BMXHT = seq(min(BMXHT), max(BMXHT),
  length = 300)), se = TRUE)
lines(cars$BMXHT, plx$fit, col = "#008B45FF")
```

(3)添加非线性回归模型拟合线带置信区间(图 3-28C)

```
plot(BMXHT, BMXWT, ylim = c(5, 35), col = "#7F7F7FFF")
cars.lo <- loess(BMXWT ~ BMXHT, span = 1)
cars <- data.frame(BMXHT = seq(min(BMXHT), max(BMXHT), length = 300))
plx <- predict(cars.lo,data.frame(BMXHT = seq(min(BMXHT),
  max(BMXHT), length = 300)), se = TRUE)
lines(cars$BMXHT, plx$fit, col = "#008B45FF")
lines(cars$BMXHT, plx$fit - qt(0.975, plx$df)*plx$se,
  lty = 2,col = "#008B45FF")
lines(cars$BMXHT,plx$fit + qt(0.975, plx$df)*plx$se,
  lty=2, col = "#008B45FF")
```

(4)添加非线性回归模型拟合线,置信区间带阴影(图 3-28D)

```
DB2 <- subset(DB, RIDAGEYR == 3, select = c(1, 2, 3, 5, 7))
DB3 <- na.omit(DB2); attach(DB3)
plot(BMXHT, BMXWT, type = "n", ylim = c(5, 35))
cars.lo <- loess(BMXWT ~ BMXHT, span = 1)
newx <- seq(min(BMXHT), max(BMXHT), length = 300)
cars <- data.frame(BMXHT = seq(min(BMXHT), max(BMXHT), length = 300))
plx <- predict(cars.lo, data.frame(BMXHT = seq(min(BMXHT),
  max(BMXHT), length = 300)), se = TRUE)
pred <- data.frame(plx$fit - qt(0.975, plx$df)*plx$se,
  plx$fit + qt(0.975, plx$df)*plx$se)
polygon(c(rev(newx), newx), c(rev(pred[,2]),
  pred[,1]), col = 'grey', border = NA)
lines(cars$BMXHT, plx$fit, col = "#008B45FF")
lines(cars$BMXHT, plx$fit - qt(0.975, plx$df)*plx$se,
```

```
  lty=2, col = "#008B45FF")
lines(cars$BMXHT, plx$fit + qt(0.975, plx$df)*plx$se,
  lty=2, col = "#008B45FF")
points(BMXHT, BMXWT, col = "#7F7F7FFF")
```

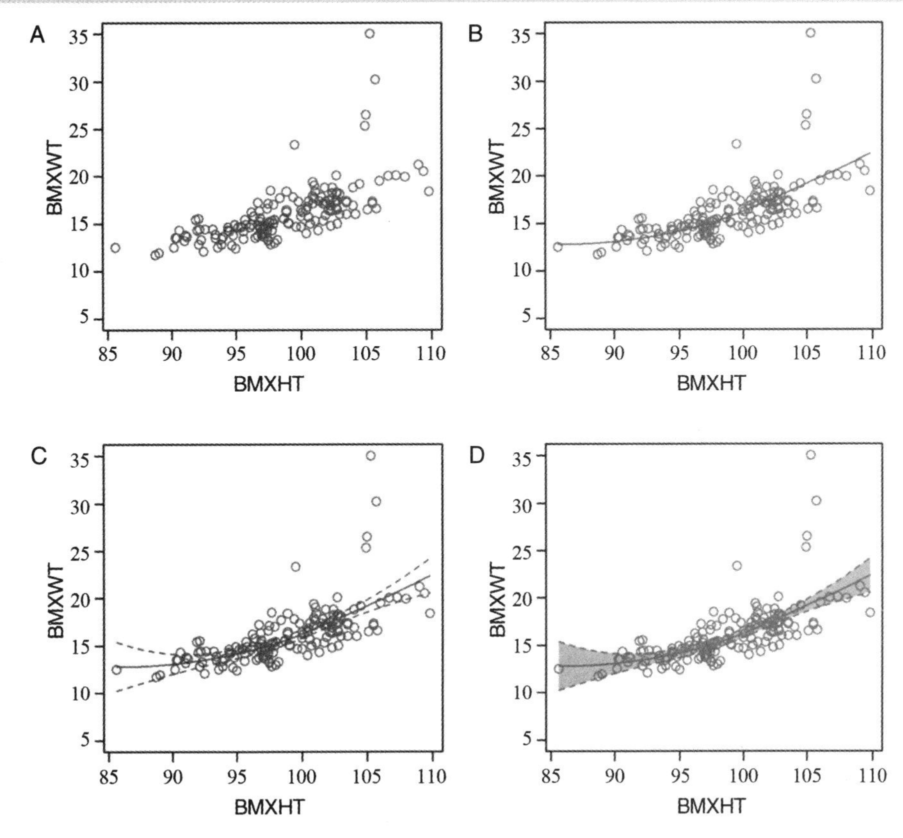

图 3-28 散点图添加非线性回归模型拟合线

3. 为子集添加线性回归模型拟合线(图 3-29)

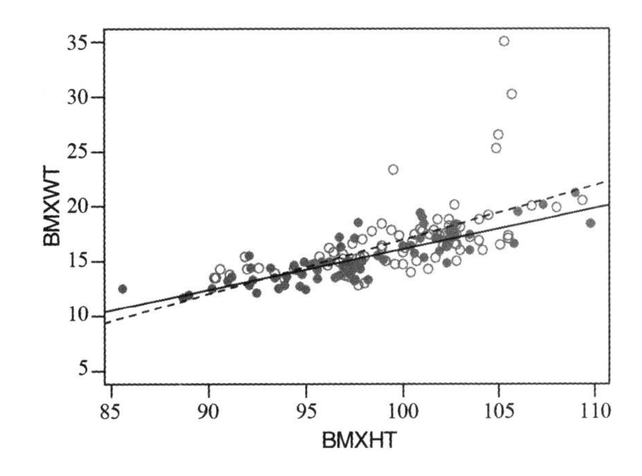

图 3-29 散点图添加线性回归模型拟合线

(三)添加网格线(图 3-30)

```
plot(BMXWT ~ BMXHT, ylim = c(5, 35), subset(DB, RIDAGEYR == 3))
grid(col = "gray70")
```

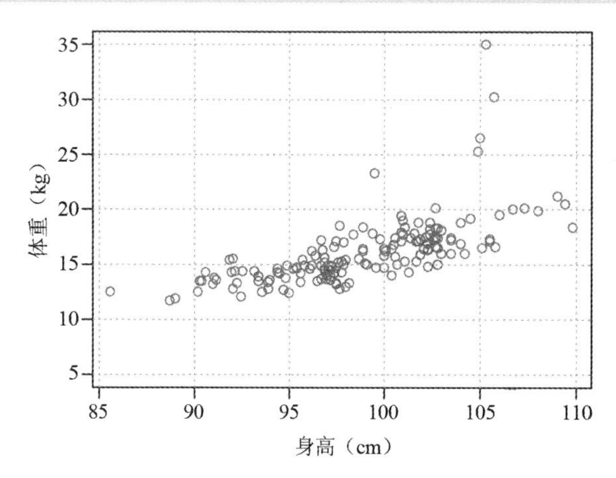

图 3-30 身高和体重的散点图(添加网格线)

(四)文本标注

使用 text()函数向绘图区域内部添加文本。text()函数的默认使用格式如下：

text(x, y = NULL, labels = seq_along(x$x), adj = NULL,pos = NULL, offset = 0.5, vfont = NULL,cex = 1, col = NULL, font = NULL ...)

x 和 y 为数值型向量,即添加文字的位置坐标。

labels 为添加文字的字符串向量。

adj 的作用是调整文字的位置。其值位于[0,1]之间。adj=0,文本左对齐,adj=1,右对齐。

cex 用于设置字体大小,如果为 NA 或 NULL,则设置为 1。

col 用于设置文本的颜色。

font 用于设置文字的样式,1 是默认值, 普通样式,2 代表加粗,3 代表斜体,4 代表粗斜体。

1. 添加单行文字

text(x,y," 文本内容 ")

2. 添加两行文字

text(c(x1,y1),c(x2,y2),c("Text1","Text2"),adj=0)

(五)图例

函数 legend()来添加图例。参数 bty = "n",图例无边框。

指定图例的位置,可以直接给定图例左上角的 x、y 坐标,也可用单词 "bottomright" "bottom" "bottomleft" "left" "topleft" "top" "topright" "right"。

如果图例标示的是颜色不同的符号,需要指定 col= 加上颜色值组成的向量。如果图例标示的是符号不同的点,则需指定 pch= 加上符号的代码组成的向量。

horiz=TRUE, 水平放置图例;cex 调整字符大小;text.col 调整图例字体的颜色;text.font 调整图例字体。

```
plot(BMXWT ~ BMXHT, ylim = c(5, 35), subset(DB, RIDAGEYR == 3),
     xlab = " 身高(cm)", ylab=" 体重(kg)",
     col = c("#EE0000", "#008B45")[RIAGENDR], pch=16)
legend("topleft", c("Male", "Fmale"), pch = 16,
       col = c("#EE0000", "#008B45")) # 图 3-31
```

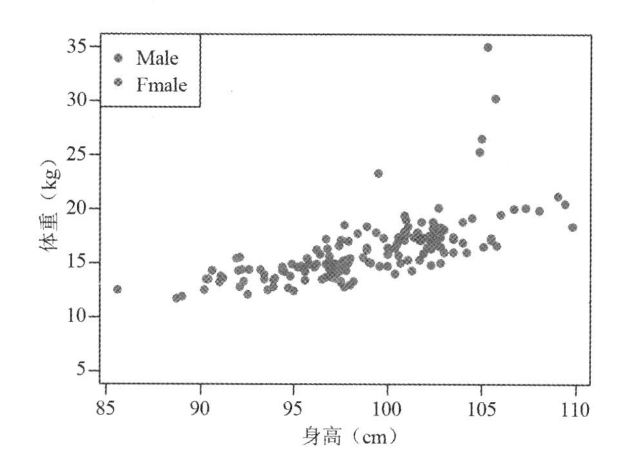

图 3–31 身高和体重的散点图(添加图例)

```
library(foreign)
DEMO_J <- read.xport("D:\\DEMO_J.XPT")
BMX_J <- read.xport("D:\\BMX_J.XPT")
attach(DEMO_J)
DEMO_JNEW <- DEMO_J[c("SEQN", "RIAGENDR", "RIDAGEYR", "RIDAGEMN")]
attach(BMX_J)
BMX_JNEW <- BMX_J[c("SEQN", "BMXWT", "BMXRECUM", "BMXHT")]
DB <- merge(DEMO_JNEW, BMX_JNEW )
attach(DB)
DB2 <- subset(DB, RIDAGEYR == 3, select = c(1, 2, 3, 5, 7))
DB3 <- na.omit(DB2)
attach(DB3)
plot(BMXWT ~ BMXHT, col = "#7F7F7FFF", ylim = c(5, 35))
fit <- lm(BMXWT ~ BMXHT)
newx <- seq(min(BMXHT), max(BMXHT), length = 300)
pred <- predict(fit, newdata = data.frame(BMXHT = newx),
  interval = c("confidence"), level = 0.95)
lines(newx, pred[,1], lwd = 1.6, col = '#008B45FF')
lines(newx, pred[,2], col = "#008B45FF", lty = 2)
lines(newx, pred[,3], col = "#008B45FF", lty = 2)
```

```
prep<- predict(fit, newdata = data.frame(BMXHT = newx),
  interval = c("prediction"), level = 0.95)
lines(newx, prep[,2],  col = "#AD002AFF")
lines(newx, prep[,3],  col= "#AD002AFF")
legend("topleft", c("Rerression", "95%CI", "95%PI"),
  lty = c(1, 2, 1),col = c("#008B45FF", "#008B45FF", "#AD002AFF"))
## 图 3-32
```

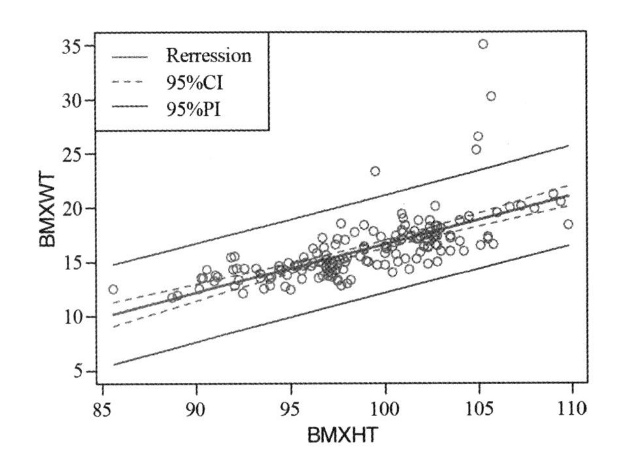

图 3-32 身高和体重的散点图(添加图例)

六、图形边距

在基础绘图系统中,图像设备被分成了三个区域:外部边缘区域、图形区域和绘图区域。

绘图区域,主要绘制数据符号、线段、文本等,图形边缘,用来显示坐标轴、坐标轴标签、标题及副标题。绘图区域和图形边缘合二为一,称为图形区域。图形区域外部为外边缘,外边缘位于设备区域和图形区域之间。默认情况下,单幅图形的外边缘 4 个方向的值都为 0。

图形边距通过 par()函数控制,设定参数可以用 mai(英寸边距),mai 是四个元素的向量,默认 mai=c(1.02,0.82,0.82,0.42),分别表示图形下方、左方、上方、右方的边空大小。

par(mai=c(1,1, 1, .2))# 生成一幅上下边界为 1 英寸、左边界为 1 英寸、右边界为 0.2 英寸的图形

par()函数会"永久性"改变作图设置。有时我们并不想要这种功能,特别是在一幅图作完之后,绘制下一幅图时,需要将之前的参数"还原"回来。此时,就需要在一幅图开始之前先把作图参数保存到一个对象中,比如 op = par(),这样可以在作这幅图的过程中用 par()函数更改设置以适合需要,作完这一幅图之后,再用 par(op)语句把保存的参数设置"释放"出来,这样,就不会影响到下一幅图。

```
op<- par(mai=c(1,1, 1, .2))
plot(x,y)
```

```
par(op)
```

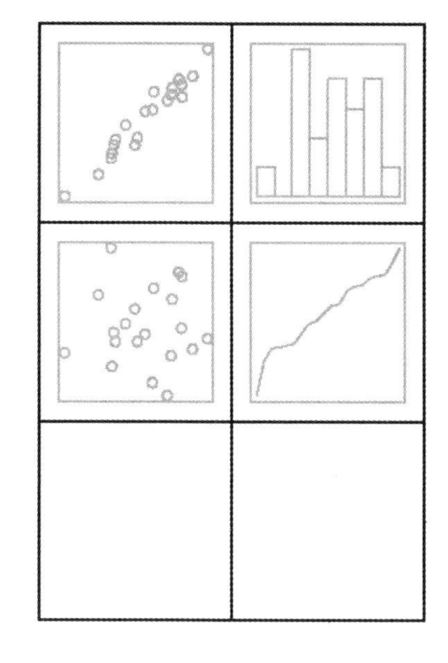

图 3–33 多幅绘图的图形区域

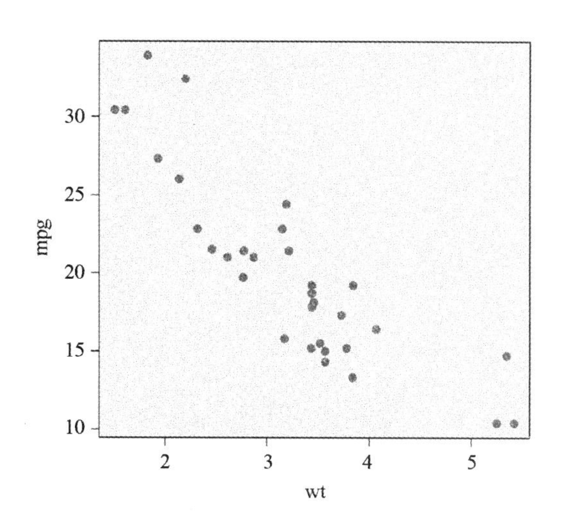

图 3–34 单幅绘图的图形区域

也可以用 par()函数重新设置新绘制的图形参数,这样后一幅图的参数将覆盖前一幅图形的参数。

参数 mar(行边距)也可以用来设置图形边距,只是和 mai 使用的单位不一样,这里的行是指可以显示 1 行普通字体。默认 mar=c(5.1,4.1,4.1,2.1),指图形边距分别为下边距 5.1 行,左边距 4.1 行,上边距 3.1 行,右边距 2.1 行。

有时坐标轴标签显示不全,一般是因为图形边距设置得过小。在设置时,一般把下边距和左边距设置得大一些。如果两个 x 轴或者 y 轴,也可以考虑将上边距或者右边距设置得大一些。

七、前景色

设置前景色,使用参数 fg。若 fg 作为 plot( )函数的参数,指定的是坐标轴和边框线的颜色;若 fg 作为 par( )函数的参数,指定的是坐标轴、框线和数据点的颜色。

八、背景色

```
par(bg="gray")#bg 需要通过 par( )函数设置
```

九、高密度散点图

高密度散点图的数据点叠加严重,如果给数据点添加一些透明度,可以更好地了解数据点的密度变化。

颜色透明度可以通过 alpha 参数添加到 rgb()来产生具有不同透明度级别的颜色规格。参数 rgb(0, 0, 0, 0.6)中第四位数越小,透明度越高。

```
library(foreign)
DEMO_J <- read.xport("D:\\DEMO_J.XPT")
BMX_J <- read.xport("D:\\BMX_J.XPT")
attach(DEMO_J)
DEMO_JNEW <- DEMO_J[c("SEQN", "RIAGENDR", "RIDAGEYR", "RIDAGEMN")]
attach(BMX_J)
BMX_JNEW <- BMX_J[c("SEQN", "BMXWT", "BMXRECUM", "BMXHT")]
DB <- merge(DEMO_JNEW, BMX_JNEW )
attach(DB)
plot(BMXWT ~ BMXHT, ylim = c(5, 35)) #图 3-35A
plot(BMXWT ~ BMXHT, ylim = c(5, 35), col = rgb(0, 0, 0, 0.60)) #图 3-35B
plot(BMXWT ~ BMXHT, ylim = c(5, 35), col = rgb(0, 0, 0, 0.40)) #图 3-35C
plot(BMXWT ~ BMXHT, ylim = c(5, 35), col = rgb(0, 0, 0, 0.20)) #图 3-35D
```

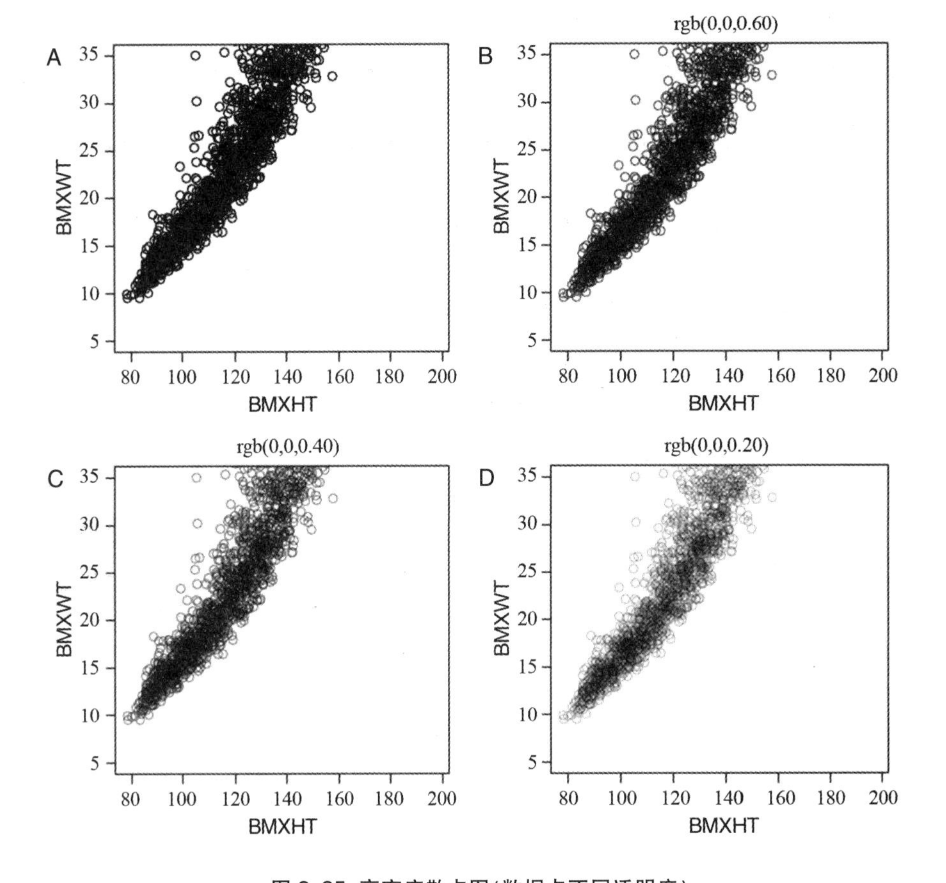

图 3–35 高密度散点图(数据点不同透明度)

第四节 ggplot2 绘制散点图

一、概述

R 语言最为强大的数据可视化软件包 ggplot2 由 Hadley Wickham 创建于 2005 年，2012 年 4 月进行了重大更新。

ggplot2 绘图过程大致如图 3-36。

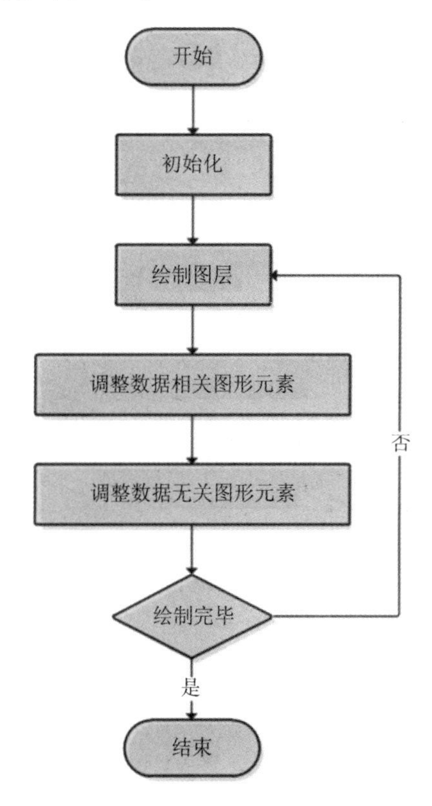

图 3-36 ggplot2 绘图过程

(一)初始化

使用 ggplot()函数指定绘图数据集及其美学映射。

```
p <- ggplot(data = , aes(x = , y = ))
```

(二)绘制图层

使用 geom_point()、geom_bar()、geom_line()等函数。

(三)调整数据相关图形元素

使用 scale 系列函数、某些专有函数。

(四)调整数据无关图形元素

使用 theme()函数调整数据无关图形元素。theme 函数采用四个函数来调整所有的主题特征:element_text 调整字体,element_line 调整主题内的所有线,element_rect 调整所有的块,element_blank 清空。theme(panel.grid =element_blank()) 删去网格线。

二、基本散点图

基本散点图使用 ggplot2 的默认绘图主题和 x、y 美学映射。

```
# 本章共用脚本
library(ggplot2)
library(NHANES)
NHANES2 <- na.omit(subset(NHANES, Age == 3)[, c(3, 17, 20)])
ggplot(NHANES2) +
  geom_point(aes(x = Height, y = Weight)) # 图 3-37
```

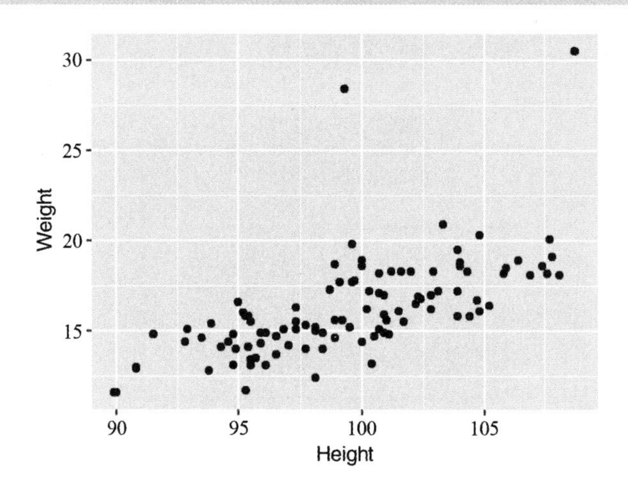

图 3-37 2009—2012 年美国三岁儿童身高和体重的散点图

【注释】

①aes()函数的前两个参数默认为 x、y, 因此,aes(x = Height, y = Weight))可以简写为 aes(Height, Weight))。

②ggplot2 包需要安装,命令为:install.packages(“ggplot2”)

③调用 ggplot()函数有三种常用方式:

ggplot(df,aes(x,y,其他美学映射))

ggplot(df)

ggplot()

其中,df 为数据框名称。如果所有图层使用相同的数据和相同的美学映射,建议使用第一种方法。第二种方法指定用于绘图的数据框,但未定义美学,这样可以在需要美学的图层单独提供美学映射。第三种方法初始化一个 ggplot 对象框架,该框架会被随后添加的图层充实。当使用多个数据框生成不同的图层时,此方法很有用。

④默认主题为 theme_gray()。

4.美学映射

图形元素的位置、形状、尺寸和颜色等称为美学。将数据转换为图形元素称为美学映射。美学映射可以在 ggplot() 或单个图层中设置。

三、点的形状、颜色、大小

(一)点的形状

ggplot2 默认点的形状为实芯圆点。参数 pch 或 shape 可以设置点的形状。

图 3-38 中有些点尽管形状相同，比如 0、15 和 22 都是正方形。它们的区别在于 color 和 fill 这两个图形属性。空心形状(0~14)的边界颜色由 color 决定;实心形状(15~20)的填充颜色由 color 决定;填充形状(21~25)的边界颜色由 color 决定,填充颜色由 fill 决定。25 号以后的符号用键盘输入，加英文格式双引号，例如:geom_point(shape="#")

图 3-38 点的形状

(二)点的大小

ggplot2 默认点的大小为 size=1.5。参数 size 可以设置点的大小。

【R 实例】

1. 两个连续变量散点图

可通过参数 shape、colour、size 设置点的形状、颜色、大小。

A. 绘制散点图,点的大小、形状、颜色使用 ggplot2 默认的参数(图 3-39A)

```
ggplot(NHANES2, aes(Height, Weight)) +
  geom_point() +
  theme_classic()
```

B. 绘制散点图,点的形状设置为 21,颜色设置为 "grey70",大小设置为 size=2(图 3-39B)

```
ggplot(NHANES2, aes(Height, Weight)) +
```

```
  geom_point(shape = 21, colour = "grey70", size = 2) +
  theme_classic()
```

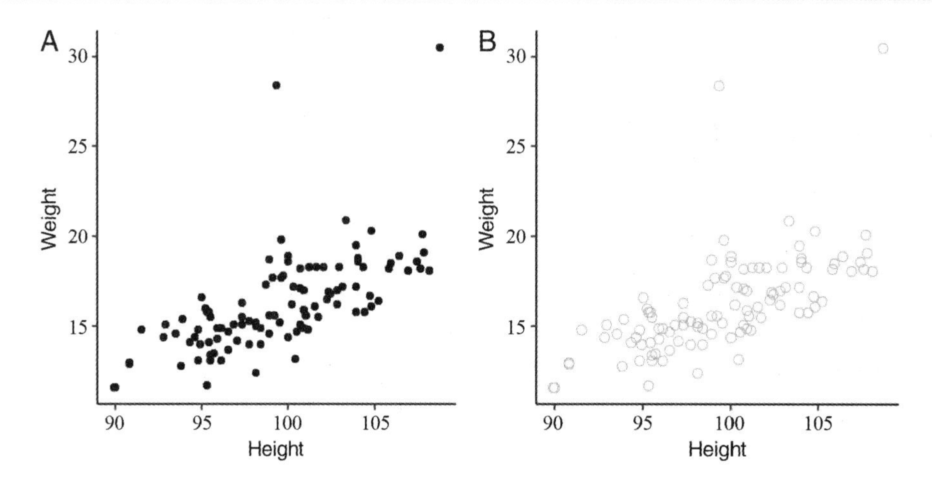

图 3-39 2009—2012 年美国三岁儿童身高和体重的散点图(改变点的形状、颜色、大小)

2. 两个连续变量和一个分类变量散点图(设置点的形状)

A. 将点的形状映射为分类变量 Gender(绘图函数自动设置点的形状,图 3-40A)

```
ggplot(NHANES2, aes(Height, Weight)) +
geom_point(aes(shape = Gender)) +
theme_classic()
```

B. 将点的形状映射为分类变量 Gender(输入参数设置点的形状,图 3-40B)

```
ggplot(NHANES2, aes(Height, Weight)) +
  geom_point(aes(shape = Gender)) +
  scale_shape_manual(values = c(1, 16))+
  theme_classic()
```

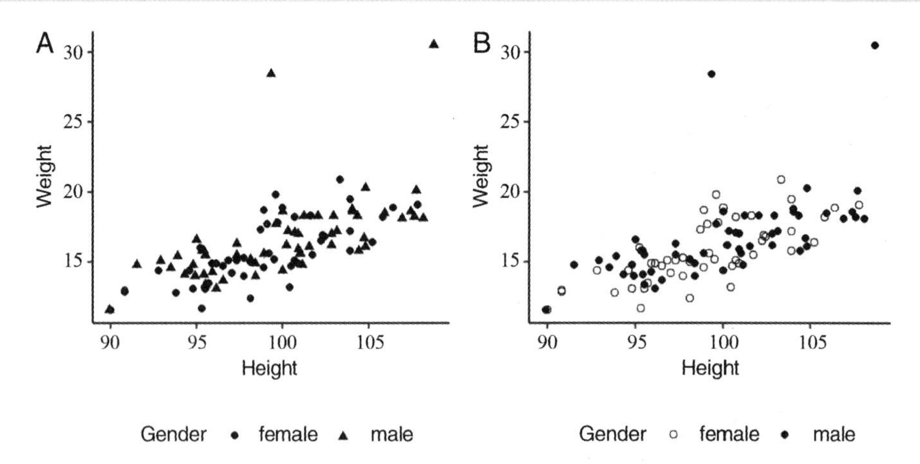

图 3-40 2009—2012 年美国三岁儿童身高和体重的散点图(设置点的形状)

3. 两个连续变量和一个分类变量散点图(设置点的颜色)

A. 将点的颜色映射为分类变量 Gender(绘图函数自动设置颜色,图 3-41A)

```
ggplot(NHANES2, aes(Height, Weight)) +
  geom_point(aes(color = Gender)) +
  theme_classic()
```

B. 将点的颜色映射为分类变量 Gender(输入名称指定颜色,图 3-41B)

```
ggplot(NHANES2, aes(Height, Weight)) +
  geom_point(aes(color = Gender)) +
  scale_color_manual(values = c("#008280FF", "#AD002AFF")) +
  theme_classic()
```

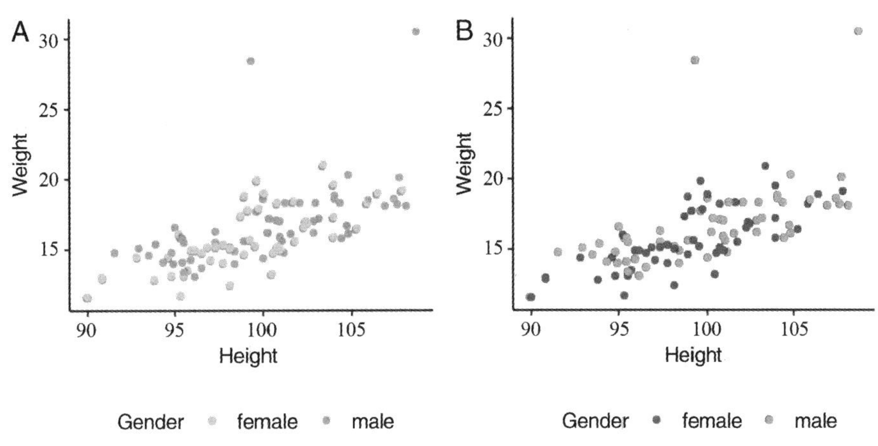

图 3-41 2009—2012 年美国三岁儿童身高和体重的散点图(设置点的颜色)

(三)点的颜色

ggplot2 默认点的颜色为黑色。参数 colour 可以设置点的颜色。

1. 使用 ColorBrewer 的颜色(RColorBrewr 包提供了 3 套配色方案)(图 3-42)

(1)连续型(sequential)配色方案

(2)离散型(Diverging)配色方案

(3)极端型(Qualitative)配色方案

```
ggplot(NHANES2, aes(Height, Weight)) +
  geom_point(aes(color = Gender)) +
  scale_color_brewer(palette = "Dark2") + # 使用 "Dark2" 调色板中的颜色
  theme_classic()
```

2. 调用 ggsci 包配色方案

ggsci 包提供了一系列的调色板,收录了来自顶级的科学期刊的配色、数据库可视化中的配色等，不论是离散型的配色还是连续型的配色一应俱全。所有的调色板可以被 ggplot2 的 scale 系列函数直接调用,调用命令为:

scale_color_palname()

scale_fill_palname()

其中,palname 为相应的调色板名称,color 表示线条、点的颜色, fill 表示填充色。

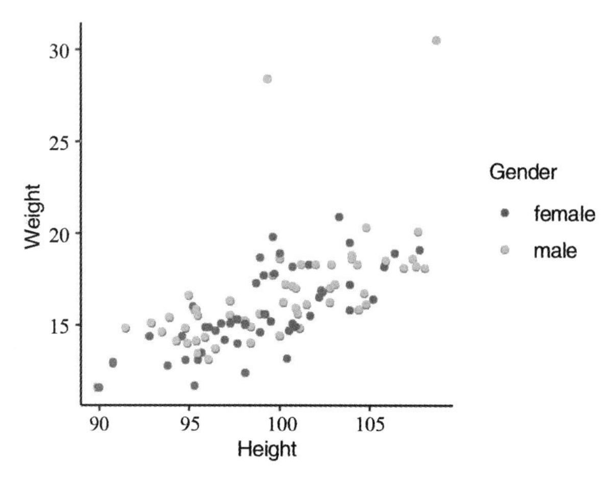

图 3–42 2009—2012 年美国三岁儿童身高和体重的散点图

常用配色方案如下:

(1)*Science* 杂志配色方案(aaas)

(2)美国医学会杂志配色方案(jama)

(3)临床肿瘤学杂志配色方案(jco)

(4)柳叶刀杂志配色方案(lancet)

(5)*Nature* 杂志配色方案(npg)

(6)新英格兰医学杂志配色方案(nejm)

```
library(ggsci)
ggplot(NHANES2, aes(Height, Weight)) +
  geom_point(aes(color = Gender)) +
  scale_color_aaas () + # 使用 Science 杂志配色方案
  theme_classic()
```

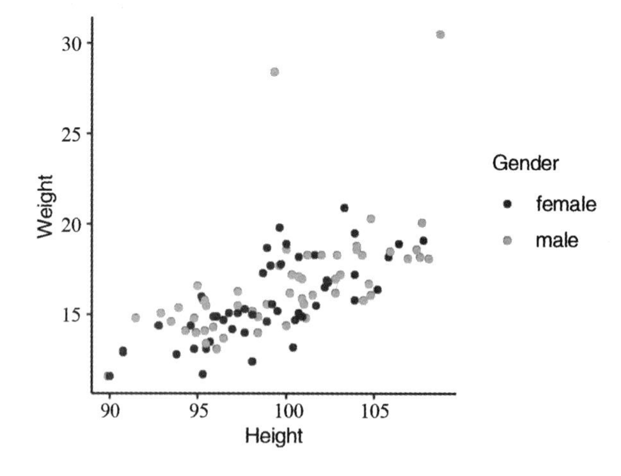

图 3–43 2009—2012 年美国三岁儿童身高和体重的散点图

【R实例】

1. 将点的形状和颜色映射为分类变量Gender(图3-44)

```
ggplot(NHANES2, aes(Height, Weight)) +
  geom_point(aes(shape = Gender, color = Gender)) +
  theme_classic() +
  theme(legend.position = "bottom")
```

2. 分面(图3-45)

```
ggplot(NHANES2, aes(Height, Weight, linetype = Gender)) +
  geom_point(aes(color = Gender)) +
  facet_wrap(~ Gender) +
  theme_classic() +
  theme(legend.position = "bottom")
```

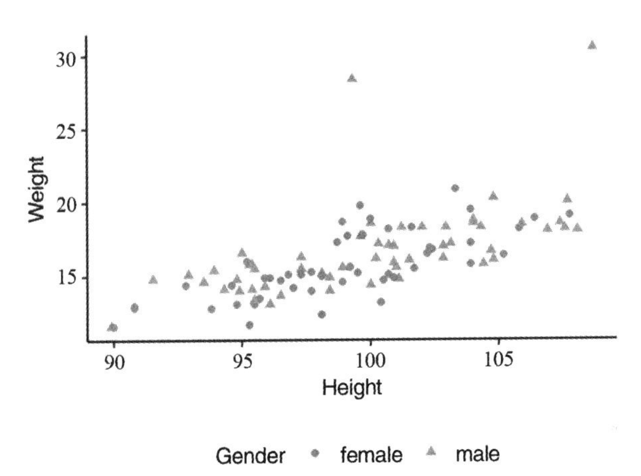

图3-44 2009—2012年美国三岁儿童身高和体重的散点图(点的形状和颜色映射为分类变量Gender)

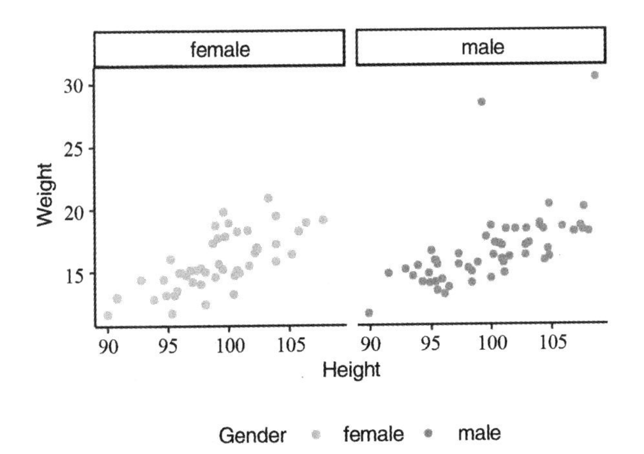

图3-45 2009—2012年美国三岁儿童身高和体重的散点图(分面)

四、坐标轴

1. theme_classic 主题坐标轴默认设置

colour : "black"

size : 0.5

linetype : 1

lineend : "butt"

axis.ticks.length=unit(2.75,"pt"))

```
library(ggplot2)
theme_set(theme_classic()) # 调用 theme_classic 主题
library(NHANES)
NHANES2 <- na.omit(subset(NHANES, Age == 3)[, c(3, 17, 20)])
ggplot(NHANES2) +
  geom_point(aes(Height, Weight))
```

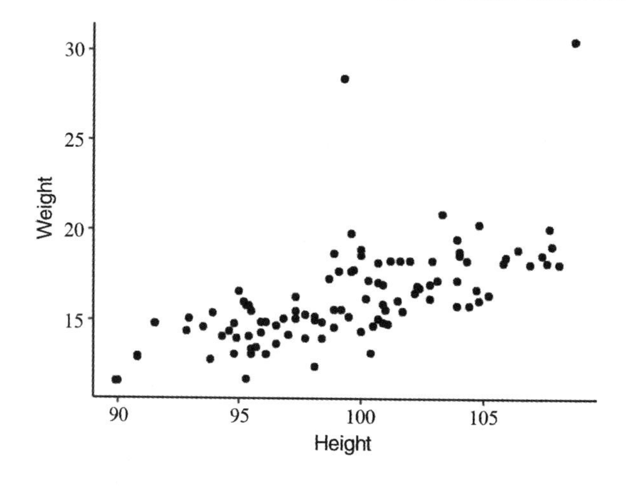

图 3-46 2009—2012 年美国三岁儿童身高和体重的散点图

2. 设置坐标轴线和刻度线样式

设置坐标轴线和刻度线可以修改 element_line () 函数的参数:size, 线宽度; lineend,线端样式(round, butt, square,分别代表圆形、对接、方形);colour,线颜色; linetype,线型。

例如:轴线和刻度线颜色为蓝色,轴线 size=1,线端样式为"square",刻度线位于坐标轴内侧,长度 3.75(刻度线长度为正,位于坐标轴外侧;刻度线长度为负,位于坐标轴内侧)。

```
ggplot(NHANES2)  +
  geom_point(aes(Height, Weight)) +
theme(axis.line = element_line(colour = "#36648B",
```

```
    lineend="square", size = 1),
    axis.ticks = element_line(colour = "#36648B"),
    axis.ticks.length = unit(-3.75, "points")) # 设置刻度线的长度和位置
```

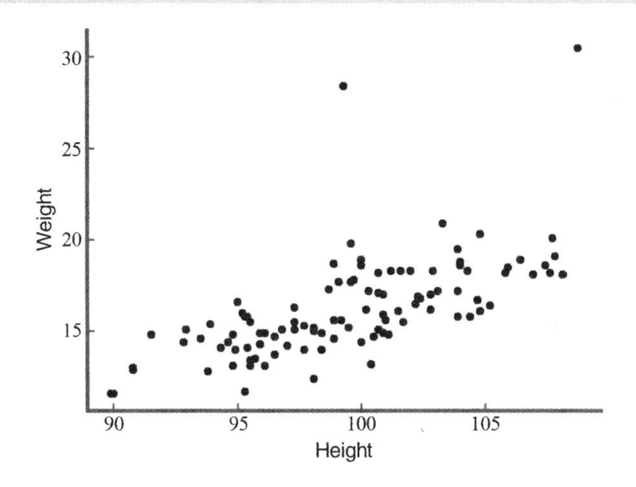

图 3-47 2009–2012 年美国三岁儿童身高和体重的散点图

3. 坐标轴标题默认设置

```
axis.title.x
family: "sans"
face: "plain"
colour: "black"
size: 11
hjust: 0.5
vjust: 1
angle: 0
lineheight: 0.9
margin:'margin'num [1:4] 2.75 points 0 points 0 points 0 points
axis.title.y
family: "sans"
face: "plain"
colour: "black"
size: 11
hjust: 0.5
vjust: 1
angle: 90
lineheight: 0.9
margin:'margin'num [1:4] 0 points 2.75 points 0 points 0 points
axis.title.x = element_text(margin = margin(t =2.75))
```

```
axis.title.y = element_text(angle = 90, margin = margin(r = 2.75))
axis.title.x.top = element_text(margin = margin(b = 2.75), vjust = 0)
axis.title.y.right = element_text(angle = -90, margin = margin(l = 2.75),
                                  vjust = 0)
```

4. 设置刻度标签

刻度标签默认设置如下。

```
axis.text
family: "sans"
face: "plain"
colour: "grey30"
size: 8.8
hjust: 0.5
vjust: 1
angle: 0
lineheight: 0.9
margin: NULL
axis.text.x = element_text(margin = margin(t = 2.2))
# 刻度标签到 x 轴的距离。单位:pt
axis.text.y = element_text(margin = margin(r = 2.2))
axis.text.y.right = element_text(margin = margin(l = 2.2), hjust = 0)
axis.text.x.top = element_text(margin = margin(b = 2.2), vjust = 0)
```

5. 更改坐标轴标题

```
p<- ggplot(NHANES2) +
    geom_point(aes(Height, Weight))+
    labs(x = " 身高(cm)", y= " 体重(kg)")
```

6. 隐藏坐标轴标题

```
theme( axis.title.x = element_blank(),
        axis.title.y = element_blank())
```

7. 设置坐标轴范围并将坐标原点定为 0

```
theme(scale_x_continuous(limits = c(0,120),expand = c(0,0))+
    scale_y_continuous(limits = c(0,40),expand = c(0,0))
```

8. 更改坐标轴标度(以 x 轴为例)

```
scale_x_discrete(labels = c("4"="a","6"="b","8"="c"))
```

9. 指定坐标轴顺序以及展示部分(以 x 轴为例)

```
scale_x_discrete(limits=c("6","4"))
```

10. 连续变量坐标轴刻度划分(以 y 轴为例)

```
scale_y_continuous(breaks = c(10,20,30))
scale_y_continuous(breaks = c(10,20,30), labels=scales::dollar)
```

scale_y_continuous(limits = c(10,30))

11. 坐标翻转

scale_y_reverse()#小数在上面,大数在下面(以 y 轴为例)

12. 更改刻度标签的位置(X 轴刻度置顶,Y 轴刻度置右)

scale_x_discrete(position = "top") +
    scale_y_continuous(position = "right")

13. 重新划分刻度并更改刻度标签(蓝色字体仅起示例作用)

scale_x_continuous(breaks = c(2, 4, 6), label = c("two", "four", "six"))

14. 刻度标签样式(以 y 轴为例) 百分数

scale_y_continuous(labels = scales::percent)

添加美元符号

scale_y_continuous(labels = scales::dollar)

整数后添加小数点和“0”

scale_ y _continuous(labels = scales::comma)

刻度标签使用科学计数法

scale_y_continuous(labels = scales::scientific)

15. 对数刻度

对数刻度坐标轴的每一个刻度指数变化 10 的 1 次方。一般在数据量级差距较大时使用。数据集 Animals {MASS} 包含 28 种陆地动物的平均大脑重量 (g) 和体重(kg)。

library(ggplot2)
library(MASS)
# 普通刻度

```
ggplot(Animals, aes(body, brain)) +
  geom_point() +
  theme_bw()
```

对数刻度

```
ggplot(Animals, aes(body, brain)) +
  geom_point() +
  scale_x_log10() +
  scale_y_log10() +
  theme_bw() +
  annotation_logticks()
```

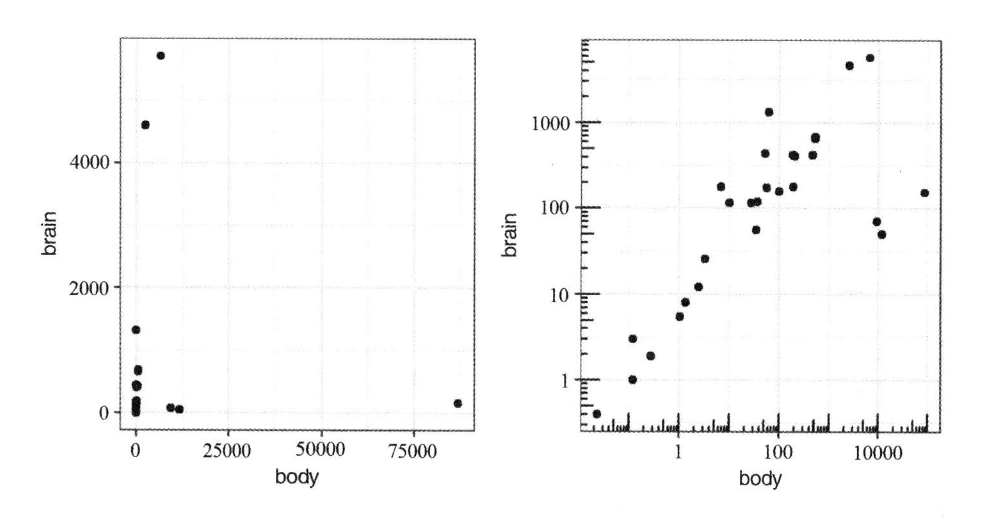

图 3-48 28 种陆地动物的平均大脑重量(g)和体重(kg)散点图

图 3-48 左图为普通刻度,右图为对数刻度。也可以仅对一个坐标轴进行对数转换。

16. 平方根刻度

```
scale_y_sqrt()
```

17. 边际地毯(图 3-49)

边际地毯 geom_rug()本质上是一个一维散点图,它可被用于展示每个坐标轴上数据的分布情况。

```
ggplot(NHANES2, aes(Height, Weight)) +
  geom_point() +
  theme_bw() +
  geom_rug()
```

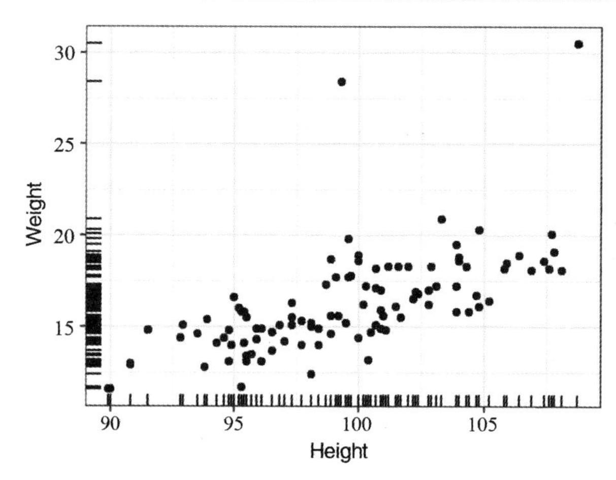

图 3-49 2009—2012 年美国三岁儿童身高和体重的散点图(边际地毯)

18. 颠倒 x 轴和 y 轴

颠倒 x 轴和 y 轴使用 coord_flip()。一般在 x 轴长刻度标签时使用。

19. 使用 coord_cartesian() 更改坐标轴范围

```
p + coord_cartesian(xlim =c(5, 20), ylim = c(0, 50))
# Use xlim() and ylim()
p + xlim(5, 20) + ylim(0, 50)
# Expand limits
p + expand_limits(x = c(5, 50), y = c(0, 150))
```

五、标题、副标题、标签和注释

1. 参数详解

(1)family:绘制文本时使用的字体族。标准的取值为 serif(衬线)、sans(无衬线)和 mono(等宽),默认为 "sans"。

在 Windows 系统中,衬线字体映射为 TT Times New Roman,无衬线字体则映射为 TT Arial,等宽字体映射为 TT Courier New。

如果将字体设置成 Time New Roman,令 family="serif";如果将字体设置成微软雅黑 windowsFonts(myFont = windowsFont(" 微软雅黑 ")),family="myFont"。

(2)face:字体格式,可取值("plain", "italic", "bold", "bold.italic"),默认为 "plain"。

(3)colour:字体颜色。

(4)size:字体大小。

"磅",是印刷设计中文字大小的单位 point 的音译,中文翻译为"点",缩写为 pt。1 磅大约是 0.352 毫米,72 磅为一英寸。

表 3-1 字号单位换算

字号	pt	毫米	字号	pt	毫米
初号	42	14.82	四号	14	4.94
小初	36	12.70	小四	12	4.23
一号	26	9.17	五号	10.5	3.70
小一	24	8.47	小五	9	3.18
二号	22	7.76	六号	7.5	2.56
小二	18	6.35	小六	6.5	2.29
三号	16	5.64	七号	5.5	1.94
小三	15	5.29	八号	5	1.76

(5)hjust:标题(或标签)的水平对齐方式,0,左对齐;0.5,居中;1,右对齐。

(6)vjust:标题(或标签)的垂直对齐方式,top = 1, middle = 0.5, bottom = 0。

(7)angle:标题(或标签)的倾斜度,取值范围 0 到 360。

(8)lineheight:线条高度。

如果标题太长,可以使用 \n 将它们分行,此时,lineheight 的作用是调节分行标题之间的距离。lineheight 默认值为 0.9,此值越大,分行标题之间的距离越大。

2. 标题

标题的默认设置为:

```
plot.title = element_text(family = "sans",size = 13.2,face = "plain",
                          color = "black",
                          hjust = 0,
                          vjust = 1,
                          angle = 0,
                          lineheight = 0.9,
                          margin = margin(b = 5.5)),plot.title.position = "panel"
```

(1)添加标题(使用默认设置,图 3-50)

添加标题,使用 labs(title=" "),引号内为标题的内容。

```
ggplot(NHANES2) +
  geom_point(aes(x = Height, y = Weight)) +
  labs(title = "Weight versus Height plot of 129 American children")
```

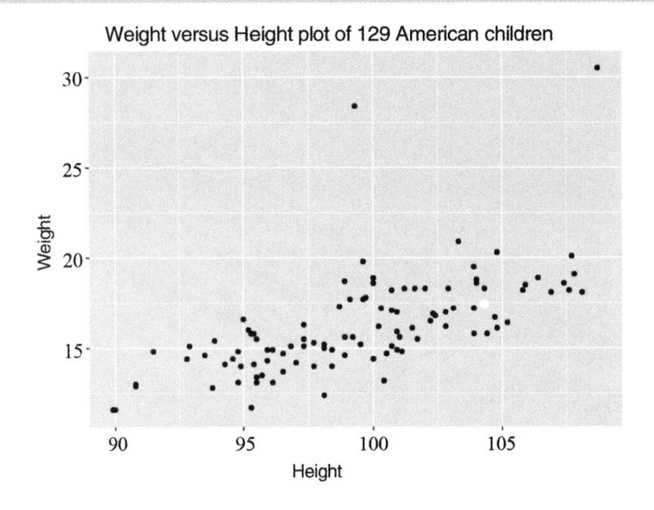

图 3-50 美国三岁儿童身高和体重的散点图(添加标题)

(2)自定义更改标题颜色、样式(图 3-51)

添加标题,标题颜色为天蓝色,样式为粗体,对齐方式为居中,其他参数使用默认值。

```
ggplot(NHANES2) +
  geom_point(aes(x = Height, y = Weight)) +
  labs(title = "Weight versus Height plot of 129 American children ") +
  theme(plot.title = element_text(face = "bold",
       color = "skyblue", hjust = 0.5))
```

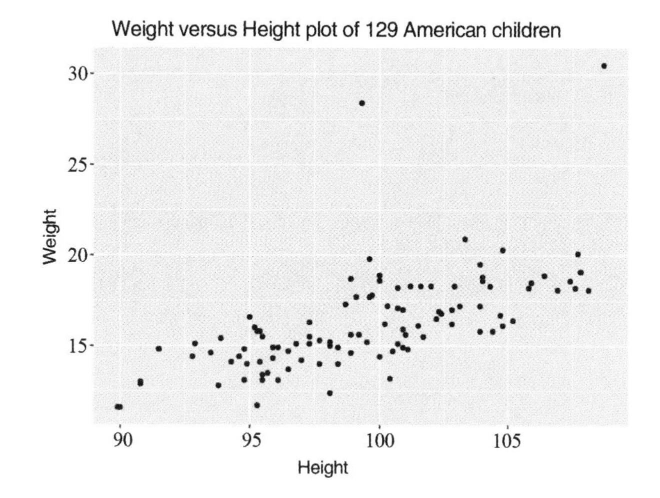

图 3-51 美国三岁儿童身高和体重的散点图(自定义标题颜色、样式)

3. 副标题

副标题的默认设置为:

```
plot.subtitle = element_text(family = "sans",
                             size = 11,
                             face = "plain",
                             color = "black",
                             hjust = 0,
                             vjust = 1,
                             angle = 0,
                             lineheight = 0.9,
                             margin = margin(b = 5.5))
```

(1)添加标题、副标题(默认设置)

添加副标题使用 labs(subtitle = " "),引号内为副标题的内容(图 3-52)。

```
ggplot(NHANES2) +
  geom_point(aes(x = Height, y = Weight)) +
  labs(title = "Weight versus Height plot of 129 American children ",
       subtitle = "Three years old")
```

(2)自定义副标题位置

添加标题、副标题,标题颜色为天蓝色,居中;副标题居中(图 3-53)。

```
ggplot(NHANES2) +
  geom_point(aes(x = Height, y = Weight)) +
  labs(title = "Weight versus Height plot of 129 American children ",
       subtitle = "Three years old")+
  theme(plot.title = element_text(face = "bold",
        color = "skyblue", hjust = 0.5)) +
```

```
theme(plot.subtitle = element_text(hjust = 0.5))
```

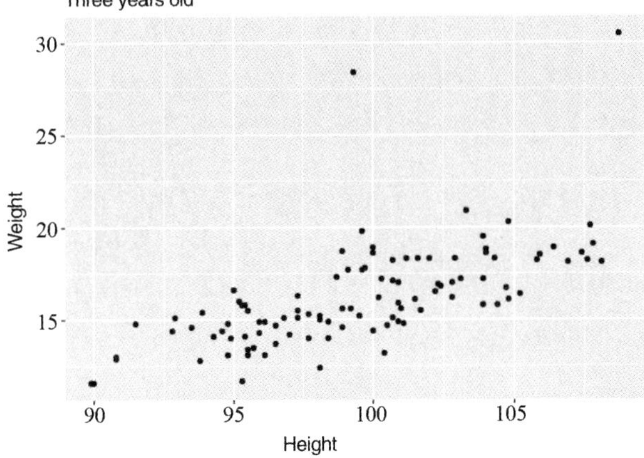

图 3–52 美国三岁儿童身高和体重的散点图

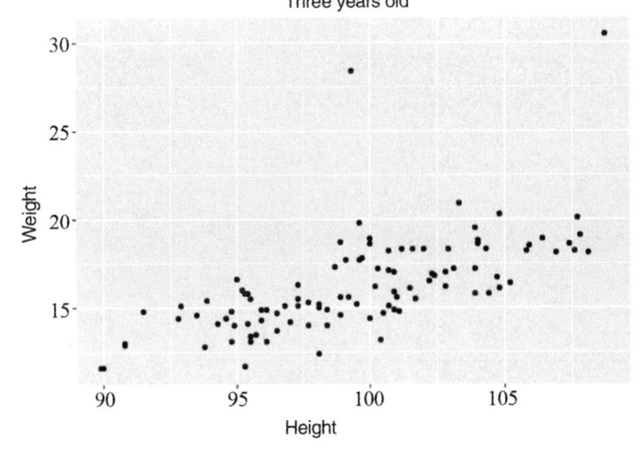

图 3–53 美国三岁儿童身高和体重的散点图(副标题居中)

4. 标签

标签的默认设置为：

```
plot.tag=element_text(family = "sans",
                      size = 13.2,
                      face = "plain",
                      colo r= "black",
                      hjust = 0.5,
                      vjust = 0.5,
                      angle = 0,
                      lineheight = 0.9)),
plot.tag.position = "topleft"
```

(1)添加标签(默认设置,图 3-54)

标签默认显示在左上角,用字母标记子图。添加标签使用 labs(tag = "Figure 1")。

```
ggplot(NHANES2) +
  geom_point(aes(Height, Weight)) +
  labs(title = "Weight versus Height plot of 129 American children",
  subtitle = "Three years old", tag = "Figure 1")
```

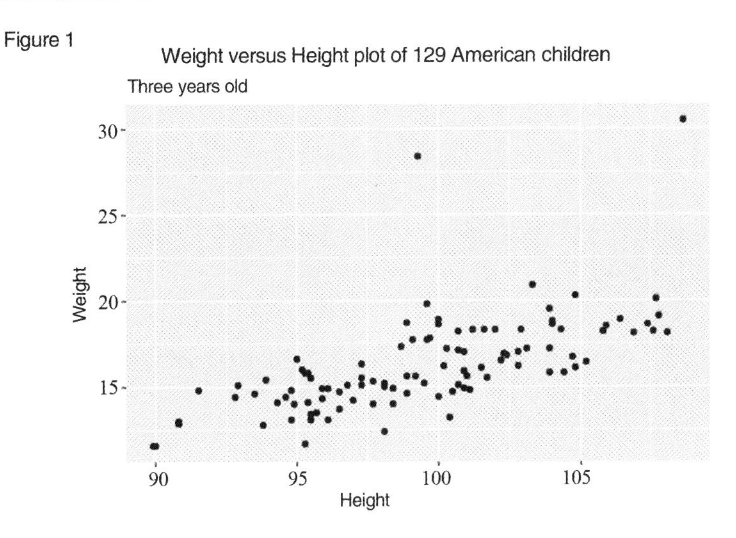

图 3-54 美国三岁儿童身高和体重的散点图(添加标签)

(2)自定义标签颜色、字体

添加红色粗体标签,见图 3-55。

```
ggplot(NHANES2) +
  geom_point(aes(Height, Weight)) +
  labs(title = "Weight versus Height plot of 129 American children",
       subtitle = "Three years old",
       tag = "Figure 1" )+
  theme(plot.tag = element_text(face = "bold", color = "red"))
```

5. 注释

注释的默认设置为:

```
plot.caption = element_text(family="sans",
size = 8.8,
face = "plain",
color = "black",
hjust = 1,
vjust = 1,
angle = 0
lineheight = 0.9
```

```
margin = margin(t = 5.5)),
plot.caption.position = "panel"
```

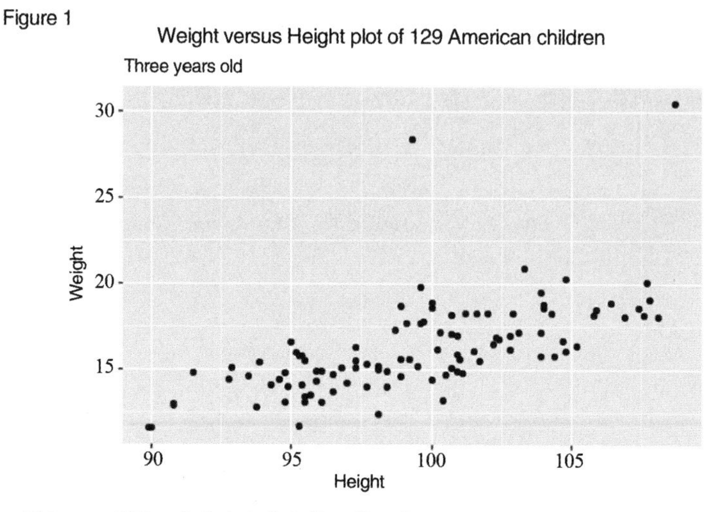

图 3-55 美国三岁儿童身高和体重的散点图(自定义标签颜色、字体)

(1)添加注释(默认设置,图 3-56)

注释出现在右下角，通常用于数据来源、注释或版权说明。添加注释用 labs(caption=" ")。

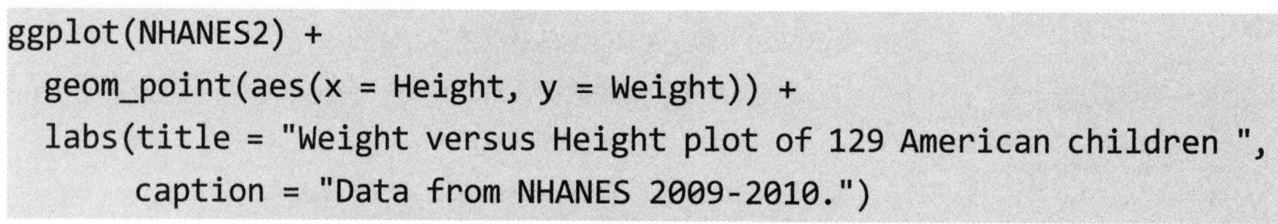

```
ggplot(NHANES2) +
  geom_point(aes(x = Height, y = Weight)) +
  labs(title = "Weight versus Height plot of 129 American children ",
       caption = "Data from NHANES 2009-2010.")
```

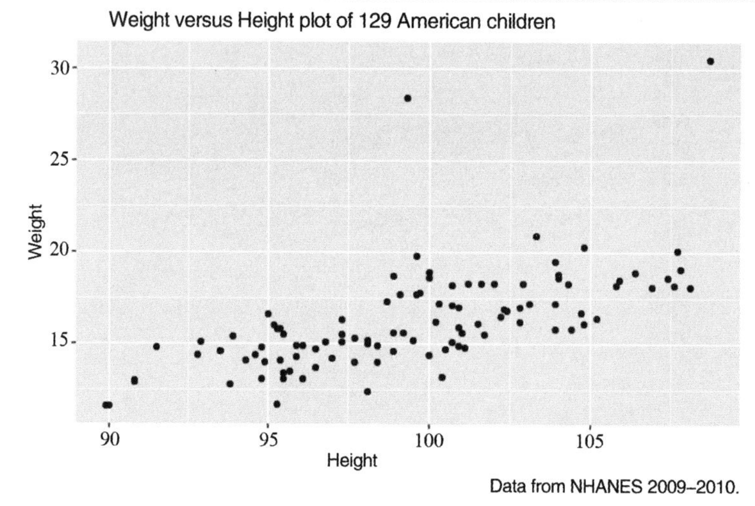

图 3-56 美国三岁儿童身高和体重的散点图(添加注释)

(2)自定义注释颜色、字体

添加注释,蓝色 Time New Roman 斜体,见图 3-57。

```
ggplot(NHANES2) +
  geom_point(aes(x = Height, y = Weight)) +
  labs(title = "Weight versus Height plot of 129 American children",
       caption = "Data from NHANES 2009-2010.") +
  theme(plot.caption = element_text(family = "serif",
        face = "italic", color = "blue"))
```

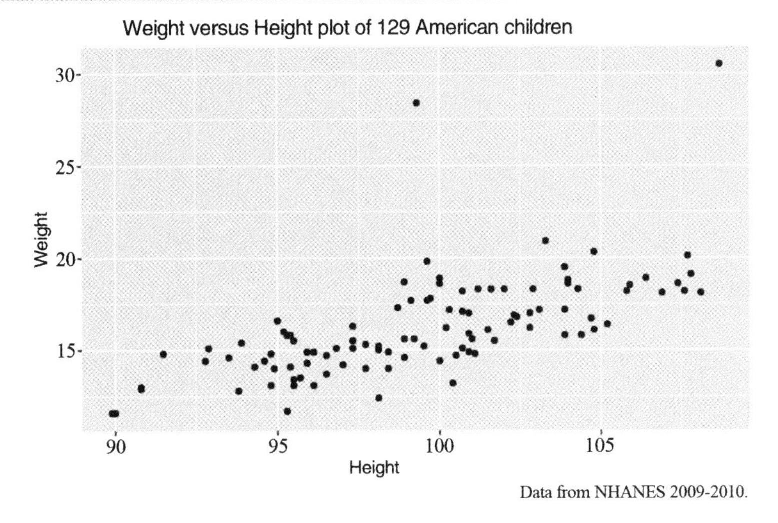

图 3-57 美国三岁儿童身高和体重的散点图(自定义注释颜色、字体)

6. 标题分行

(1)标题分行(默认行距,lineheight=0.9,图 3-58)

```
ggplot(NHANES2) +
  geom_point(aes(Height, Weight)) +
  labs(title = "Weight versus Height \n plot of 129 American children")
```

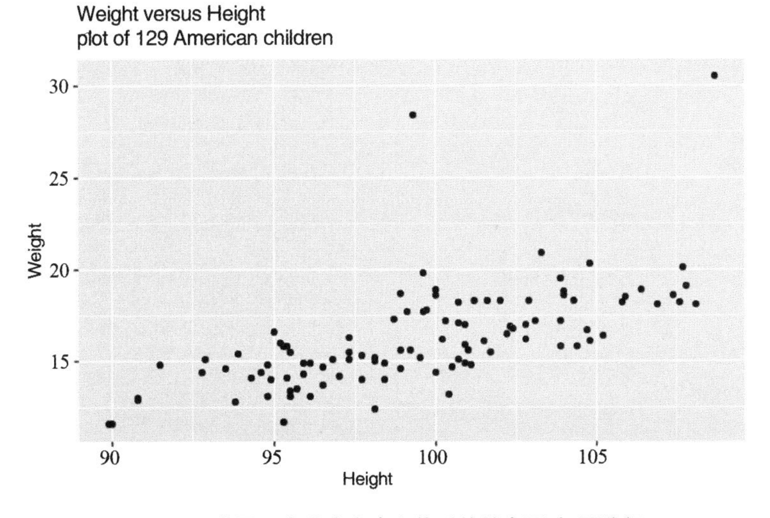

图 3-58 美国三岁儿童身高和体重的散点图(标题分行)

(2)更改标题行距(图 3-59)

标题分行,行距设置为 lineheight=1.6。

```
ggplot(NHANES2) +
  geom_point(aes(Height, Weight)) +
  labs(title = "Weight versus Height \n plot of 129 American children") +
  theme(plot.title = element_text(lineheight = 1.6))
```

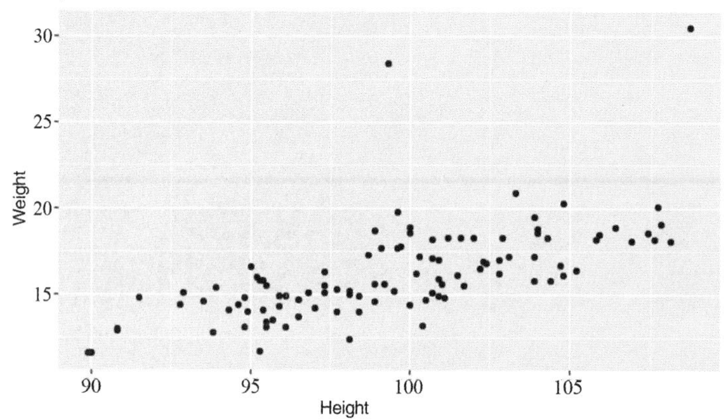

图 3-59 美国三岁儿童身高和体重的散点图(自定义标题行距)

六、图例

表 3-2 图例主题元素及其默认值

主题元素	描述	默认值
legend.background	图例背景	
legend.margin	图例边界	legend.margin = unit(0.2, "cm")
legend.key	图例符号	legend.key =element_rect (fill = "grey95", colour = "white")
legend.key.size	图例符号大小	legend.key.size = unit(1.2, "lines")
legend.key.height	图例符号高度	legend.key.height = NULL
legend.key.width	图例符号宽度	legend.key.width = NULL
legend.text	图例文本标签	legend.text=element_text(size = rel(0.8))
legend.text.align	图例文本对齐方式 0 为左齐,1 为右齐	legend.text.align = NULL
legend.title	图例标题 不显示图例标题 theme(legend.title="none")	legend.title =element_text (size = rel (0.8), face = "bold", hjust = 0)

（续表）

主题元素	描述	默认值
legend.title.align	图例标题对齐方式 0 为左齐,1 为右齐	legend.title.align = NULL
legend.position	图例位置 left,right,bottom,top 两数值向量	legend.position = "right"
legend.direction	图例排列方式 "horizontal" "vertical"	legend.direction = NULL
legend.justification	图例居中方式 Center 或两数值向量	legend.justification = "center"
legend.box	多图例排版方式 horizontal,vertical	legend.box = NULL
legend.box.margin		legend.box.margin =margin （0， 0， 0,0， " cm"）
legend.box.background		legend.box.background = element_blank()
legend.box.spacing		legend.box.spacing = unit(0.4， "cm")
legend.box.just	多图例居中方式	
legend.spacing		legend.spacing = unit(0.4， "cm")
legend.spacing.x		legend.spacing.x = NULL
legend.spacing.y		legend.spacing.y = NULL

1.修改图例标题

(1)默认标题(图 3-60)

```
ggplot(NHANES2) +
  geom_point(aes(Height, Weight, colour = Gender))
```

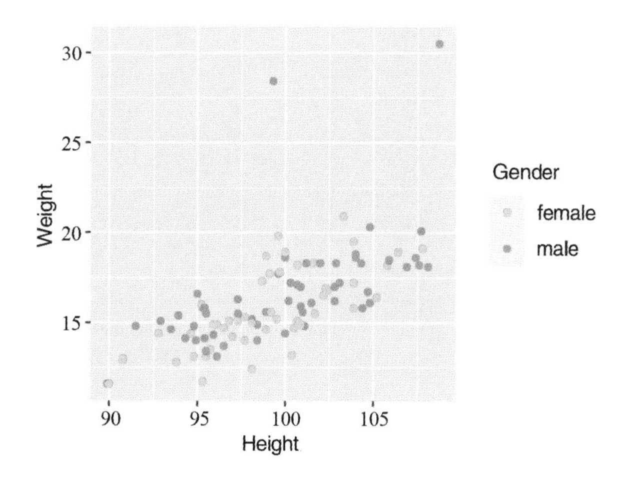

图 3–60 美国三岁儿童身高和体重的散点图(默认图例标题)

(2)将图例标题修改为“性别”(图 3-61)

```
ggplot(NHANES2) +
  geom_point(aes(Height, Weight,colour = Gender)) +
  labs(colour = " 性别 ")
```

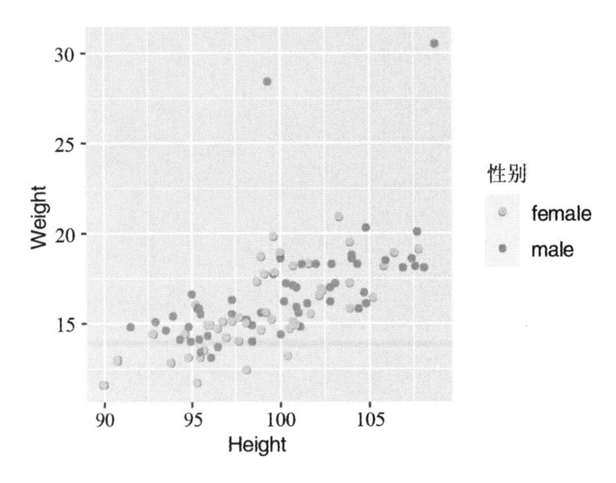

图 3-61 美国三岁儿童身高和体重的散点图(修改图例标题)

2.修改图例文本(图 3-62)

```
NHANES3 <- within(NHANES2,{
  Gender <- factor(Gender, labels = c(" 女 ", " 男 "))
})
ggplot(NHANES3) +
  geom_point(aes(x = Height, y = Weight, colour = Gender ))
```

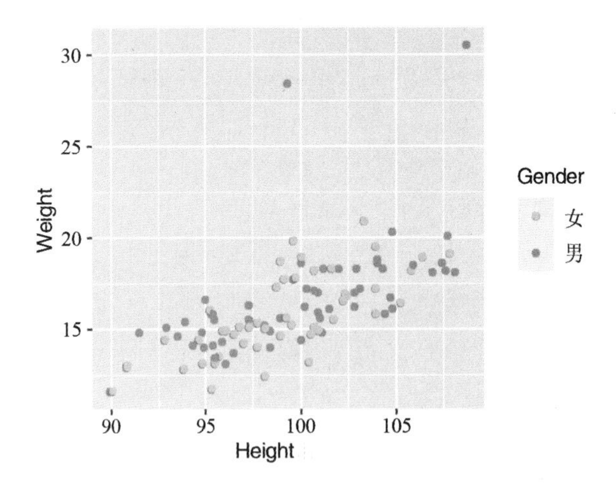

图 3-62 美国三岁儿童身高和体重的散点图(修改图例文本)

3. 同时修改图例标题和图例文本(图 3-63)

```
ggplot(NHANES3) +
```

```
  geom_point(aes(x = Height, y = Weight, colour = Gender)) +
  labs(colour = " 性别 ")
```

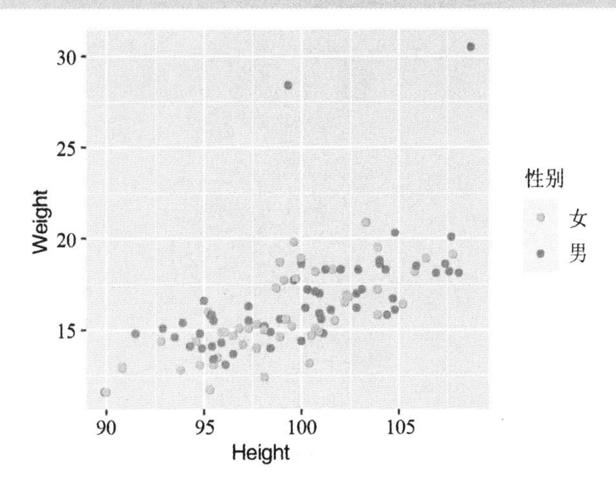

图 3-63 美国三岁儿童身高和体重的散点图(修改图例标题和文本)

4.修改图例位置

(1)不显示图例(图 3-64)

```
p <- ggplot(NHANES2) +
      geom_point(aes(x = Height, y = Weight, colour = Gender))
p + theme(legend.position = "none")
```

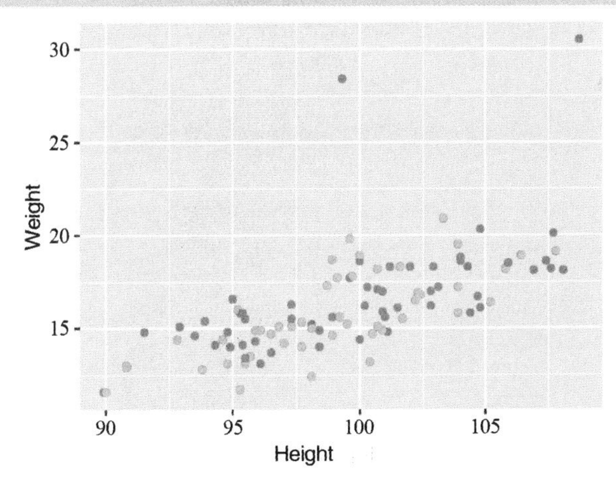

图 3-64 美国三岁儿童身高和体重的散点图(不显示图例)

(2)将图例放在右上部(图 3-65)

```
p + theme(legend.justification = "top")
```

(3)将图例放在底部(图 3-66)

```
p + theme(legend.position = "bottom")
```

(4)将图例放在顶部(图 3-67)

```
p + theme(legend.position = "top")
```

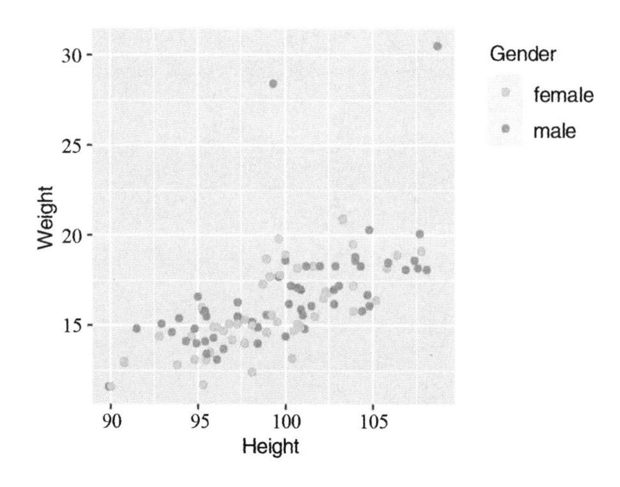

图 3–65 美国三岁儿童身高和体重的散点图(图例在右上)

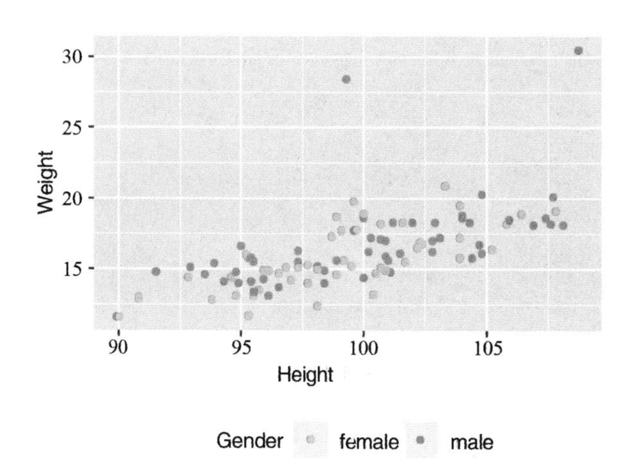

图 3–66 美国三岁儿童身高和体重的散点图(图例在底部)

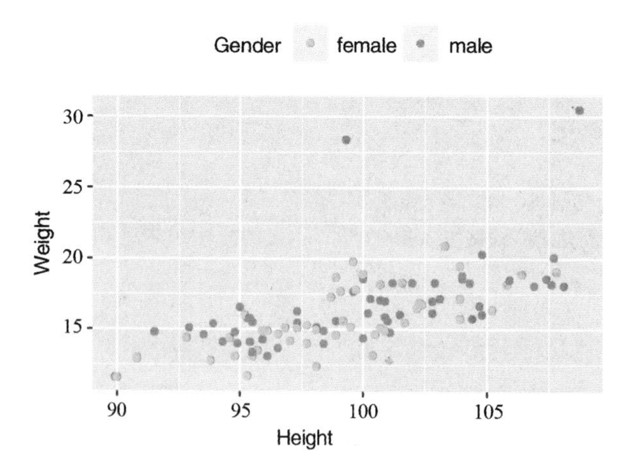

图 3–67 美国三岁儿童身高和体重的散点图(图例在顶部)

(5)用坐标定位(图 3-68)

把 X 轴和 Y 轴的长度分别定义为 1 并且各 10 等分,X 和 Y 的取值范围为 0~1,根据坐标值确定图例的位置。

```
p +theme(legend.position = c(0.87, 0.83))
```

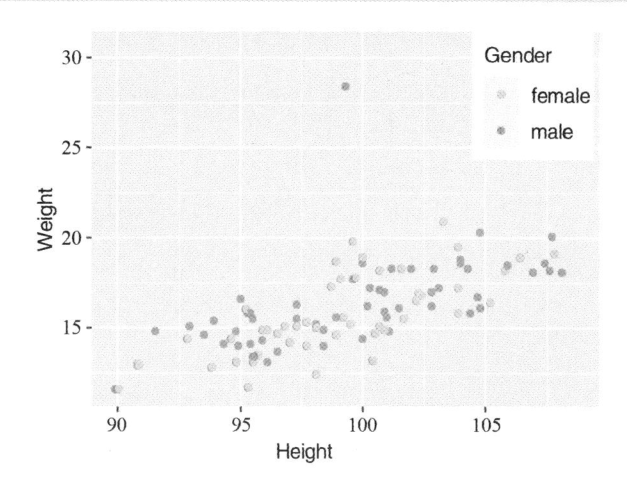

图 3-68 美国三岁儿童身高和体重的散点图(坐标定位图例)

5.图例加边框(图 3-69)

```
p + theme(legend.box.background = element_rect(),
  legend.box.margin = margin(6, 6, 6, 6))
```

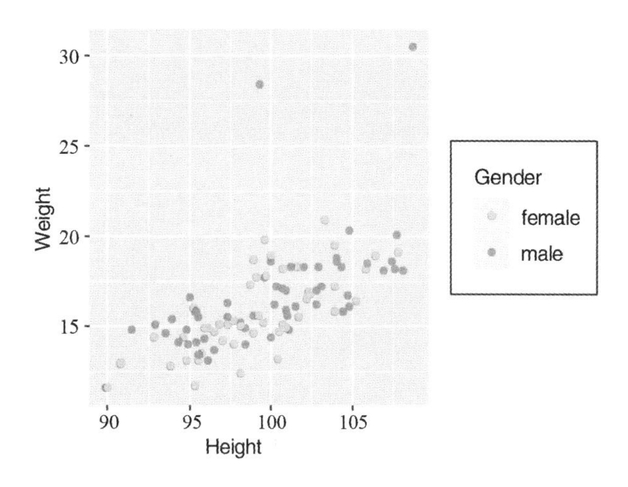

图 3-69 美国三岁儿童身高和体重的散点图(图例加边框)

6.图例文本字号与颜色(图 3-70)

```
p + theme(legend.text = element_text(size = 8,colour = "blue"))
```

7.图例标题字号与颜色(图 3-71,图 3-72)

```
p + theme(legend.title = element_text(size = 10, colour = "red",face = "bold"))
```

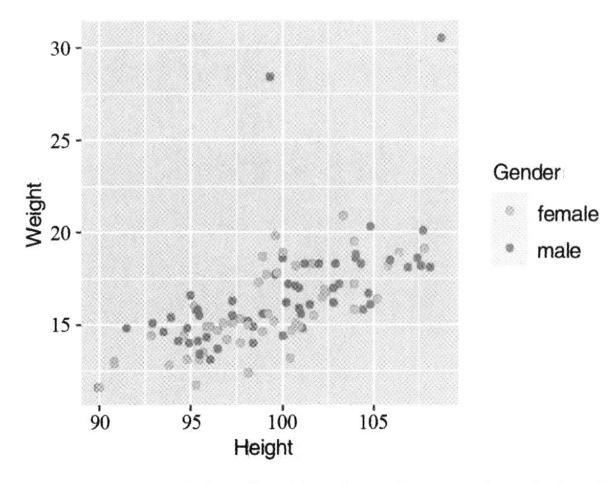

图 3-70 美国三岁儿童身高和体重的散点图(自定义图例文本字号与颜色)

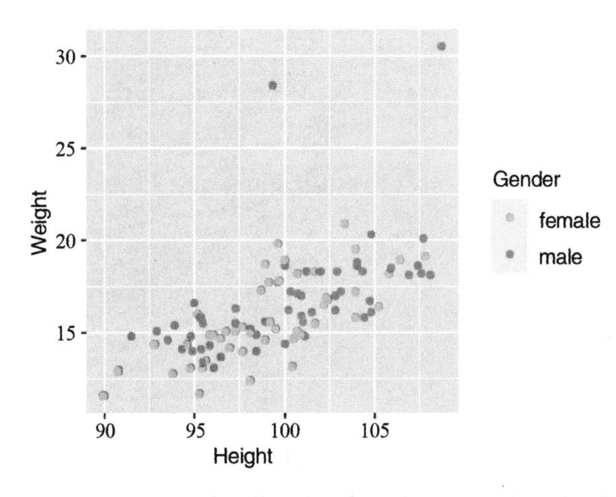

图 3-71 美国三岁儿童身高和体重的散点图(自定义图例标题字号与颜色)

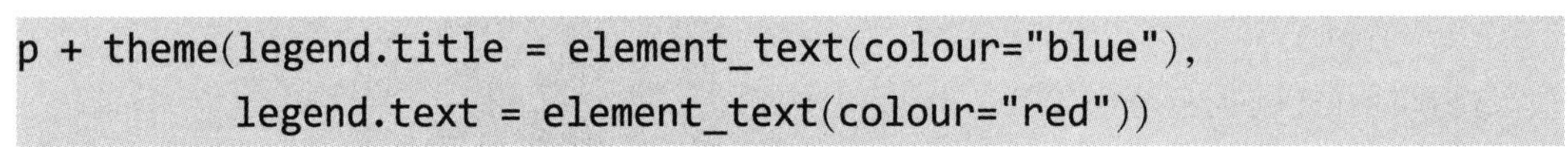

```
p + theme(legend.title = element_text(colour="blue"),
        legend.text = element_text(colour="red"))
```

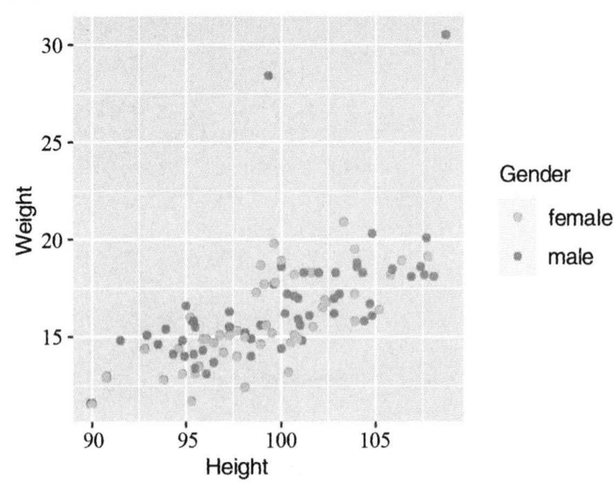

图 3-72 美国三岁儿童身高和体重的散点图(自定义图例标题字号与颜色)

8.图例背景(图 3-73)

```
p + theme(legend.background = element_rect(fill="lightblue"))
```

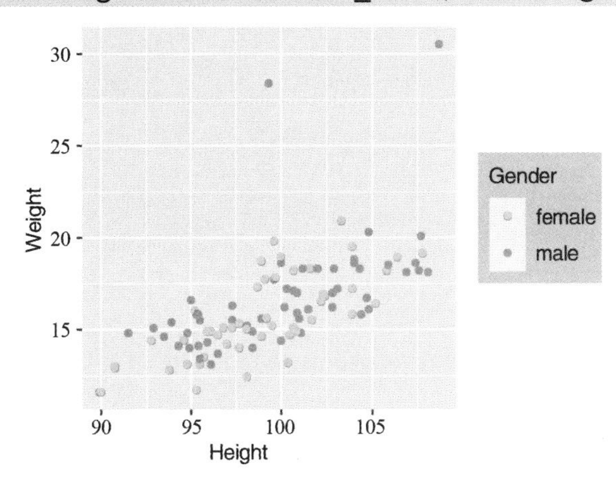

图 3-73 美国三岁儿童身高和体重的散点图(添加图例背景)

七、添加线条

1. R绘图的线型

R 绘图的线型分为六种:"solid" "dashed" "dotted" "dotdash" "longdash" "twodash"。使用语法 lty= option,lty= 2 和 lty= "dashed" 结果一样。

A.

```
library(ggplot2)
lty <- c("solid", "dashed", "dotted", "dotdash", "longdash", "twodash")
linetypes <- data.frame(
  y = seq_along(lty),
  lty = lty)
ggplot(linetypes, aes(0, y)) +
  geom_segment(aes(xend = 5, yend = y, linetype = lty)) +
  scale_linetype_identity() +
  geom_text(aes(label = lty), hjust = 0, nudge_y = 0.2) +
  scale_x_continuous(NULL, breaks = NULL) +
  scale_y_reverse(NULL, breaks = NULL) #图 3-74A
```

B.

```
library(ggplot2)
lty <- c(1, 2, 3, 4, 5, 6)
linetypes <- data.frame(
  y = seq_along(lty),
  lty = lty)
ggplot(linetypes, aes(0, y)) +
```

```
  geom_segment(aes(xend = 5, yend = y, linetype = lty)) +
  scale_linetype_identity() +
  scale_x_continuous(NULL, breaks = NULL) +
  scale_y_reverse(NULL, breaks = NULL) #图 3-74B
```

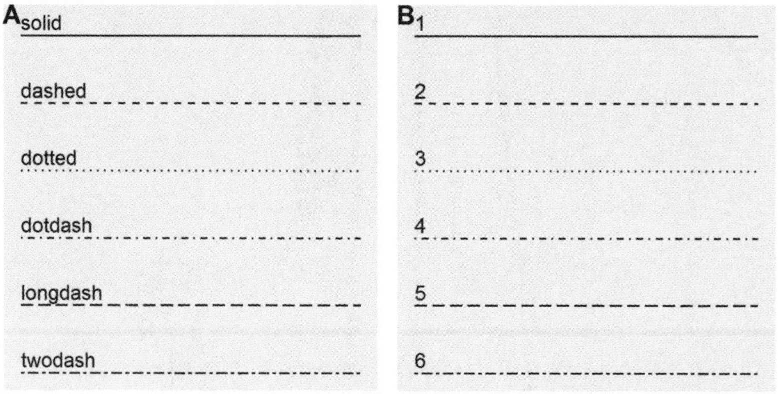

A solid dashed dotted dotdash longdash twodash

B 1 2 3 4 5 6

图 3–74 绘图的线型

2. 添加拟合线

表 3–3 拟合线选项

选项	描述
method =	使用的平滑函数。允许值包括 lm,glm,smooth,rlm 和 gam,分别对应线性、广义线性、loess、健壮线性和广义相加模型。默认为 smooth
formula =	在光滑函数中使用的公式。y ~ x(默认),y ~ log(x),y ~ poly(x, n)表示 n 次多项式拟合,y ~ ns(x, n)表示一个具有 n 个自由度的样条拟合
se	绘制置信区间(TRUE/FALSE)。默认为 TRUE
level	置信区间水平(默认为 95%)
fullrange	指定拟合应涵盖全图(TRUE)或仅仅是数据(FALSE)。默认为 FALSE
span	表示数据子集的获取范围，仅与 loess 一起使用，即当 method = "loess" 或当 method = NULL(默认值)且观察值少于 1,000 时。较小的数字产生更灵活的线条，较大的数字产生更平滑的线条。

(1)添加光滑曲线

A. 添加拟合线并绘制置信区间(图 3-75A)

添加拟合线用 geom_smooth()函数,默认参数为 method = 'loess' ,formula 'y ~ x',se=TRUE。

```
theme_set(theme_classic())
ggplot(NHANES2, aes(Height, Weight)) +
  geom_point(colour = "grey70") +
  geom_smooth()
```

B. 添加拟合线(图 3-75B)

```
ggplot(NHANES2, aes(Height, Weight)) +
  geom_point(colour = "grey70") +
  geom_smooth(method = 'lm', formula = y ~ x, se = FALSE)
```

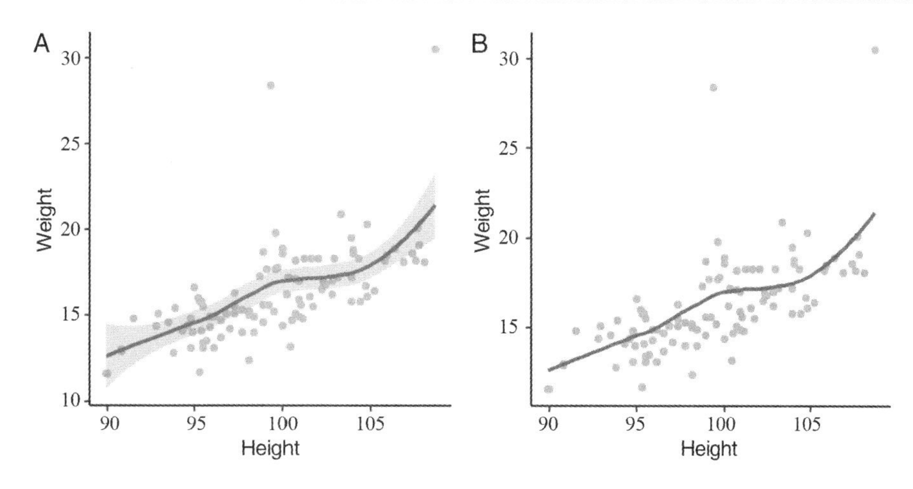

图 3–75 美国三岁儿童身高和体重的散点图(添加光滑拟合曲线)

拟合线的属性用函数 geom_smooth()的参数 lty,size,col 等设置,置信区间阴影的颜色用参数 fill 设置。例如:geom_smooth(fill="green")

(2)添加线性拟合线(图 3-76)

A. 添加线性拟合线并绘制置信区间

```
ggplot(NHANES2, aes(Height, Weight)) +
  geom_point(colour = "grey70") +
  geom_smooth(method = 'lm',  formula= y ~ x)
```

B. 添加线性拟合线

```
ggplot(NHANES2, aes(Height, Weight)) +
  geom_point(colour = "grey70") +
  geom_smooth(method = 'lm', formula = y ~ x, se = FALSE)
```

(3)改变拟合线线型与颜色(图 3-77)

```
ggplot(NHANES2, aes(Height, Weight)) +
  geom_point(colour = "grey70") +
  geom_smooth(method ='lm', formula = y ~ x, se = FALSE,
              linetype = "dashed", color = "red")
```

(4)添加二次多项式拟合线(图 3-78)

```
ggplot(NHANES2, aes(Height, Weight)) +
  geom_point(colour = "grey70") +
  geom_smooth(method = 'lm', formula = y ~ poly(x, 2), se = FALSE)
```

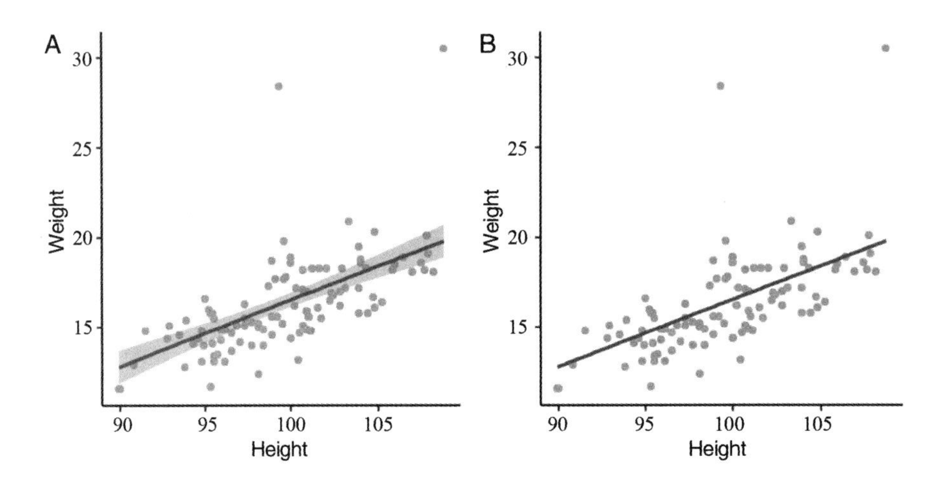

图 3–76 美国三岁儿童身高和体重的散点图(添加线性拟合线)

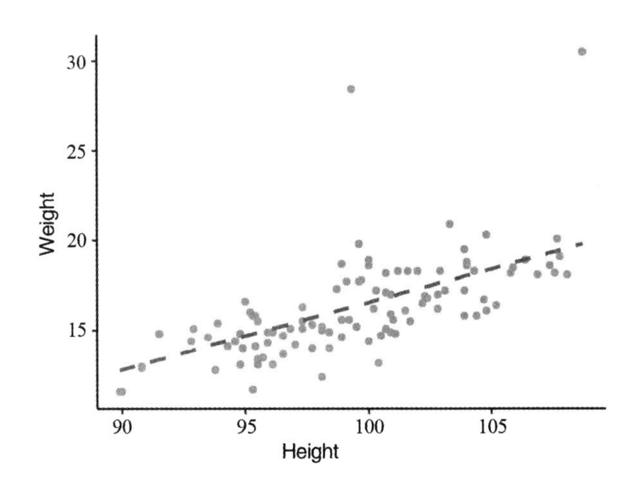

图 3–77 美国三岁儿童身高和体重的散点图(改变拟合线线型与颜色)

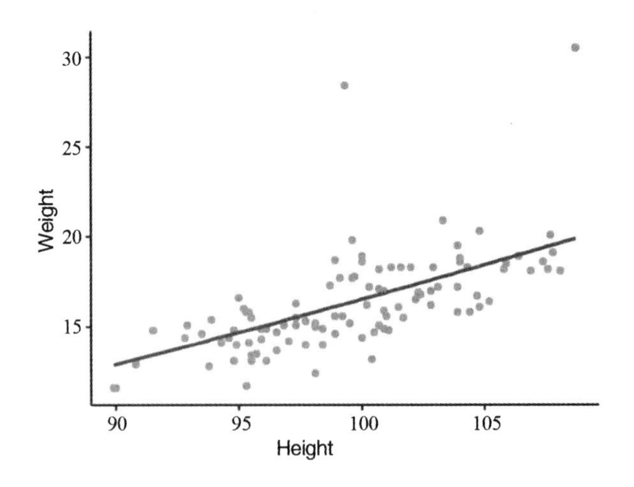

图 3–78 美国三岁儿童身高和体重的散点图(添加二次多项式拟合线)

(5)添加一次拟合线和二次多项式拟合线

```
ggplot(NHANES2, aes(Height, Weight)) +
  geom_point(colour = "grey70") +
  geom_smooth(method = 'lm', formula = y ~ x,
              colour = '#008280FF', se = FALSE) +
  geom_smooth(method = 'lm', formula = y ~ poly(x, 2),
              colour = 'red', se = FALSE)
```

(6)添加水平线(图 3-79A)

```
ggplot(NHANES2, aes(Height, Weight)) +
  geom_point(colour = "grey70") +
  geom_hline(yintercept = c(15, 25), colour = "#008280FF",
             linetype = "dashed")
```

(7)添加竖直线(图 3-79B)

```
ggplot(NHANES2, aes(Height, Weight)) +
  geom_point(colour = "grey70") +
  geom_vline(xintercept = 98, colour = "#1F77B4FF")
```

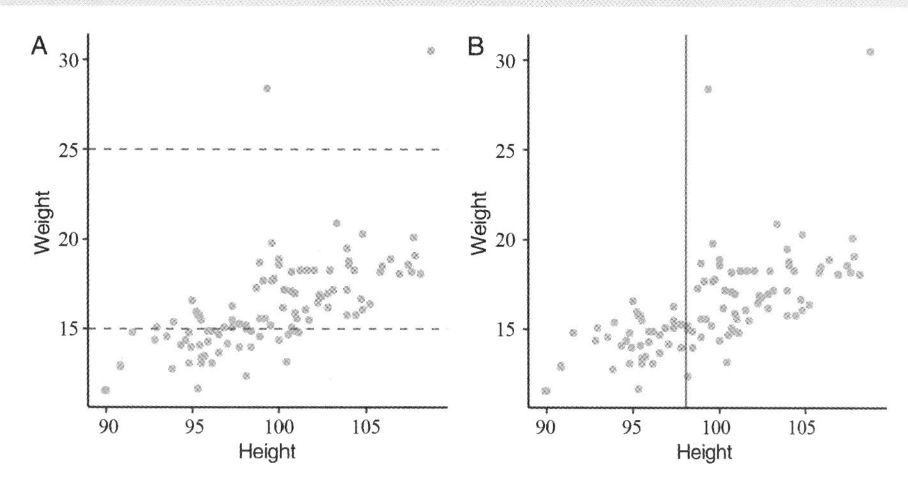

图 3-79 美国三岁儿童身高和体重的散点图(添加水平线、竖直线)

(8)子集拟合线

```
# 图 3-80
ggplot(NHANES2, aes(Height, Weight)) +
  geom_point(aes(color = Gender)) +
  geom_smooth(aes(color = Gender), method=lm,
              se = FALSE, fullrange = TRUE) +
theme_classic()
# 图 3-81
ggplot(NHANES2, aes(Height, Weight)) +
```

```
  geom_point(aes(color = Gender)) +
  geom_smooth(aes(color = Gender),
              method = lm, se = FALSE, fullrange = TRUE) +
facet_wrap(~ Gender) +
theme_classic()
```

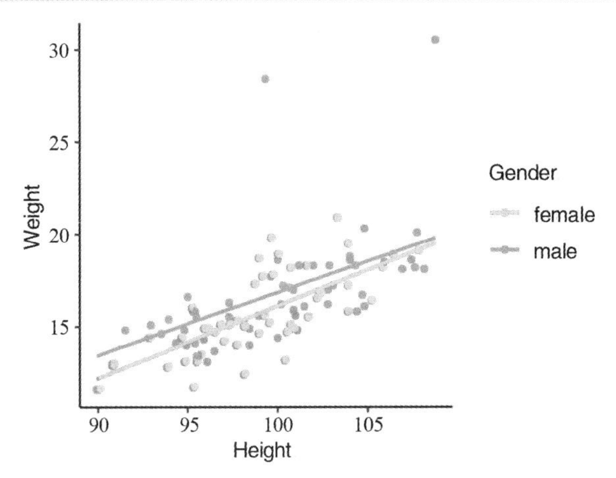

图 3-80 美国三岁儿童身高和体重的散点图(子集拟合线)

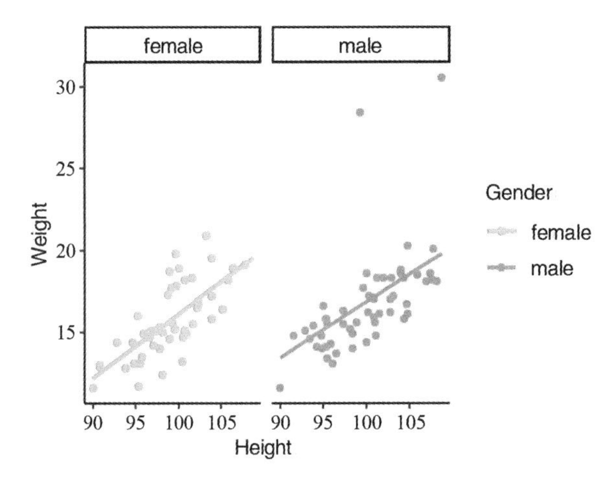

图 3-81 美国三岁儿童身高和体重的散点图

(9)添加斜线(图 3-82)

```
ggplot(NHANES2, aes(Height, Weight)) +
  geom_point(colour = "grey70") +
  geom_segment(aes(x = 96, y = 12, xend = 100, yend = 20),
               colour = "#AD002AFF", size = 1.5)
```

#x、xend:表示 x 坐标起始和终止位置;#y、yend:表示 y 坐标起始和终止位置

上述图形的等效代码:

```
ggplot(NHANES2, aes(Height, Weight)) +
```

```
  geom_point(colour = "grey70") +
annotate("segment", x = 96, y = 12, xend = 100, yend = 20,
         colour = "#AD002AFF", size = 1.5)
```

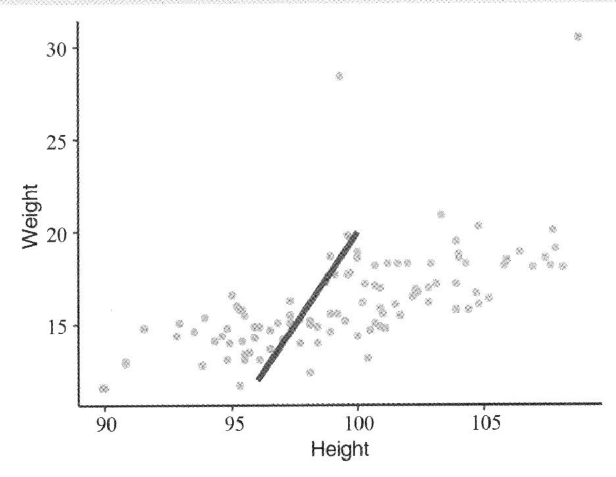

图 3–82 美国三岁儿童身高和体重的散点图(添加斜线)

(10)添加预测区间

```
theme_set(theme_classic())
library(NHANES)
NHANES2 <- na.omit(subset(NHANES, Age == 3)[, c(3, 17, 20)])
model <- lm(Weight ~ Height, data = NHANES2)
pred.int <- predict(model, interval = "prediction")
mydata <- cbind(NHANES2, pred.int)
ggplot(mydata, aes(Height, Weight)) +
  geom_point(colour = "grey70") +
  geom_line(aes(y = lwr), color = "red", linetype = "dashed") +
  geom_line(aes(y = upr), color = "red", linetype = "dashed") # 图 3-83A
```

加阴影

```
NHANES2 <- na.omit(subset(NHANES, Age == 3)[, c(3, 17, 20)])
model <- lm(Weight ~ Height, data = NHANES2)
pred.int <- predict(model, interval = "prediction")
mydata <- cbind(NHANES2, pred.int)
ggplot(mydata, aes(Height, Weight)) +
  geom_point(colour = "grey70") +
  geom_line(aes(y = lwr), color = "red", linetype = "dashed") +
  geom_line(aes(y = upr), color = "red", linetype = "dashed") +
  geom_ribbon(aes(x = Height, ymin=lwr, ymax=upr), data=mydata,
              fill = "green", alpha = I(1/10)) # 图 3-83B
```

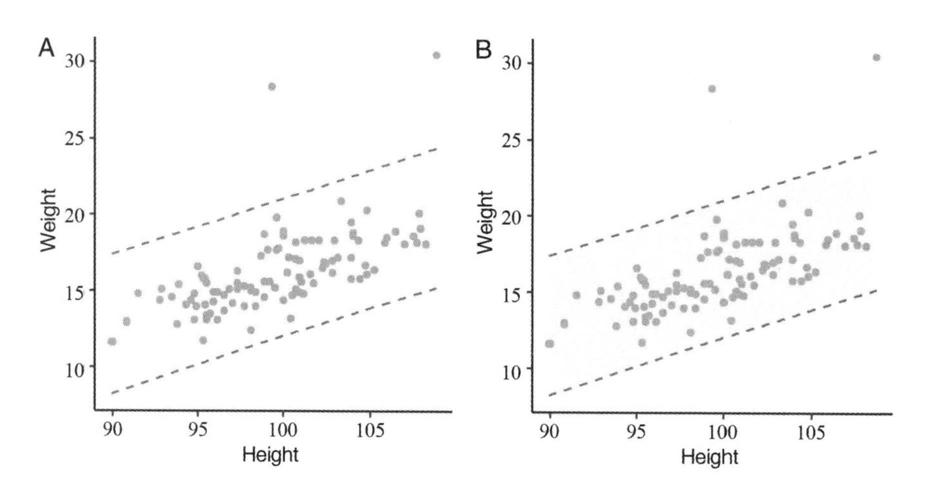

图 3–83 美国三岁儿童身高和体重的散点图(添加预测区间)

(11)添加置信区间和预测区间

```
library(ggplot2)
theme_set(theme_classic())
library(NHANES)
NHANES2 <- na.omit(subset(NHANES, Age == 3)[, c(3, 17, 20)])
model <- lm(Weight ~ Height, data = NHANES2)
pred.int1 <- predict(model, interval = "confidence")
mydata <- cbind(NHANES2, pred.int1)
pred.int2 <- predict(model, interval = "prediction")
mydata2 <- cbind(NHANES2, pred.int2)
ggplot(mydata, aes(Height, Weight)) +
  geom_point(colour = "grey70") +
  geom_smooth(method=lm, se = FALSE) +
  geom_line(data = mydata, aes(y = lwr), color = "#008280FF",
          linetype = "dashed") +
  geom_line(data = mydata, aes(y = upr), color = "#008280FF",
          linetype = "dashed") #图 3-84A
ggplot(mydata,aes(Height,Weight)) +
  geom_point(colour = "grey70") +
  geom_smooth(method = lm, se = FALSE) +
  geom_line(data = mydata, aes(y = lwr), color = "#008280FF",
          linetype = "dashed") +
  geom_line(data = mydata, aes(y = upr), color = "#008280FF",
          linetype = "dashed") +
  geom_line(data = mydata2, aes(y = lwr), color = "#AD002AFF",
```

```
           size = 1, lty = 6) +
  geom_line(data = mydata2, aes(y = upr), color = "#AD002AFF",
           size = 1, lty = 6) # 图 3-84B
```

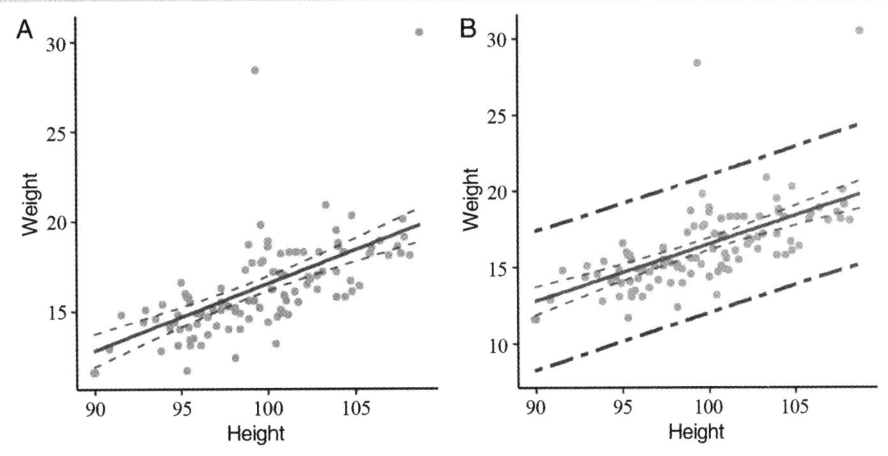

图 3–84 美国三岁儿童身高和体重的散点图(添加置信区间和预测区间)

```
theme_set(theme_classic())
model <- lm(Weight ~ Height, data = NHANES2)
pred.int1 <- predict(model, interval = "confidence")
mydata <- cbind(NHANES2, pred.int1)
pred.int2 <- predict(model, interval = "prediction")
mydata2 <- cbind(NHANES2, pred.int2)
ggplot(mydata, aes(Height, Weight)) +
  geom_point(colour = "grey70") +
  geom_smooth(method = lm) # 图 3-85A
ggplot(mydata, aes(Height, Weight)) +
  geom_point(colour = "grey70") +
  geom_smooth(method = lm)  +
  geom_ribbon(aes(x = Height, ymin = lwr, ymax = upr),
              data = mydata2, fill = "green", alpha = I(1/10))
              # 图 3-85B
```

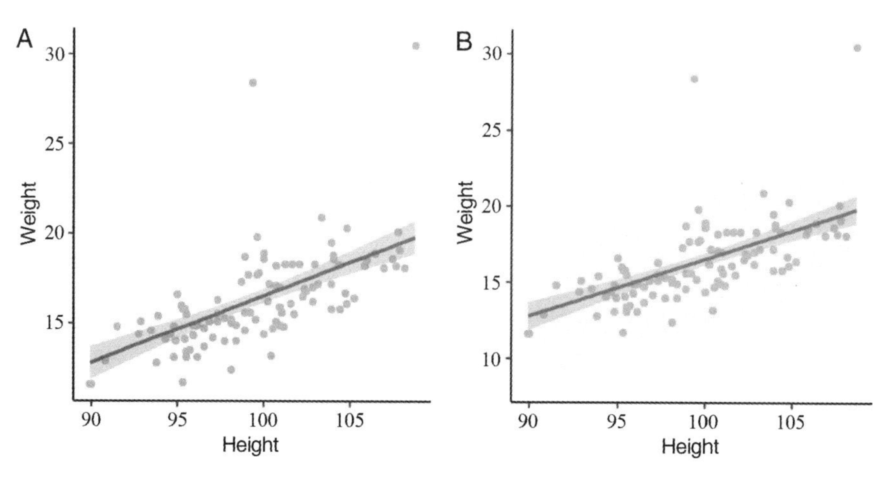

图 3-85 美国三岁儿童身高和体重的散点图(区间加阴影)

八、添加文字

1. 使用 annotate()函数可以添加文字等对象(图 3-86)

annotate()函数中的对象类型:text(文本);rect(阴影矩形);segment(线段)。

```
library(ggplot2);library(NHANES)
NHANES2 <- na.omit(subset(NHANES, Age == 3)[, c(3, 17, 20)])
ggplot(NHANES2) +
  geom_point(aes(x = Height, y = Weight)) +
annotate("text", x = 102, y = 30, label = "Weight versus Height plot")
ggplot(NHANES2) +
  geom_point(aes(x = Height, y = Weight)) +
annotate("text", x = 102, y = 30, label = "Weight versus Height plot",
        family = "serif", fontface = "italic", colour = "darkred",
        size = 8)
```

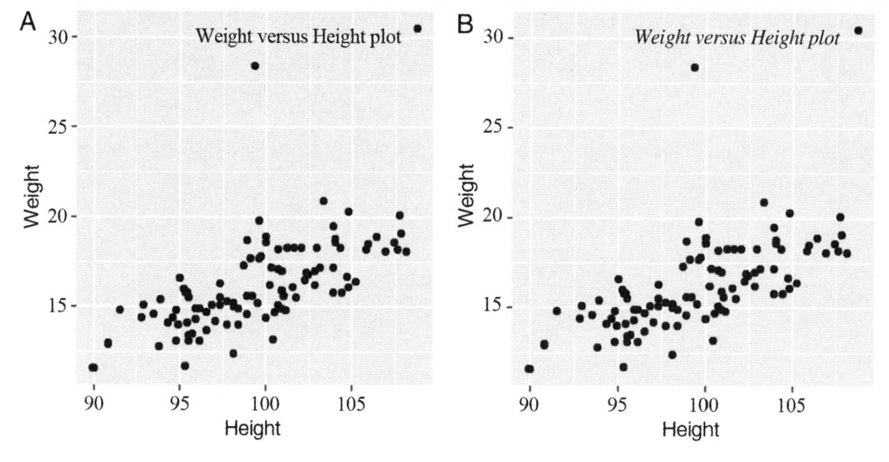

图 3-86 美国三岁儿童身高和体重的散点图(添加文字)

也可以用 geom_text()来替代 annotate()。

```
ggplot(NHANES2) +
  geom_point(aes(x = Height, y = Weight)) +
  geom_text(x = 102, y = 30, label = "Weight versus Height plot",
            family = "serif", fontface = "italic",
            colour = "darkred", size = 8)
```

2. 添加统计量 R(图 3-87 A)

```
library(ggpubr)
ggplot(NHANES2, aes(Height, Weight)) +
 geom_point(colour = "grey70") +
  geom_smooth(method = 'lm', formula = y ~ x) +
  stat_cor(method = "pearson", label.x = 90, label.y = 30)
```

3. 添加统计量 R^2(图 3-87 B)

```
ggplot(NHANES2, aes(Height, Weight)) +
  geom_point(colour = "grey70") +
  geom_smooth(method = 'lm', formula = y ~ x) +
  stat_cor(aes(label = paste(..rr.label.., ..p.label..,
              sep = "~`,`~")),label.x = 90)
```

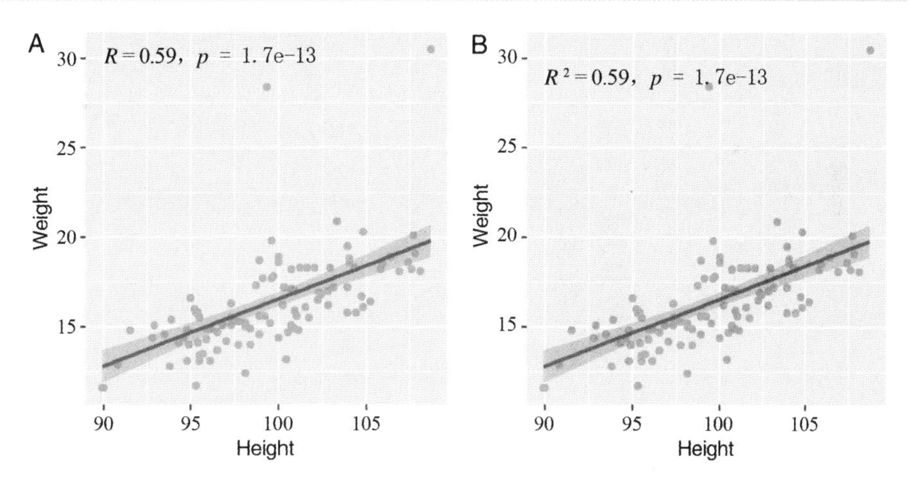

图 3-87 美国三岁儿童身高和体重的散点图(添加统计量)

4. 添加 R 和回归方程

(1)自动添加(需要 ggpubr 包)(图 3-88)

```
ggplot(NHANES2, aes(Height, Weight)) +
  geom_point(colour = "grey70") +
  geom_smooth(method = 'lm', formula = y ~ x) +
  stat_cor(aes(label = paste(..r.label.., ..p.label..,
              sep = "~`,`~")),label.x = 90) +
```

```
  stat_regline_equation(label.x = 90, label.y = 29)
```

(2)输入添加(图 3-89)

```
ggplot(NHANES2, aes(Height, Weight)) +
  geom_point(colour = "grey70") +
  geom_smooth(method = 'lm', formula = y ~ x) +
  annotate("rect", xmin =90, xmax = 95, ymin =28, ymax = 30,
           fill =  "white", colour= "red") +
  annotate('text',x = 92.7, y = 28.8, label = 'y = -21 + 0.37x',size = 5)
  annotate('text', x =92, y = 29.5, label = 'R=0.59', size = 5)
```

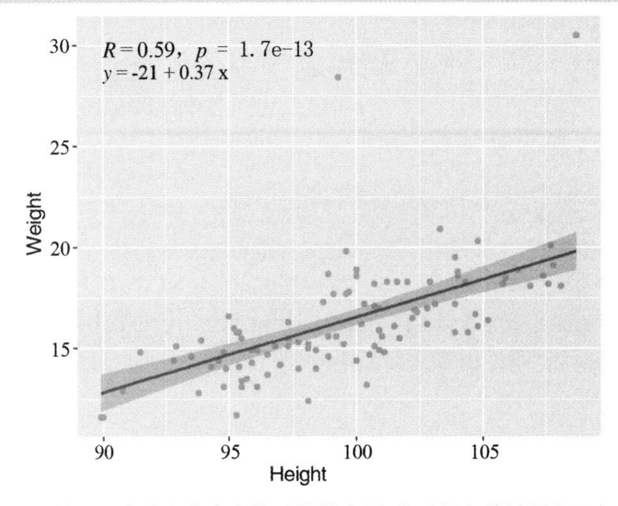

图 3-88 美国三岁儿童身高和体重的散点图(自动添加统计量和回归方程)

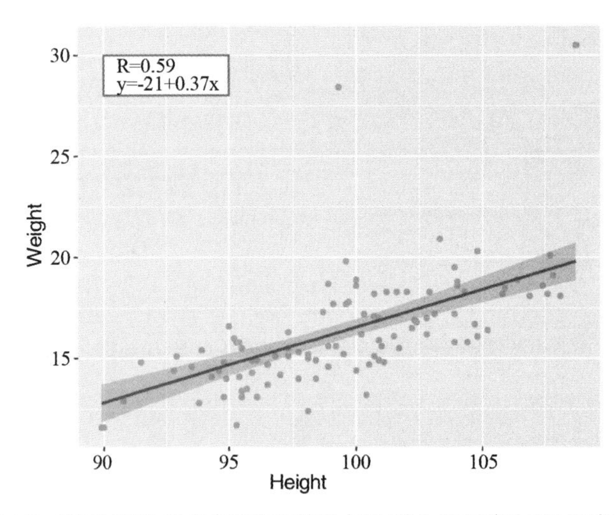

图 3-89 美国三岁儿童身高和体重的散点图(输入添加统计量和回归方程)

九、过绘制问题

散点图中很多数据点彼此重叠,这个问题称为过绘制。

1. 连续变量过绘制问题

对于具有过度绘图的连续变量大型数据集,使用 alpha 美学。通过改变 alpha 值的大小来设置数据点的透明度,alpha 值在 0~1 之间。

```
NHANES2 <- na.omit(NHANES[, c(3, 17, 20)])
ggplot(NHANES2) +
  geom_point(aes(Height, Weight)) +
  labs(title = "alpha = 1")
ggplot(NHANES2) +
  geom_point(aes(Height, Weight), alpha = 1/10) +
  labs(title = "alpha = 1/10")
ggplot(NHANES2) +
  geom_point(aes(Height, Weight), alpha = 1/20) +
  labs(title = "alpha = 1/20")
ggplot(NHANES2) +
  geom_point(aes(Height, Weight), alpha = 1/30) +
  labs(title = "alpha = 1/30")
```

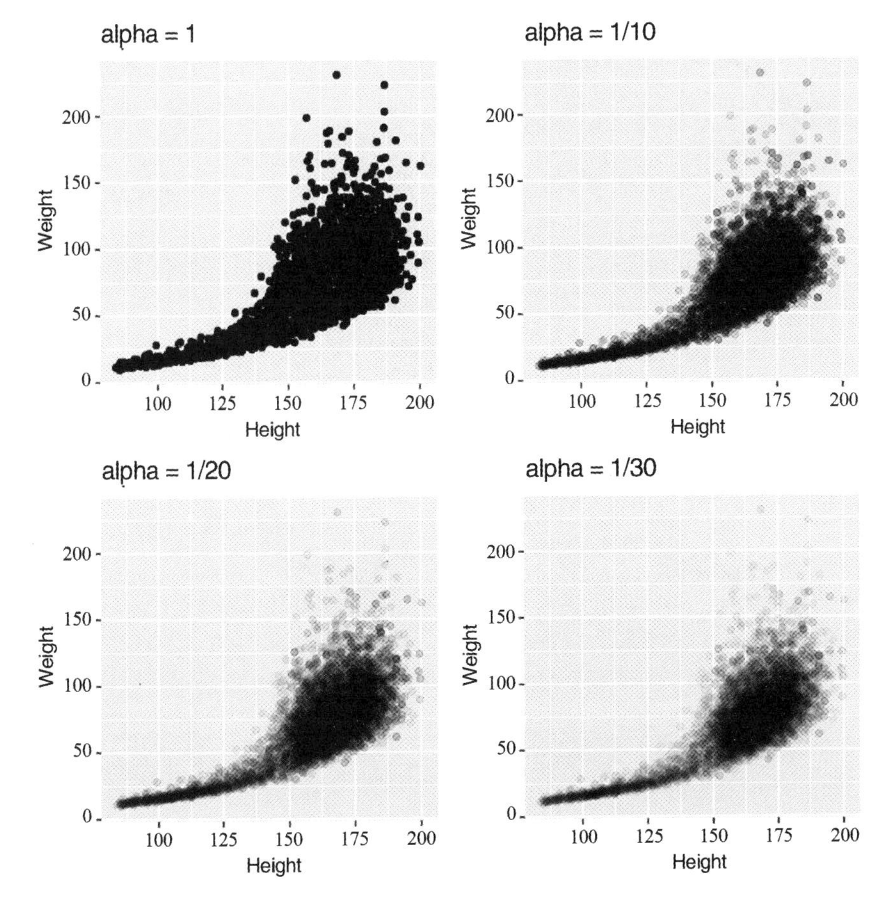

图 3-90 美国三岁儿童身高和体重的散点图(alpha 美学)

```
NHANES2 <- na.omit(NHANES[, c(3, 17, 20)])
ggplot(NHANES2, aes(Height, Weight)) +
  geom_bin2d()
ggplot(NHANES2, aes(Height, Weight)) +
  geom_bin2d(bins = 50)
## 图 3-91
```

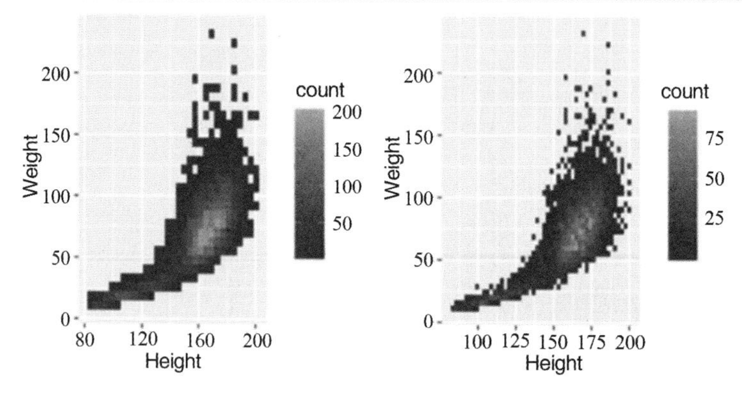

图 3-91 美国三岁儿童身高和体重的散点图(六边形组合)

函数 geom_hex()生成带有六边形组合的散点图。六角装箱需要 hexbin R 包。

```
require(hexbin)
ggplot(NHANES2, aes(Height, Weight)) +
  geom_hex()
ggplot(NHANES2, aes(Height, Weight)) +
  geom_hex(bins = 40)
```

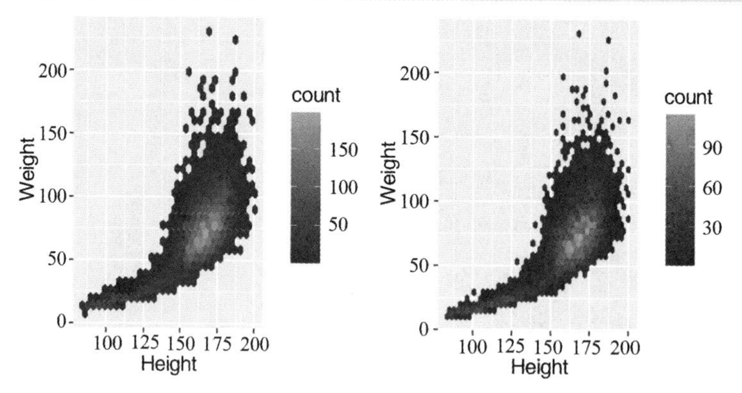

图 3-92 美国三岁儿童身高和体重的散点图(六边形组合)

```
ggplot(NHANES2, aes(Height, Weight)) +
  geom_density_2d()
ggplot(NHANES2, aes(Height, Weight)) +
stat_density_2d(aes(fill = ..level..), geom = "polygon")
```

2. 分类变量过绘制问题(图 3-93)

为每个数据点添加一个很小的随机扰动,这样就可以将重叠的点分散开来,因为不可能有两个点会收到同样的随机扰动。

```
NHANES2 <- na.omit(subset(NHANES, Age == 3)[, c(3, 17, 20)])
ggplot(NHANES2, aes( Gender, Height)) +
geom_point()
ggplot(NHANES2, aes( Gender, Height)) +
  geom_jitter(width= 0.1) # width 控制抖动的宽度
ggplot(NHANES2, aes( Gender, Height)) +
  geom_jitter(width=0.3)
ggplot(NHANES2, aes( Gender, Height)) +
  geom_jitter(width = 0.5)
```

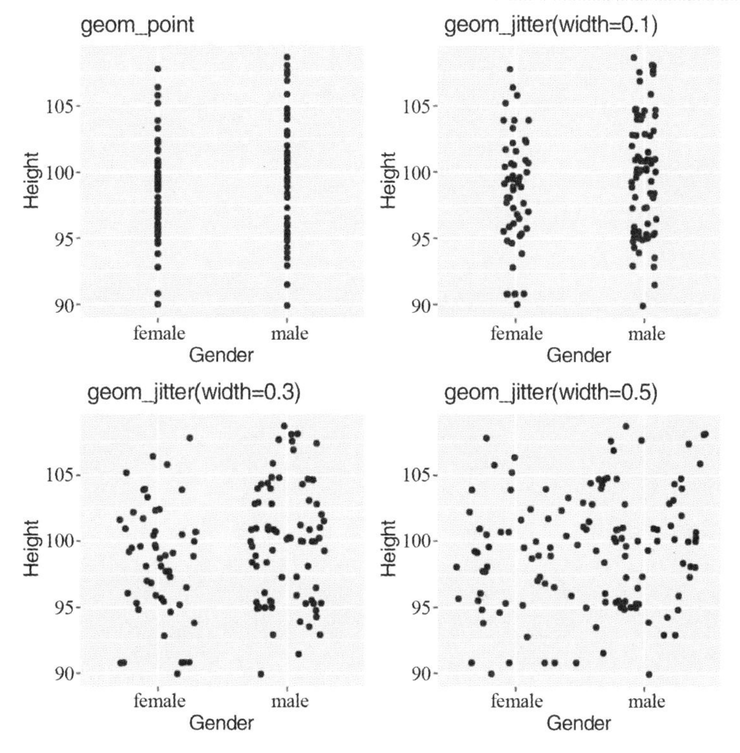

图 3-93 美国三岁儿童身高和性别的散点图(添加随机扰动)

十、绘图主题与边距

1. 绘图主题

ggplot2 包有 9 种主题,默认主题为 theme_gray。如果要全局设置某一种主题,在加载 ggplot2 包后用 theme_set()函数。例如:设置 theme_bw 主题,theme_set(theme_bw())。或者在最后用"+"把要选用的主题和绘图代码连接。

```
NHANES2 <- na.omit(subset(NHANES, Age == 3)[, c(3, 17, 20)])
```

```
gray <- ggplot(NHANES2) +
         geom_point(aes(x = Height, y = Weight)) +
         labs(title ="theme_gray(default)")
bw <- ggplot(NHANES2) +
       geom_point(aes(x = Height, y = Weight)) +
       labs(title = "theme_bw") +
theme_bw ()
classic <- ggplot(NHANES2) +
            geom_point(aes(x = Height, y = Weight)) +
            labs(title ="theme_classic") +
theme_classic ()
light <- ggplot(NHANES2) +
          geom_point(aes(x = Height, y = Weight)) +
          labs(title = "theme_light") +
theme_light () #图 3-94
```

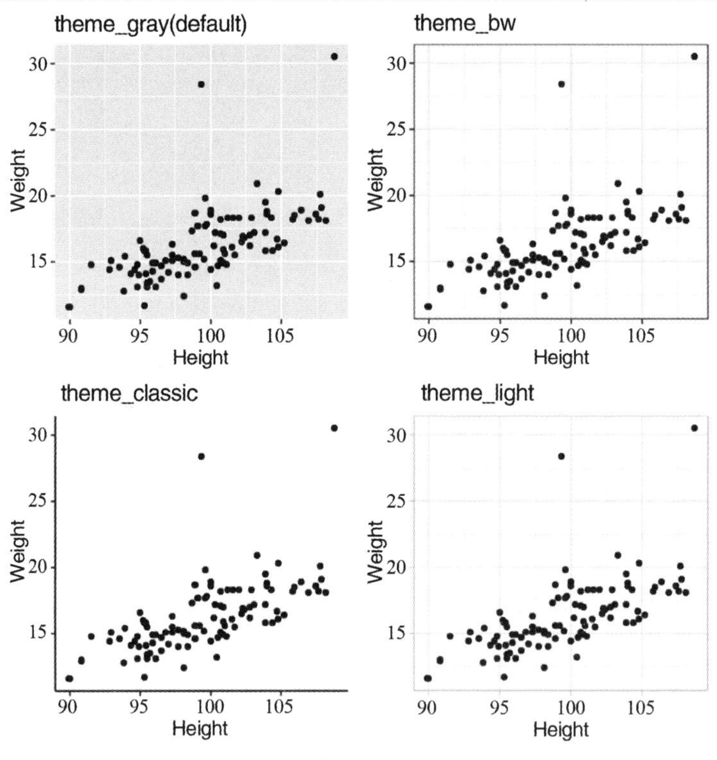

图 3–94 美国三岁儿童身高和体重的散点图(选用不同主题)

```
linedraw <- ggplot(NHANES2) +
             geom_point(aes(x = Height, y = Weight)) +
             labs(title ="theme_linedraw") +
theme_linedraw ()
```

```
minimal <- ggplot(NHANES2) +
            geom_point(aes(x = Height, y = Weight)) +
            labs(title = "theme_minimal") +
theme_minimal ()
test <- ggplot(NHANES2) +
         geom_point(aes(x = Height, y = Weight)) +
         labs(title = "theme_test") +
theme_test ()
void <- ggplot(NHANES2) +
          geom_point(aes(x = Height, y = Weight)) +
          labs(title = "theme_void") +
theme_void () #图 3-95
```

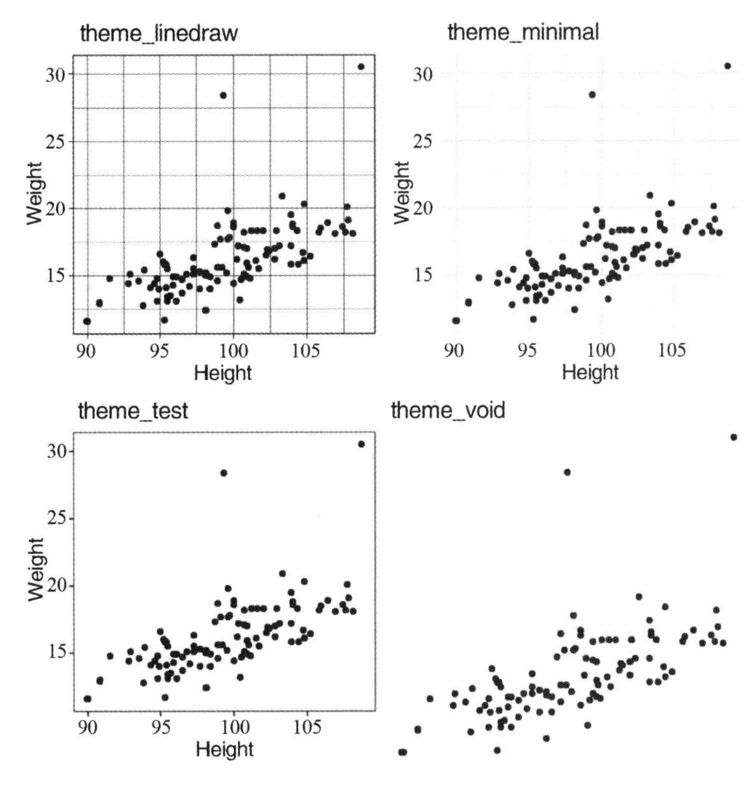

图 3–95 美国三岁儿童身高和体重的散点图(选用不同主题)

2. 图形边距

默认边距 plot.margin = margin(5.5, 5.5, 5.5, 5.5),单位磅,4 组数分别为上,右,下,左。

```
ggplot(NHANES2) +
  geom_point(aes(Height, Weight)) #图 3-96
```

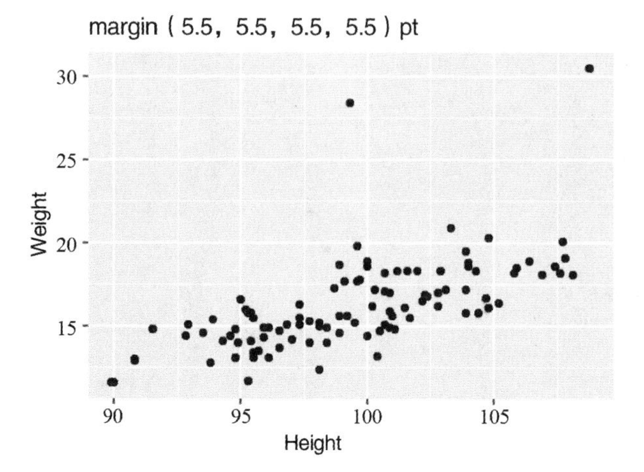

图 3–96 美国三岁儿童身高和体重的散点图(默认边距)

```
c(1, 1.5, 2, 2.6) cm
ggplot(NHANES2) +
  geom_point(aes(Height, Weight)) +
  theme(plot.margin = unit(c(0.5, 1, 1, 1.6), "cm")) #图 3-97
```

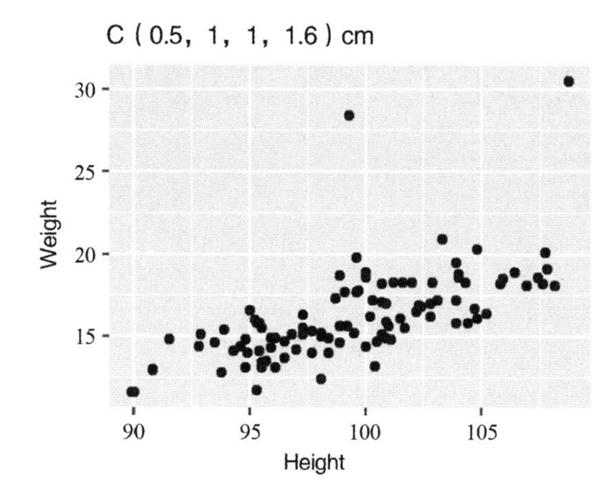

图 3–97 美国三岁儿童身高和体重的散点图(自定义边距)

第五节 带边际分布散点图

一、ggstatsplot 包

```
ggscatterstats(
data,
x,
y,
type = "parametric",
conf.level = 0.95,
bf.prior = 0.707,
bf.message = TRUE,
beta = 0.1,
k = 2L,
label.var = NULL,
label.expression = NULL,
point.label.args = list(size = 3),
formula = y ~ x,
smooth.line.args = list(size = 1.5, color = "blue"),
method = "lm",#"glm", "gam", "loess" or a function
method.args = list(),
point.args = list(size = 3, alpha = 0.4),
point.width.jitter = 0,
point.height.jitter = 0,
marginal = TRUE,
marginal.type = "histogram",#"boxplot","density", "violin", "densigram"
margins = "both",
marginal.size = 5,
xfill = "#009E73",
yfill = "#D55E00",
xparams = list(fill = xfill),
yparams = list(fill = yfill),
results.subtitle = TRUE,
xlab = NULL,
ylab = NULL,
title = NULL,
```

```
subtitle = NULL,
caption = NULL,
ggtheme = ggplot2::theme_bw(),
ggstatsplot.layer = TRUE,
ggplot.component = NULL,
output = "plot")
```

1. 直方图边际(图 3-98)

```
set.seed(123);library(ggstatsplot)
ggstatsplot::ggscatterstats(data = mtcars, x = wt, y = mpg)
```

2. 箱线图边际(3-99)

```
ggstatsplot::ggscatterstats(data = mtcars, x = wt, y = mpg,
                            marginal.type = "boxplot")
```

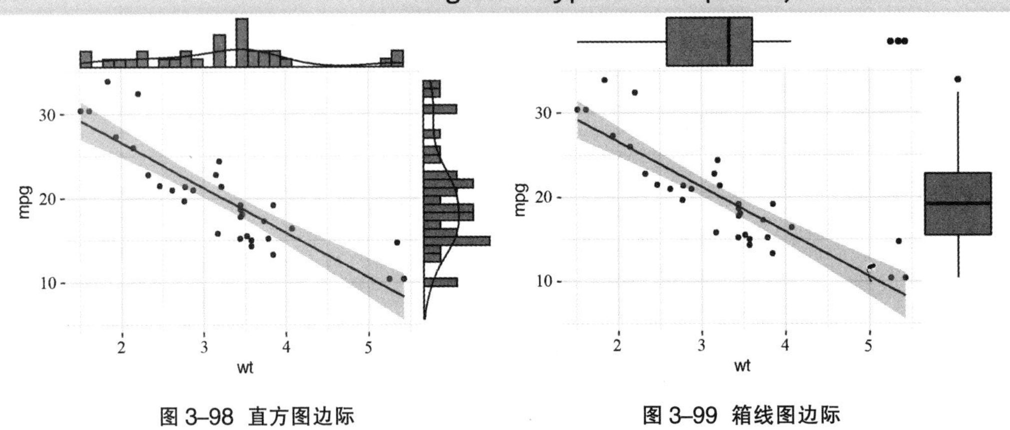

图 3–98 直方图边际　　图 3–99 箱线图边际

3. 概率密度边际(3-100)

```
ggstatsplot::ggscatterstats(data = mtcars, x = wt, y = mpg,
                            marginal.type = "density")
```

4. 提琴图边际(3-101)

```
ggstatsplot::ggscatterstats(data = mtcars, x = wt, y = mpg,
                            marginal.type = "violin")
```

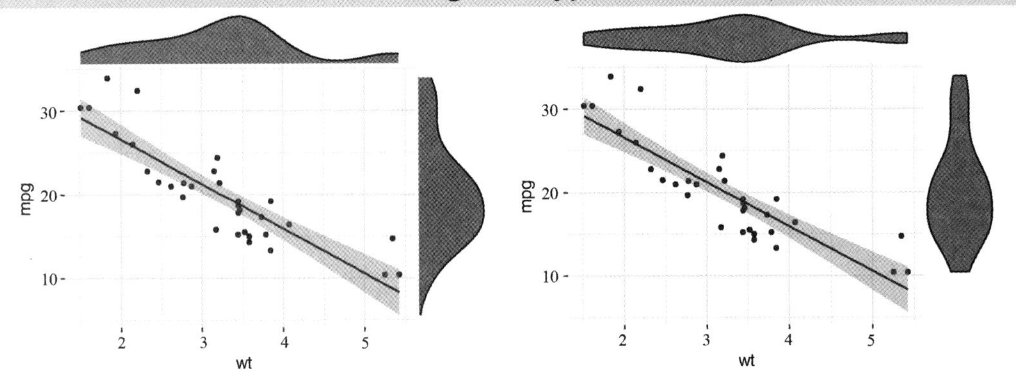

图 3–100 概率密度边际　　图 3–101 提琴图边际

5. 直方图和概率密度边际(图 3-102)

```
ggstatsplot::ggscatterstats(data = mtcars, x = wt, y = mpg,
                            marginal.type = "densigram")
```

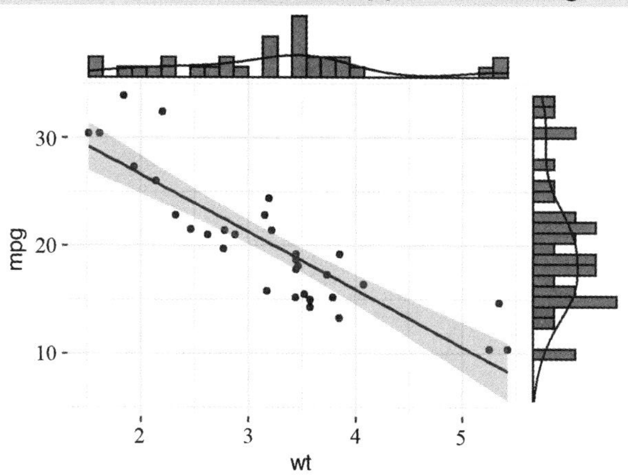

图 3-102 直方图和概率密度边际

二、ggpubr 包

```
library(ggpubr)
ggscatterhist(iris, x = "Sepal.Length", y = "Sepal.Width",
              color = "Species", size = 3, alpha = 0.6,
              palette = c("#00AFBB", "#E7B800", "#FC4E07"),
margin.params = list(fill = "Species", color = "black", size = 0.2))
```

1. 边际地毯(图 3-104)

边际地毯本质上是一个一维散点图,它可被用于展示每个坐标轴上数据的分布情况

```
ggplot(mtcars, aes(wt, mpg)) +
  geom_point() +
  geom_rug()
```

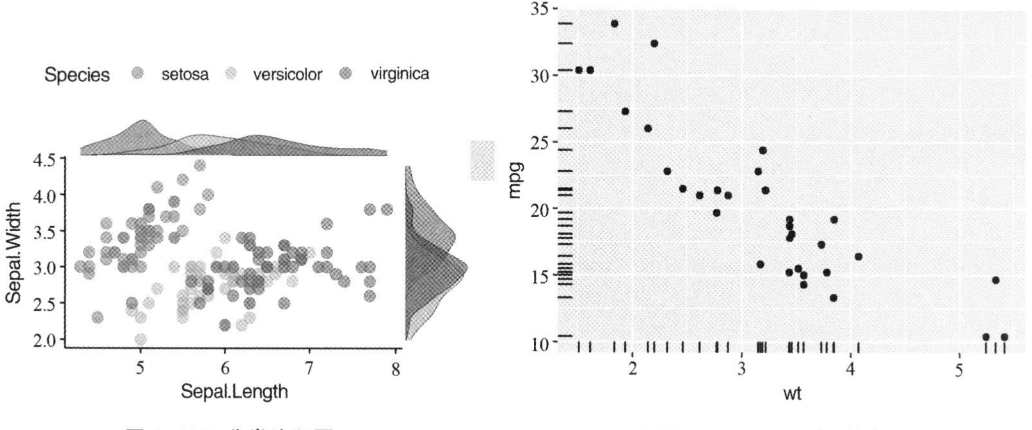

图 3-103 分类边际图

图 3-104 wt~mpg 散点图

第四章 直方图

直方图是展示连续型变量(能取数轴上的任何值)分布的一种可视化方法。

创建直方图的变量 x 是一个由连续型变量组成的向量。在 x 轴上将连续型变量的值域分割为一定数量的区间,即对 x 轴进行等宽分箱。y 轴表示连续型变量在不同区间的频数(或频率)。

本章数据来源:NHANES 2017-2018

一、基本直方图

hist( )函数的所有参数都使用默认值,此时绘制的直方图为基本直方图。

```
library(foreign)
DEMO_J <- read.xport("D:\\DEMO_J.XPT")
BMX_J <- read.xport("D:\\BMX_J.XPT")
attach(DEMO_J)
DEMO_JNEW <- DEMO_J[c("SEQN", "RIAGENDR", "RIDAGEYR", "RIDAGEMN")]
attach(BMX_J)
BMX_JNEW <- BMX_J[c("SEQN", "BMXWT", "BMXRECUM", "BMXHT")]
DB <- merge(DEMO_JNEW, BMX_JNEW )
attach(DB)
dataset <- subset(DB, RIDAGEYR<7)
attach(dataset)
hist(BMXWT) #图 4-1
```

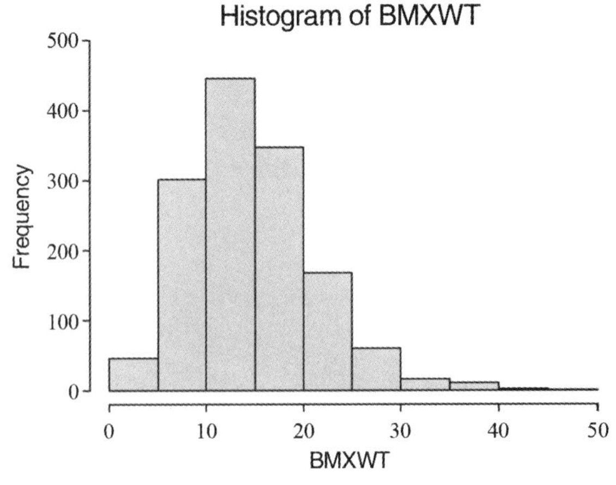

图 4-1 0~7 岁儿童体重分布直方图(基本直方图)

二、定制直方图

定制直方图,可以根据需要更改 hist( )函数的参数。

1. 不显示标题

hist( )函数绘制直方图时默认生成标题。如果绘制直方图不需要显示标题,将参数 mai 设置为 main=" "。

2. y 轴设为概率密度

hist( )函数绘制直方图时 y 轴标题默认为频数,参数 freq=FALSE,可以将直方图的 Y 轴标题设为概率密度。

3. 条柱数量

参数 breaks 定义条柱的数量。它可以是一个常数,例如:breaks = 12;这里 breaks 只是 suggest 给 R 的值,不一定是精确结果。

要精确就要用一个有序数据集,定义连续型变量 x 分组的边界,其中,两端边界即为 x 的最大、最小值。

```
hist(BMXHT, breaks = seq(70, 150, by = 5))
hist(BMXHT, breaks = c(70, 75, 80, 85, 90, 95, 100, 105, 110,
                       115, 120, 125, 130, 135, 140, 145, 150))
```

上述两种 R 代码的结果相同。

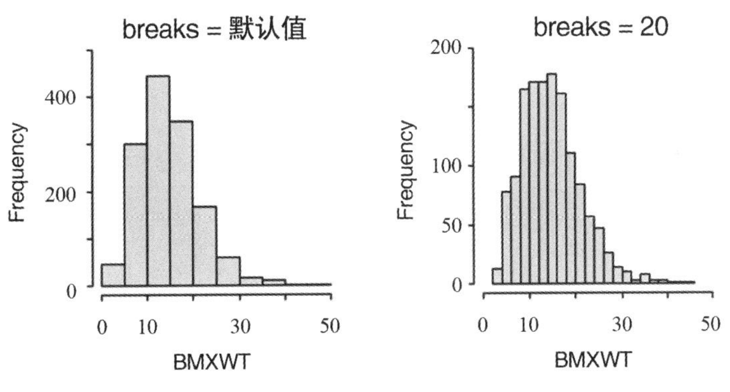

图 4-2 0~7 岁儿童体重分布直方图(不同条柱数量)

4. 条柱填充

(1)颜色填充

基本直方图的条柱填充色为灰色,调用参数 col = " ",可以改变条柱颜色,引号内为设置颜色的名称(图 4-3)。

(2)线条填充

参数 density 为填充线条的密度,参数 angle 为填充线条的角度(图 4-4)。

```
hist(BMXWT, xlim = c(0,50), ylim = c(0,500), density = 5, angle = 60)
hist(BMXWT, xlim = c(0,50), ylim = c(0,500), density = 10, angle = 60)
hist(BMXWT, xlim = c(0,50), ylim = c(0,500), density = 15, angle = 60)
hist(BMXWT, xlim = c(0,50), ylim = c(0,500), density = 20, angle = 60)
```

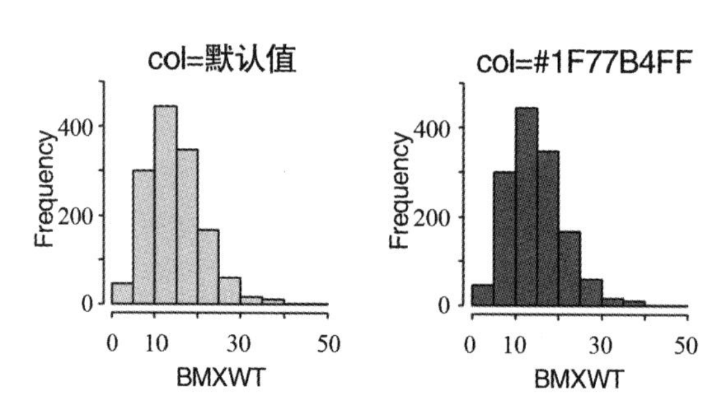

图 4-3 0~7 岁儿童体重分布直方图(条柱颜色填充)

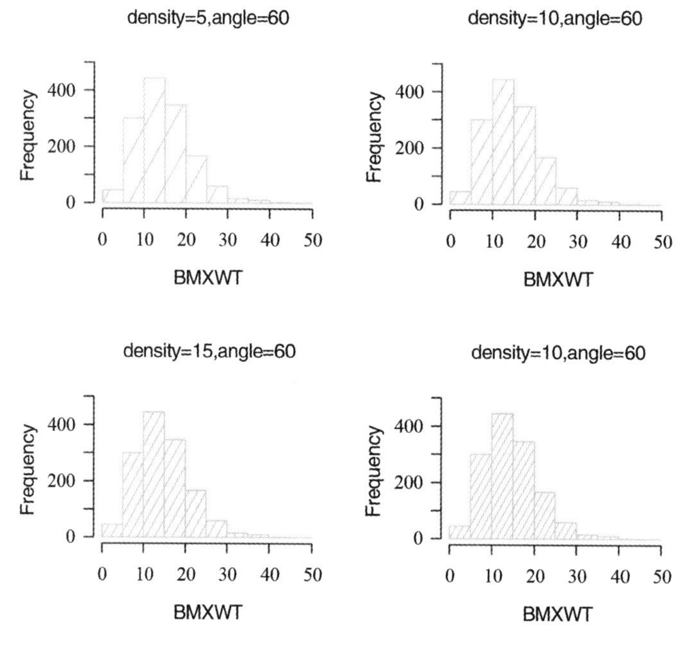

图 4-4 0~7 岁儿童体重分布直方图(条柱线条填充)

5. 条柱边框颜色

参数 border 用于描述条柱边框的颜色。条柱边框的颜色默认黑色,border="red" 可以将条柱边框设为红色(图 4-5);border = NA ,没有边框。

6. 条柱顶端加标签

```
hist(BMXWT, ylim = c(0, 500), labels = T)
# 参数 labels=T,在条柱顶端加标签(图 4-6)
```

7. 添加边际地毯和核密度曲线(图 4-7)

注意:添加核密度曲线的变量不能有缺失值,否则提示:

Error in density.default(BMXWT) : 'x' contains missing values

```
dataset <- na.omit(DB[5])
attach(dataset)
hist(BMXWT, freq = FALSE, main=' ')
```

```
rug(jitter(BMXWT))
lines(density(BMXWT), lwd = 1.6)
```

8. 加边框(图 4-8)

```
hist(BMXWT, ylim = c(0, 500))
box()
```

9. 常见直方图

(1)正态分布直方图

```
set.seed(66);x <- rnorm(1000) # 生成1000个标准正态分布随机数
hist(x, main=" ", col = 'brown', xlim = c(-4, 4), ylim = c(0, 250))
```

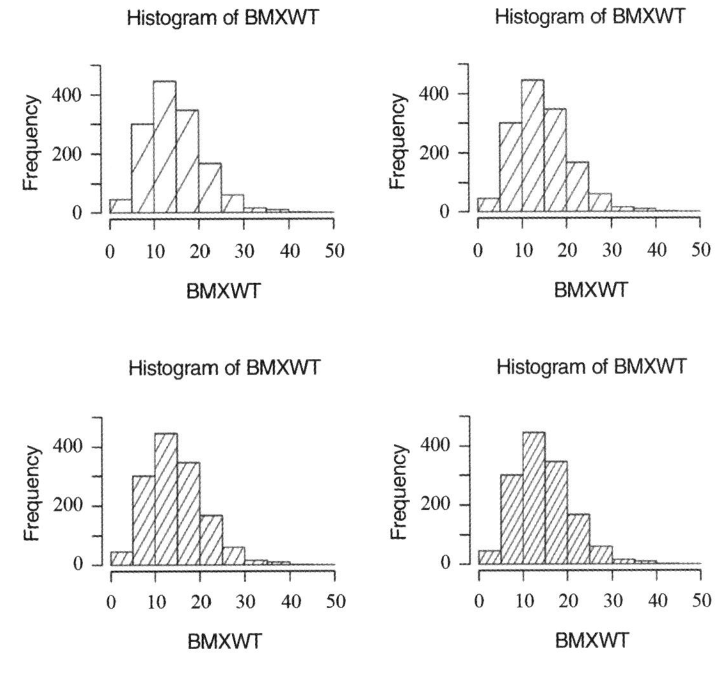

图 4-5 0~7 岁儿童体重分布直方图(条柱边框颜色)

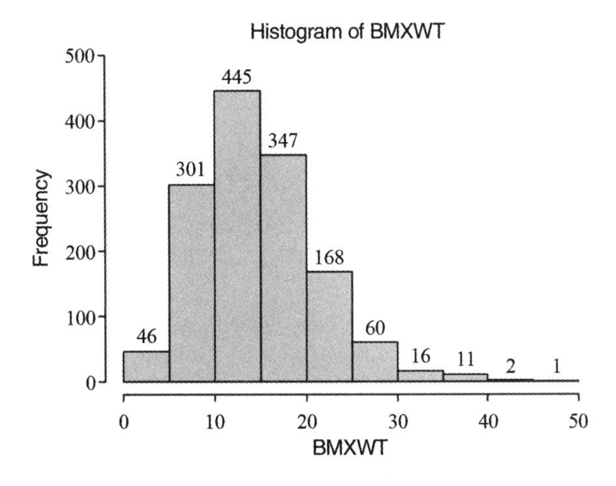

图 4-6 0~7 岁儿童体重分布直方图(条柱顶端加标签)

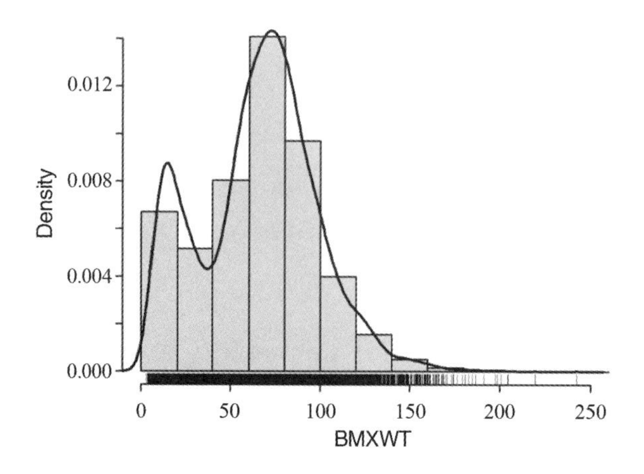

图 4–7 直方图(添加边际地毯和核密度曲线)

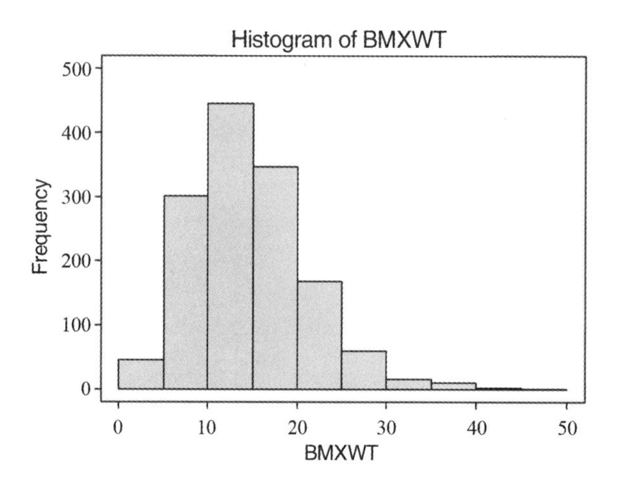

图 4–8 0~7 岁儿童体重分布直方图(加边框)

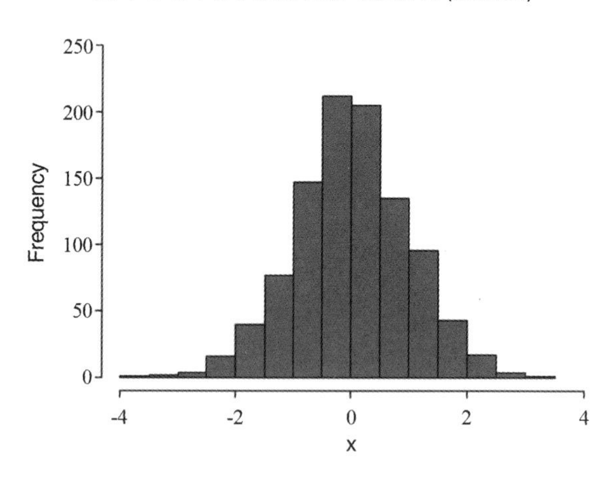

图 4–9 正态分布直方图

(2)负偏斜分布

如果直方图显示的值集中在右侧,而尾巴在左侧或负值侧,这种分布称为负偏斜分布或左偏直方图分布(图 4-10)。

```
library(skewt)
set.seed(12)
library(skewt)
x <- rskt(600, 6, -2)
hist(x, main="", col = '#1F77B4FF', breaks = 16))
```

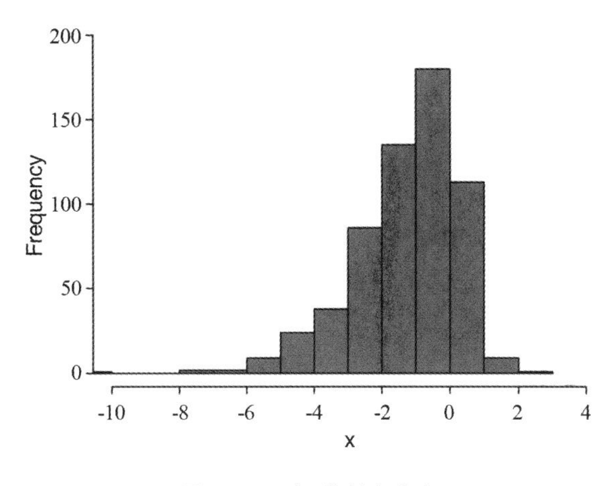

图 4-10 (负)偏斜直分布

(3)正偏斜分布

数值集中在直方图的左侧,尾部位于图的右侧,这种分布称为正偏斜分布或右偏直方图分布(图 4-11)。

```
hist(attenu$accel, xlab = 'attenu', main='')
```

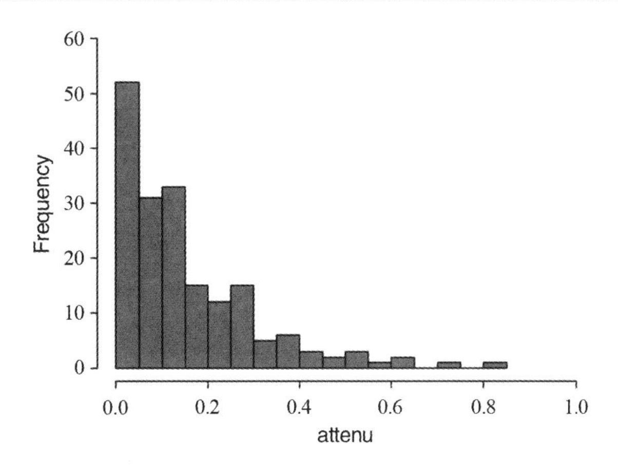

图 4-11 正偏斜分布

(4)双峰分布

双峰分布是直方图分布的一种,可以在其中看到两个数据峰。

```
hist(quakes$depth,xlab ='Quakes', main = '', col = '#AD002AFF ')
```

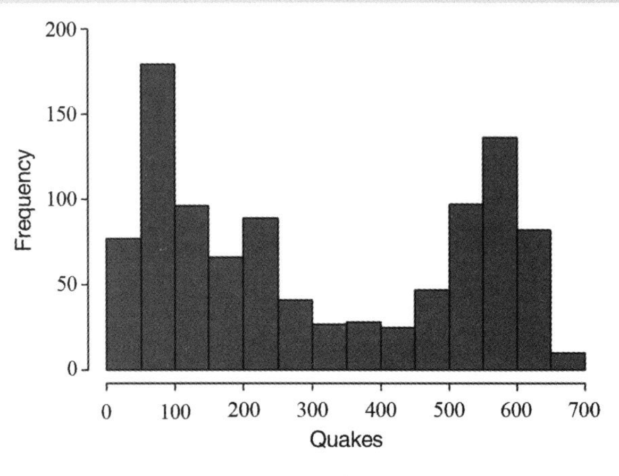

图 4-12 双峰分布

10. 分面直方图

0~7 岁儿童中男童和女童的体重分布的直方图:

```
DBM <- subset(DB, RIDAGEYR<7&RIAGENDR == 1)
DBF <- subset(DB, RIDAGEYR<7&RIAGENDR == 2)
attach(DBM)
hist(BMXWT, col = '#AD002AFF', main = '')
attach(DBF)
hist(BMXWT, col = '#008B45FF', main = '')
```

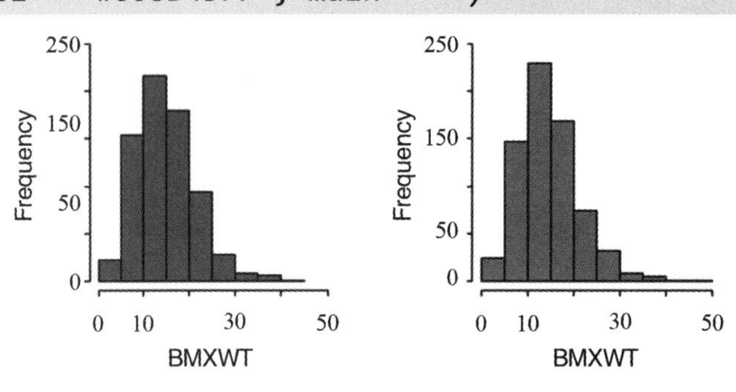

图 4-13 分面直方图

图 4-13(左图)为男童的体重分布直方图,图 4-13(右图)为女童体重分布直方图。

11. 添加均值和中位数参考线

```
dataset <- na.omit(DB[5])
attach(dataset)
hist(BMXWT, main = " ")
abline(v = mean(BMXWT), col = 2, lty = 2, lwd = 2)
```

```
abline(v = median(BMXWT), col = 3, lty = 3, lwd = 2)
ex12 <- expression(bar(x), median)
utils::str(legend(200, 2500, ex12, col = 2:3, lty = 2:3, lwd = 2))
```

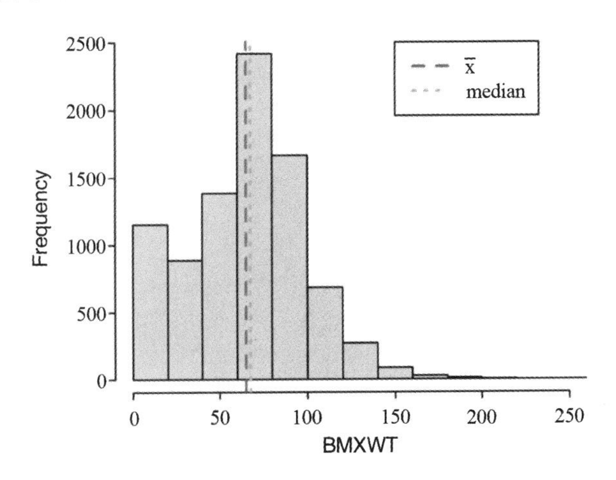

图 4-14 体重分布直方图(添加均值和中位数参考线)

12. 分面直方图

(1)两排两列(图 4-15)

```
ggstatsplot::grouped_gghistostats(
data = dplyr::filter(
  .data = ggstatsplot::movies_long,
  genre %in% c("Action", "Action Comedy", "Action Drama", "Comedy")),
x = budget,
xlab = "Movies budget (in million US$)",
type = "robust", # use robust location measure
grouping.var = genre, # grouping variable
normal.curve = TRUE, # superimpose a normal distribution curve
normal.curve.args = list(color = "red", size = 1),
title.prefix = "Movie genre",
ggplot.component = list( # modify the defaults from `ggstatsplot` for each plot
  ggplot2::scale_x_continuous(breaks = seq(0, 200, 50), limits = (c(0, 200)))),
plotgrid.args = list(nrow = 2),
results.subtitle = F,
title.text = "Movies budgets for different genres")
```

(2)一排(图 4-16)

```
# plot
ggstatsplot::grouped_gghistostats(
  data = iris,
```

```
  x = Sepal.Length,
  #test.value = 5,
  grouping.var = Species,
  plotgrid.args = list(nrow = 1),
  annotation.args = list(tag_levels = "i"),
  results.subtitle=F)
```

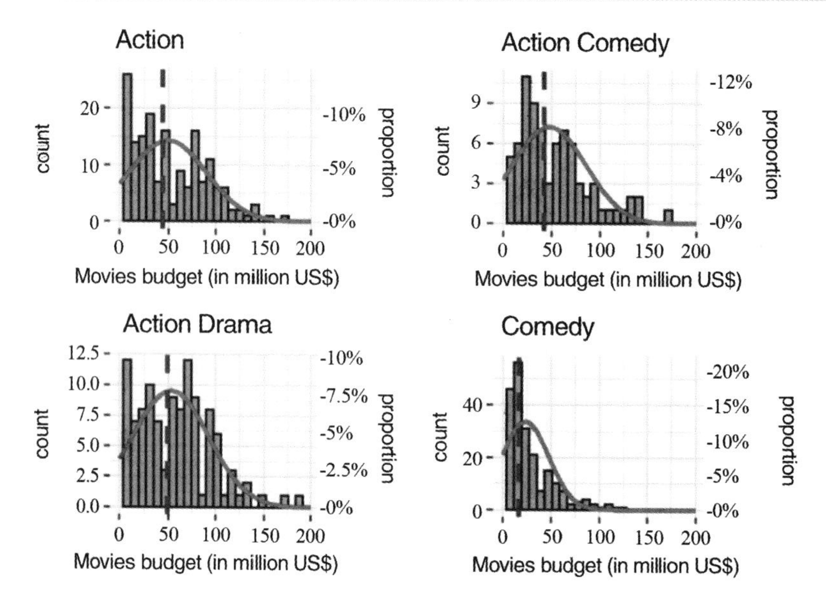

图 4–15 直方图(两排两列)

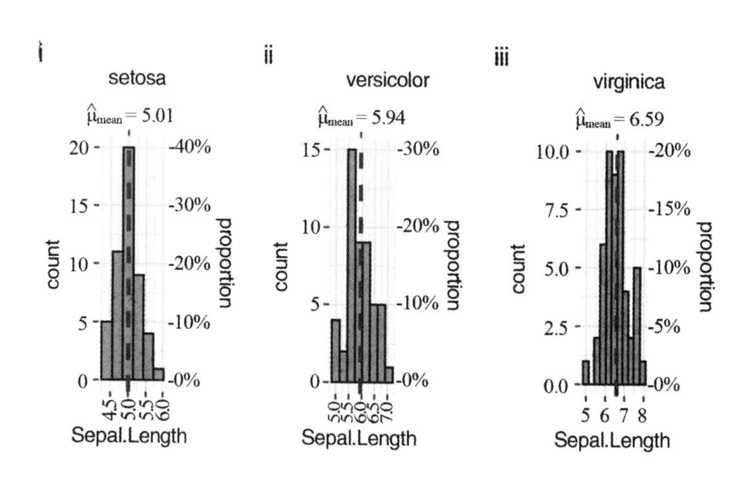

图 4–16 直方图(一排)

```
library(DescTools)
PlotFdist(x=d.pizza$delivery_min, na.rm=TRUE, args.dens=NA, args.ecdf=NA,
args.hist=list(xaxt="s"), # display x-axis on the histogram
args.rug=T, heights=c(3, 2.5), pdist=2.5,main="") #图 4-17
```

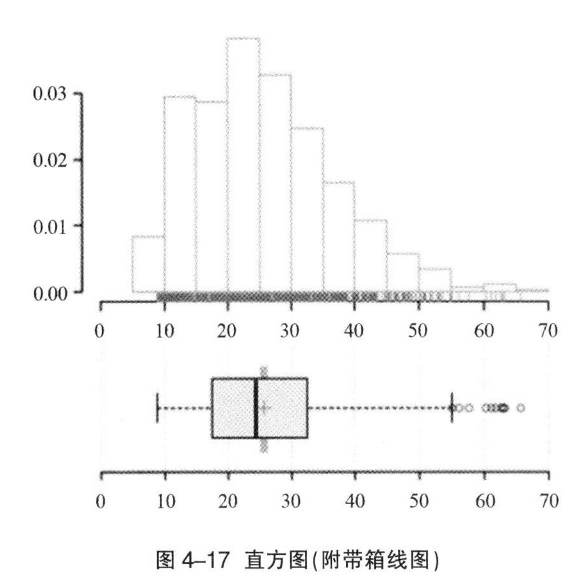

图 4–17 直方图(附带箱线图)

第五章 概率密度曲线

概率密度(Probability Density),指事件随机发生的机率。概率密度等于一段区间(事件的取值范围)的概率除以该段区间的长度,它的值是非负的。

一、标准正态分布概率密度曲线

```
curve(dnorm(x),
xlim = c(-3.5, 3.5),
ylab = "Density") #图 5-1
```

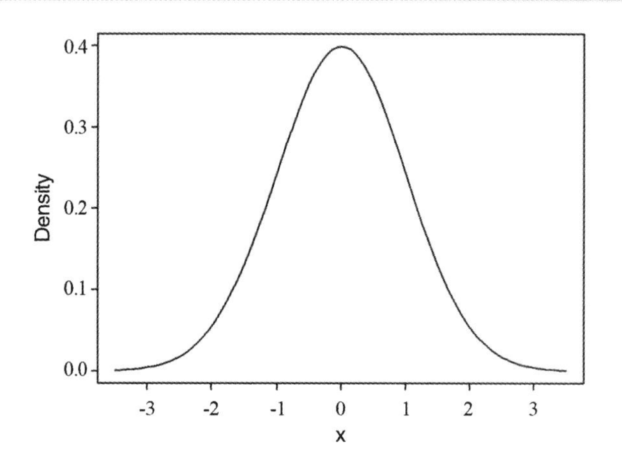

图 5–1 标准正态分布概率密度曲线

二、卡方分布概率密度曲线

```
# plot the density for M=1
curve(dchisq(x, df = 1),
xlim = c(0, 15),
xlab = "x",
ylab = "Density",
main = "Chi-Square Distributed Random Variables")
# add densities for M=2,...,7 to the plot using a 'for()' loop
for (M in 2:7) {
curve(dchisq(x, df = M),
```

```
  xlim = c(0, 15),
  add = T,
  col = M)
  }
# add a legend
legend("topright",
as.character(1:7),
  col = 1:7 ,
  lty = 1,
  title = "D.F.") #图 5-2
```

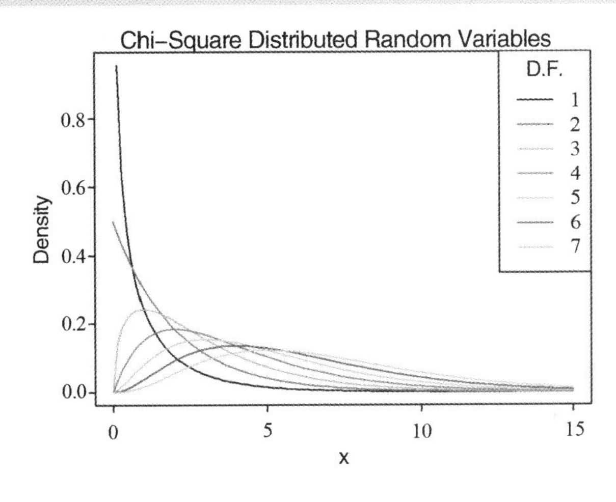

图 5-2 卡方分布概率密度曲线

三、标准正态分布与不同自由度下的 t 分布概率密度曲线

```
# plot the density for M=1
curve(dnorm(x),
  xlim = c(-4, 4),
  xlab = "x",
  lty = 2,
  ylab = "Density")
# plot the t density for M=2
curve(dt(x, df = 2),
  xlim = c(-4, 4),
  col = 2,
  add = T)
# plot the t density for M=4
curve(dt(x, df = 4),
```

```
  xlim = c(-4, 4),
  col = 3,
  add = T)
# plot the t density for M=30
curve(dt(x, df = 30),
  xlim = c(-4, 4),
  col = 4,
  add = T)
# add a legend
legend("topright",
  c("N(0, 1)", "M=2", "M=4", "M=30"),
  col = 1:4,
  lty = c(2, 1, 1, 1)) # 图 5-3
```

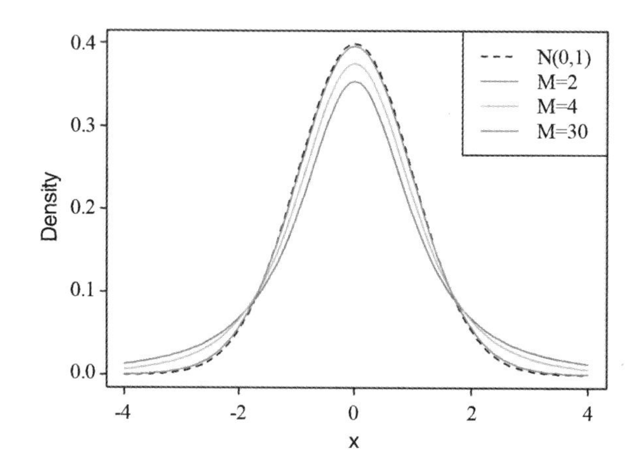

图 5–3 标准正态分布与不同自由度下的 t 分布概率密度曲线

四、t 检验右侧检验拒绝域

```
curve(dnorm(x),xlim = c(-4, 4),
  main = 'Rejection Region of a Right-Sided Test',
  yaxs = 'i',xlab = 't-statistic',ylab = '',lwd = 2,axes = 'F')
# add the x-axis
  axis(1,
  at = c(-4, 0, 1.64, 4),
  padj = 0.5,
  labels = c('', 0, expression(Phi^-1~(.95)==1.64), ''))
# shade the rejection region in the left tail
polygon(x = c(1.64, seq(1.64, 4, 0.01), 4),
```

```
  y = c(0, dnorm(seq(1.64, 4, 0.01)), 0),
  col = 'darkred') #图 5-4
```

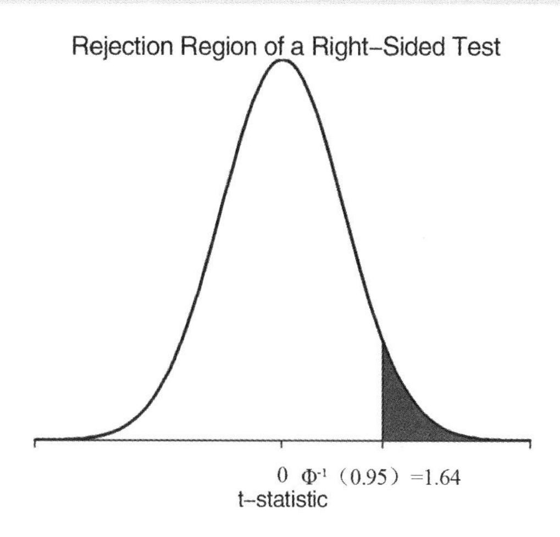

图 5–4　t 检验右侧检验拒绝域

五、t 检验左侧检验拒绝域

```
# plot the the standard normal density on the domain [-4,4]
curve(dnorm(x),
  xlim = c(-4, 4),
  main = 'Rejection Region of a Left-Sided Test',
  yaxs = 'i',
  xlab = 't-statistic',
  ylab = '',
  lwd = 2,
  axes = 'F')
# add x-axis
  axis(1,
  at = c(-4, 0, -1.64, 4),
  padj = 0.5,
labels = c('', 0, expression(Phi^-1~(.05)==-1.64), ''))
# shade rejection region in right tail
  polygon(x = c(-4, seq(-4, -1.64, 0.01), -1.64),
  y = c(0, dnorm(seq(-4, -1.64, 0.01)), 0),
  col = 'darkred')
```

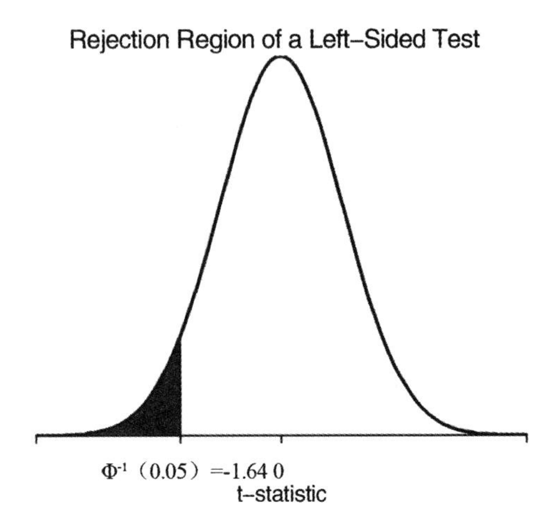

图 5–5 t 检验左侧检验拒绝域

第六章 箱线图

箱线图(盒图)是由美国统计学家约翰·图基(John Tukey)于1977年发明的。

箱线图的箱体左边线代表下四分位数(Q_1),表示整体数据中有25%的数据少于该值;箱体右边线代表上四分位数(Q_3),表示整体数据中有75%的数据少于该值;箱体中间的线代表中位数,是一组数从小到大排列,居于正中间的单个数或正中间两个数的均值;箱体的长度代表第75百分位数和第25百分位数的差值,也称为四分位间距(interquartile range,IQR);箱体两端的衍生线最左延伸至$Q_1-1.5*IQR$(下极限),最右延伸至$Q_3+1.5*IQR$(上极限);超出上下极限的数据是离群值(outliers),用圆圈表示。

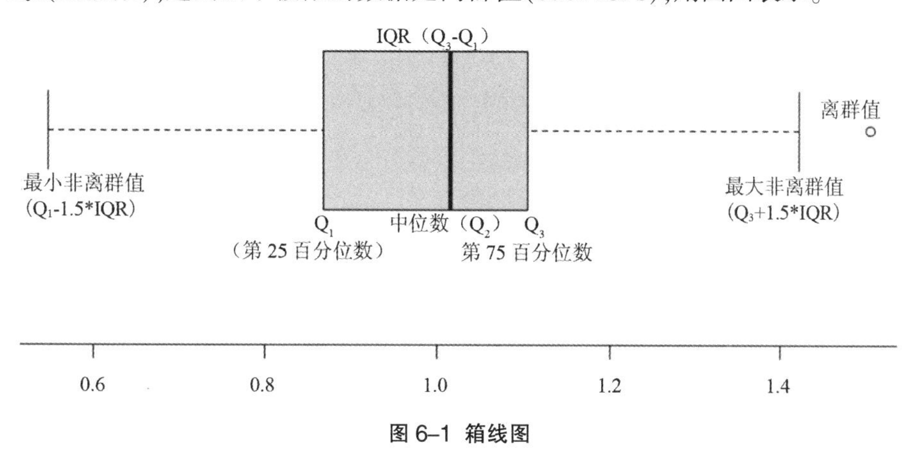

图6–1 箱线图

第一节 概述

一、反映连续变量的离散程度

箱线图的箱子包含了连续变量50%的数据,因此,箱子的长度在一定程度上反映了数据的离散程度,箱子越短说明数据越集中,须越短也说明数据越集中。

二、反映连续变量的分布形态

箱线图的中位数如果偏离上下四分位数的中心位置,说明数据呈偏态分布。

如图6-2所示,对称分布的中位线在箱子中间,上下极限到箱子的距离基本等长,离群点在上下限值外的分布也大致相同。

左偏斜分布的中位数更靠近上四分位数,下限值到箱子的距离比上限值到箱子的距离长,离群点多数在下限值之外。

右偏斜分布的中位数更靠近下四分位数,上极限到箱子的距离比下相邻值到箱子的距离长,离群点多数在上限值之外。

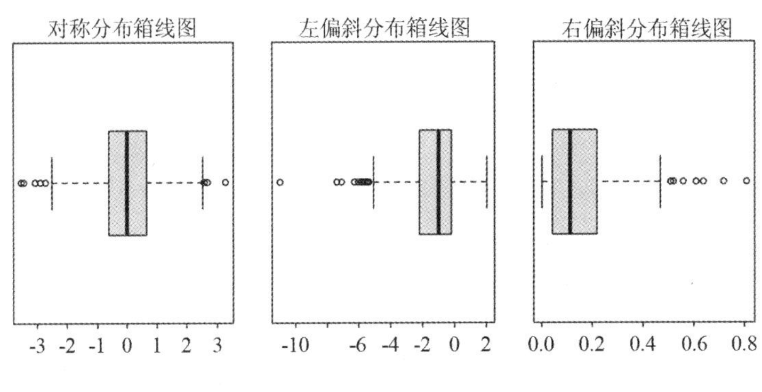

图 6–2 不同分布的箱线图

三、并列箱线图可以比较数据之间差异的显著性

箱线图最有效的使用途径是进行数据之间比较，配合一个或两个分类，画分组箱线图。当只有一个连续型变量时,不适合画箱线图,直方图是更常见的选择。将多个箱线图并行排列,可以比较数据的中位数、尾长、离群值和分布区间等。

四、识别离群值

识别离群值的经典方法中,3σ 法则和 z 分数法都是以数据服从正态分布为前提进行筛选的。

箱线图离群值的筛选是根据数值与外限和内限的位置差异来进行的，不需事先假定数据服从的分布形式。处在内限(Q_3+1.5IQR 和 Q_1-1.5IQR,其中 IQR=Q_3-Q_1)以外位置的点表示的数据都是离群值,其中在内限与外限(Q_3+3IQR 和 Q_1-3IQR)之间的值为温和离群值,在外限以外的值为极端离群值。

因为四分位数具有一定的耐抗性,所以利用箱线图识别离群值的结果比较客观。

显示离群值的观测编号(如果有缺失值,需要先删除缺失值):

```
set.seed(12)
library(skewt)
x <- rskt(600, 6, -2)
get_outliiers <- function(x){
  q<-quantile(x, c(0.25, 0.75))
  quant_diff <- 1.5*(q[2] - q[1])
  indx <- which(x<q[1] - quant_diff|x>q[2] + quant_diff)
  return(indx)
```

```
}
get_outliiers(x)
  [1]  43  56  63 107  133  198  201  255  258  306  374  385
```

第二节 箱线图绘制

一、数据来源

使用数据来源为:NHANES(2017—2018)。

导入数据文档

```
library(foreign)
DEMO_J <- read.xport("D:\\DEMO_J.XPT")
BMX_J <- read.xport("D:\\BMX_J.XPT")
attach(DEMO_J)
```

提取列子集

```
DEMO_JNEW <- DEMO_J[c("SEQN", "RIAGENDR", "RIDAGEYR",
                      "RIDAGEMN","RIDRETH1")]
attach(BMX_J)
BMX_JNEW <- BMX_J[c("SEQN", "BMXWT", "BMXRECUM", "BMXHT")]
```

合并数据框

```
DB <- merge(DEMO_JNEW, BMX_JNEW )
```

提取子集

```
DB2 <- subset(DB, RIDAGEYR == 3&RIDRETH1<4,
             Select = c(2, 3, 5, 6, 8))
```

生成新数据框 DB3,将数值变量 RIAGENDR 和 RIDRETH1 设置成分类变量,并为分类变量每个类别添加标签

```
DB3 <- within(DB2, {
  RIAGENDR <- factor(RIAGENDR, labels = c("Male", "Fmale"))
  RIDRETH1 <- factor(RIDRETH1, labels = c("Mexican American",
                        "Other Hispanic", "Non-Hispanic White"))
})
```

二、箱线图绘制

(一)基本箱线图

1. 两组变量(一组连续变量,一组分类变量)

命令格式:ggplot(数据集,aes(x= 分类变量,y= 连续变量))+geom_boxplot()。

NHANES 数据集中，分类变量 RIAGENDR 的两个类别 Male 和 Fmale 将连续变量 BMXHT 划分为两个子集。绘制变量 RIAGENDR 和 BMXHT 的箱线图。

```
library(ggplot2)
ggplot(DB3, aes(x = RIAGENDR, y = BMXHT)) +
  geom_boxplot() #图 6-3
```

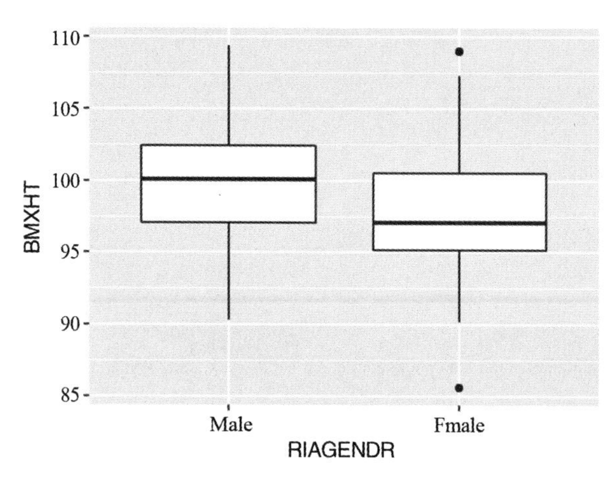

图 6–3 不同性别儿童身高的箱线图(默认颜色)

2. 三组变量(一组连续变量,两组分类变量)

```
library(ggplot2)
ggplot(DB3, aes(x = RIAGENDR, y = BMXHT, color = RIDRETH1)) +
  geom_boxplot() +
  theme(legend.position="bottom") #图 6-4
ggplot(DB3, aes(x = RIDRETH1, y = BMXHT, color = RIAGENDR)) +
  geom_boxplot() +
  theme(legend.position = "bottom") #图 6-5
```

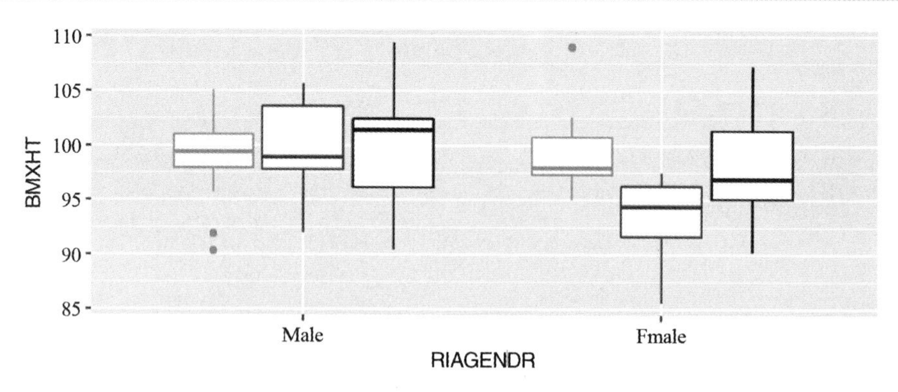

图 6–4 不同性别儿童身高的箱线图(按种族设置箱线图颜色)

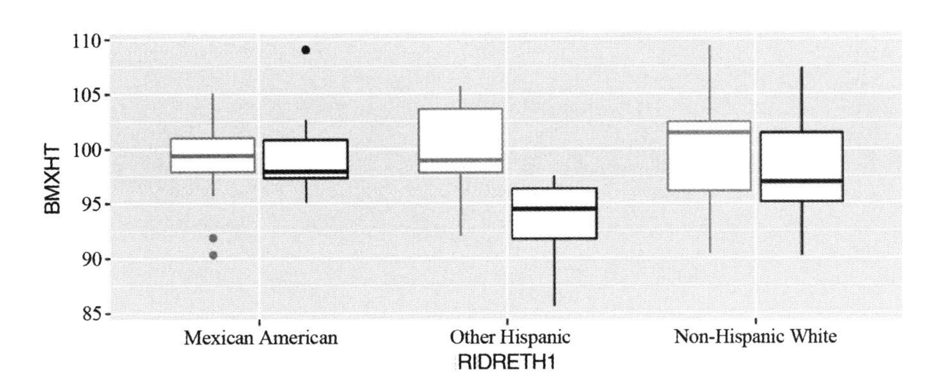

图 6–5 不同性别儿童身高的箱线图(按性别设置箱线图颜色)

```
ggplot(DB3, aes(x = RIAGENDR, y = BMXHT, fill = RIDRETH1)) +
  geom_boxplot() +
  theme(legend.position = "bottom") #图 6-6
```

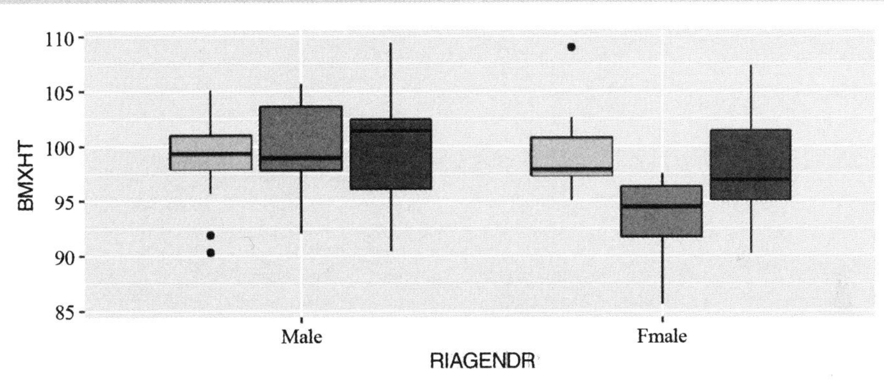

图 6–6 不同性别儿童身高的箱线图(按种族填充箱线图颜色)

```
ggplot(DB3, aes(x = RIDRETH1, y = BMXHT, fill = RIAGENDR)) +
  geom_boxplot() +
  theme(legend.position = "bottom") #图 6-7
```

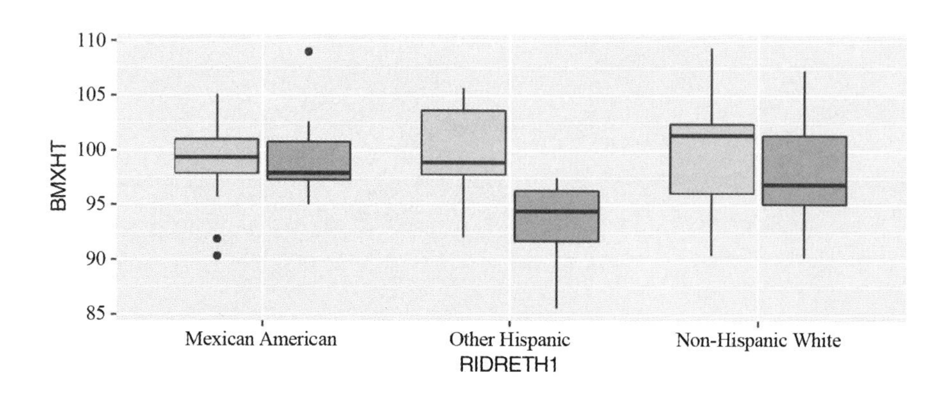

图 6-7 不同性别儿童身高的箱线图(按性别填充箱线图颜色)

线条颜色由 color 控制,填充颜色由 fill 控制。

(二)定制箱线图

1. 设置箱子宽度

参数 width 用于调整箱子的宽度。

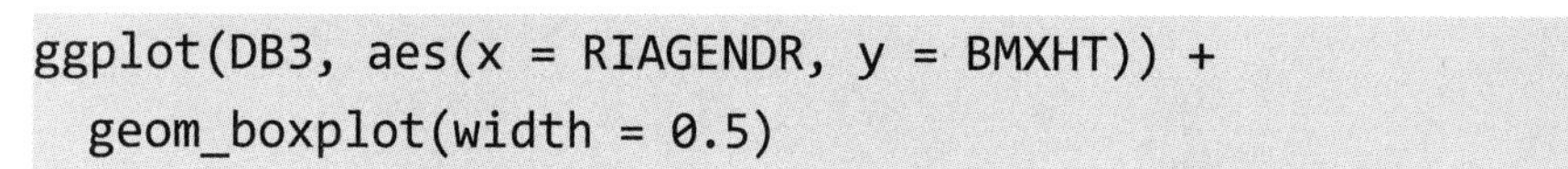

```
ggplot(DB3, aes(x = RIAGENDR, y = BMXHT)) +
  geom_boxplot(width = 0.5)
```

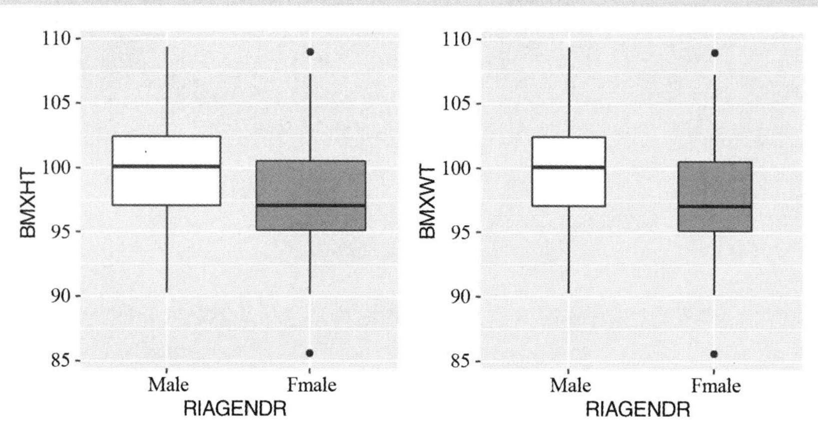

图 6-8 不同性别儿童身高的箱线图(不同箱子宽度)

图 6-8(左),默认宽度,图 6-8(右),width=0.5。

2. 箱线图转置

箱线图转置,增加命令语句 coord_flip()(图 6-9)。

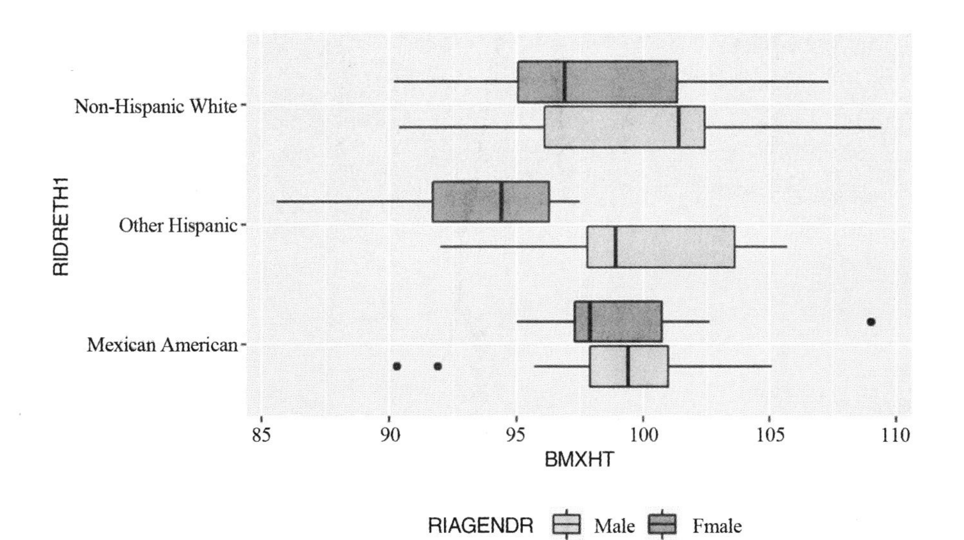

图 6-9 转置箱线图

3. 颜色

```
library(ggplot2)
ggplot(DB3, aes(x = RIAGENDR, y = BMXHT, color = RIAGENDR)) +
  geom_boxplot()
```

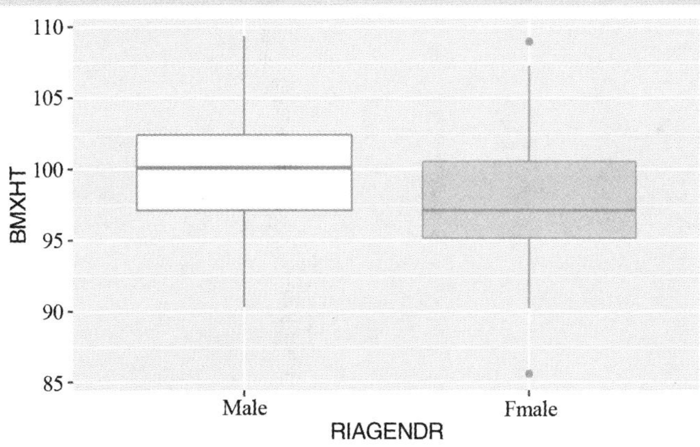

图 6-10 不同性别儿童身高的箱线图

图 6-10 所示,将分类变量 RIAGENDR 映射到盒子及须的线条颜色。

```
library(ggplot2)
ggplot(DB3, aes(x = RIAGENDR, y = BMXHT, fill = RIAGENDR)) +
  geom_boxplot()
```

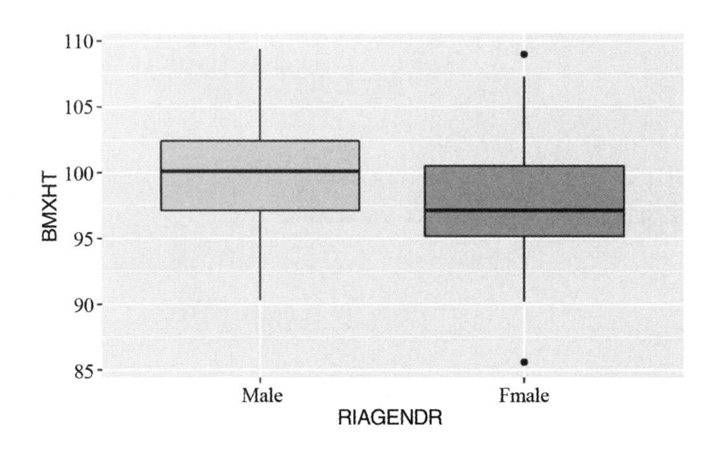

图 6-11 不同性别儿童身高的箱线图(变量映射填充颜色)

图 6-11 所示,将分类变量 RIAGENDR 映射到盒子的填充颜色。

4. 分面

如果各组之间尺度相差过大而被拉扯,需要用 facet 函数进行分面。

facet_wrap(~分面的变量,scales="free")

其中,scales="free"是使得分面后的各面有适应其图形的坐标。如果不加 scales="free",则只是分面而不改变坐标轴。

以 RIAGENDR 为分面变量:

```
ggplot(DB3, aes(x = RIDRETH1, y = BMXHT, fill = RIAGENDR)) +
  geom_boxplot() +
  theme(legend.position = "bottom") +
  theme(axis.text.x = element_text(angle = 45, hjust = 1)) +
  facet_wrap(~ RIAGENDR, scales = "free") # 图 6-12
```

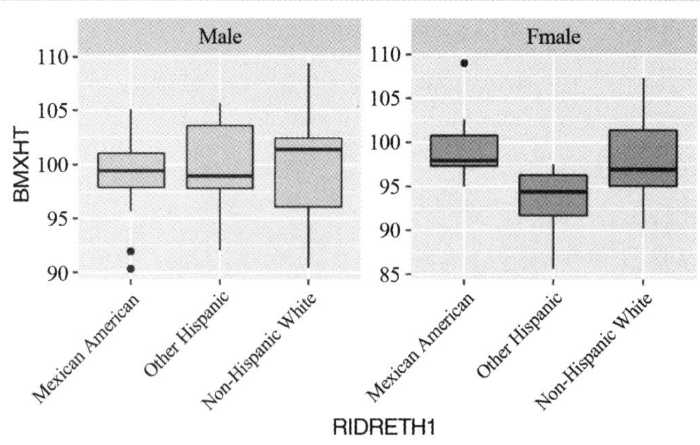

图 6-12 不同性别儿童身高的箱线图(分面图,以 RIAGENDR 为分面变量)

以 RIDRETH1 为分面变量：

```
ggplot(DB3, aes(x = RIDRETH1, y = BMXHT, fill = RIAGENDR)) +
  geom_boxplot() +
  theme(legend.position = "bottom") +
  facet_wrap(~ RIDRETH1, scales = "free") #图 6-13
```

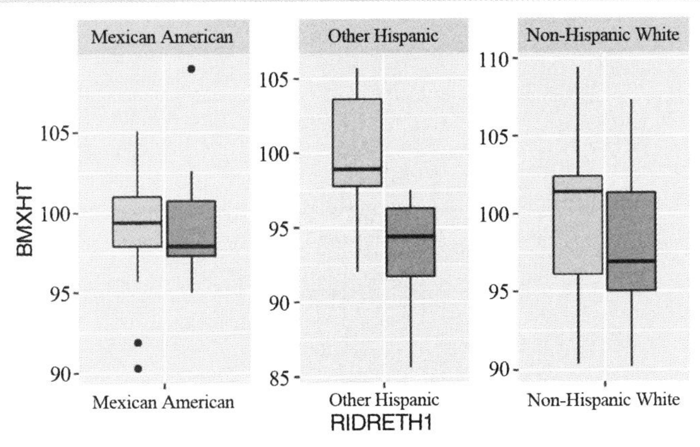

图 6-13 不同性别儿童身高的箱线图(分面图,以 RIDRETH1 为分面变量)

5. 添加最大值与最小值线

用基础 R 包绘图绘制的箱线图中具有最大值与最小值线，用 ggplot2 绘制的箱线图中,没有最大值与最小值线。想要使 ggplot2 所绘制的箱线图带有最大值与最小值线,可用 stat_boxplot 命令，格式如下:stat_boxplot (geom="errorbar",width=0.15,aes(color= 用于分类的列))。

其中,aes 是为最大值、最小值添加颜色的,可以去掉,去掉即为黑色。

要注意的是，因为 ggplot2 的规则是图层叠加，所以如果是先作箱线图，即先输入 geom_boxplot(),再输入 stat_boxplot(),会导致箱线图中出现十字。

所以输入命令时,必须先输入 stat_boxplot(),再输入 geom_boxplot()(图 6-14)。

```
ggplot(DB3, aes(x = RIAGENDR, y = BMXHT)) +
  stat_boxplot(geom = "errorbar", width = 0.15) +
  geom_boxplot(width = 0.5)
```

6. 离群点(异常值)

关于离群点的参数有 outlier 开头的多个,如:

outlier.colour:离群点的颜色参数

outlier.fill:离群点的填充色参数

outlier.shape:离群点的形状参数

outlier.size:离群点的大小参数

outlier.alpha:离群点的透明度参数

使用时放在 geom_boxplot 中,如:

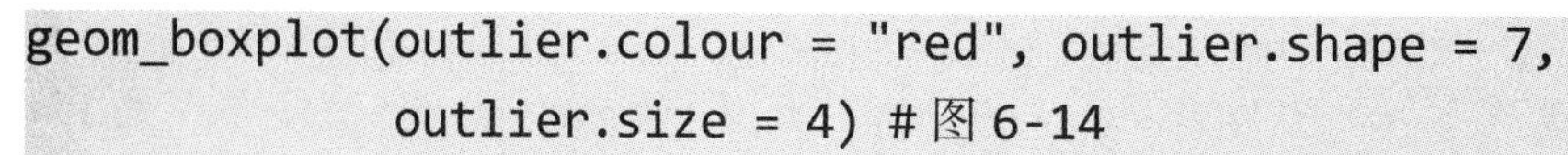

```
geom_boxplot(outlier.colour = "red", outlier.shape = 7,
             outlier.size = 4) #图 6-14
```

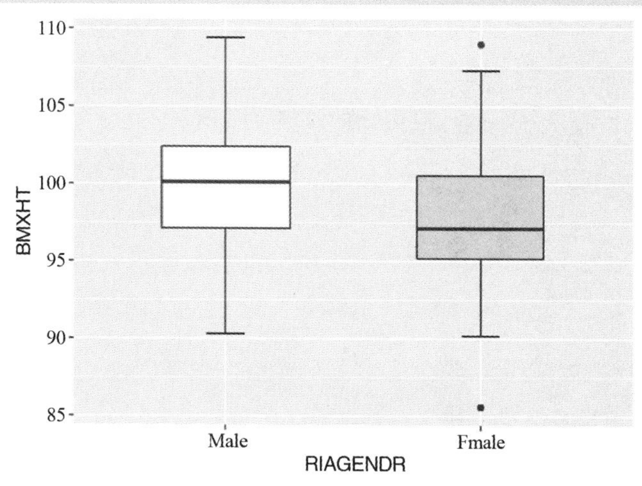

图 6-14 箱线图(添加最大值与最小值线)

7. 可变宽度

varwidth 为逻辑值,若为 TRUE,箱子的宽度与样本量的平方根成正比,这在多批数据同时画多个箱线图时比较有用,能反映样本量的大小:

```
geom_boxplot(varwidth = TRUE)
```

8. 箱线图中体现数据点

使用 geom_jitter 体现出抖动的点。

9. 添加槽口

notch 也是一个有用的逻辑参数,它决定了是否在箱子上画凹槽,凹槽所表示的实际上是中位数的一个区间估计 (Robert McGill and Larsen 1978; Chambers et al. 1983),区间置信水平为 95%,在比较两组数据中位数差异时,只需要观察箱线图的凹槽是否有重叠部分,若两个凹槽互不交叠,那么说明这两组数据的中位数有显著差异(P 值小于 0.05);notchwidth 越小,越往里凹(图 6-15)。

```
ggplot(DB3, aes(x = RIAGENDR, y = BMXHT, fill = RIAGENDR)) +
  stat_boxplot(geom = "errorbar", width = 0.15) +
  geom_boxplot(width = 0.5, notch = TRUE, notchwidth = 0.8)
```

10. 在箱线图中标记均值点(图 6-16)

```
ggplot(DB3, aes(x = RIAGENDR, y = BMXHT, fill = RIAGENDR)) +
  stat_boxplot(geom = "errorbar", width = 0.15) +
  geom_boxplot(width = 0.5, notch = TRUE, notchwidth = 0.8) +
  stat_summary(fun.y = "mean", geom = "point", shape = 23,
               size = 3, fill = "white")
```

11. 标签旋转(图 6-17)

```
theme(axis.text.x = element_text(angle = 45, hjust = 1))
```

将 x 轴标签旋转 45 度。

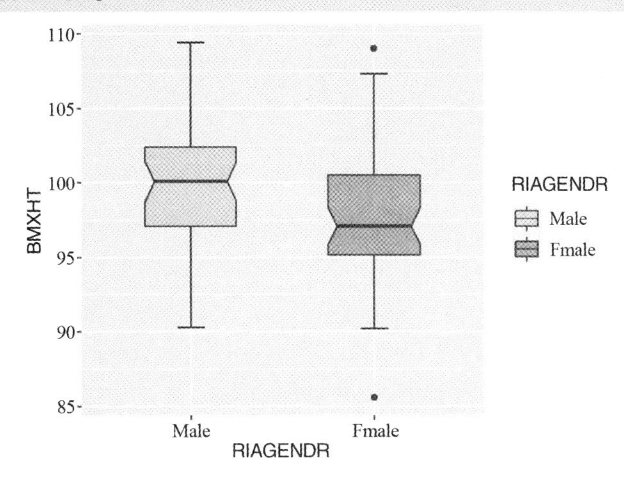

图 6–15 箱线图(添加槽口)

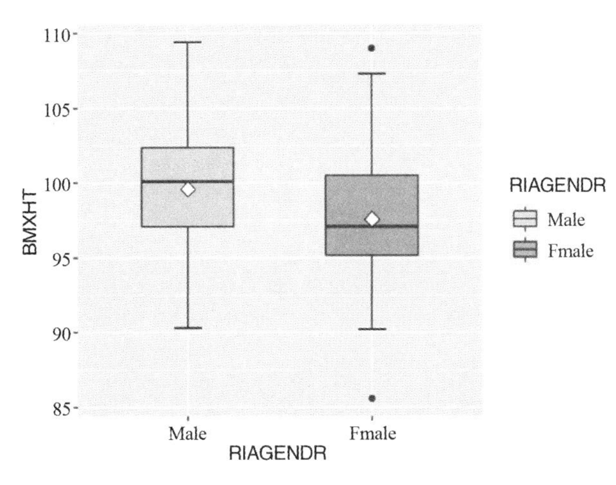

图 6–16 箱线图(添加均值点)

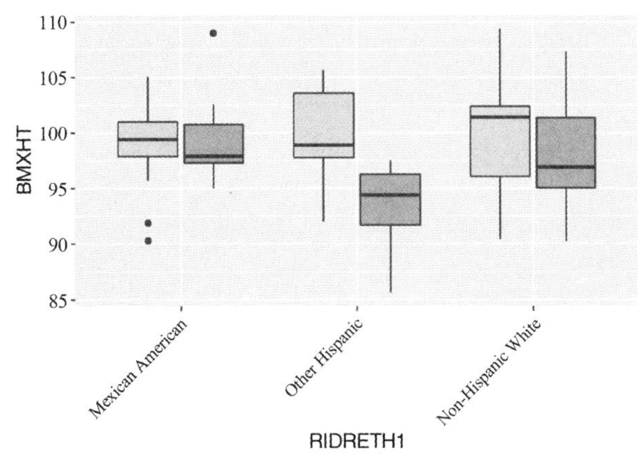

图 6–17 箱线图(带统计学差异标注)

12. 图例

(1)图例标签字号与颜色

```
theme(legend.title=element_text(colour="blue",size=16,face="bold"))
```

(2)图例内容字号与颜色

```
theme(legend.text=element_text(colour="blue",size=16,face="bold")
```

(3)图例位置

图例的默认位置在图形右侧。

```
theme(legend.position="top")
theme(legend.position="bottom")
```

(4)移除图例

```
theme(legend.position="none")
```

13. 绘图主题

```
#(图 6-18 左)
ggplot(DB3, aes(x = RIAGENDR, y = BMXHT, fill = RIAGENDR)) +
  geom_boxplot() +
  theme_bw() +
theme(legend.position = "bottom")
#(图 6-18 右)
ggplot(DB3, aes(x = RIAGENDR, y = BMXHT, fill = RIAGENDR)) +
  geom_boxplot() +
  theme_bw() +
  theme(legend.position = "bottom") +
  theme(panel.grid = element_blank()) # 删去网格线
```

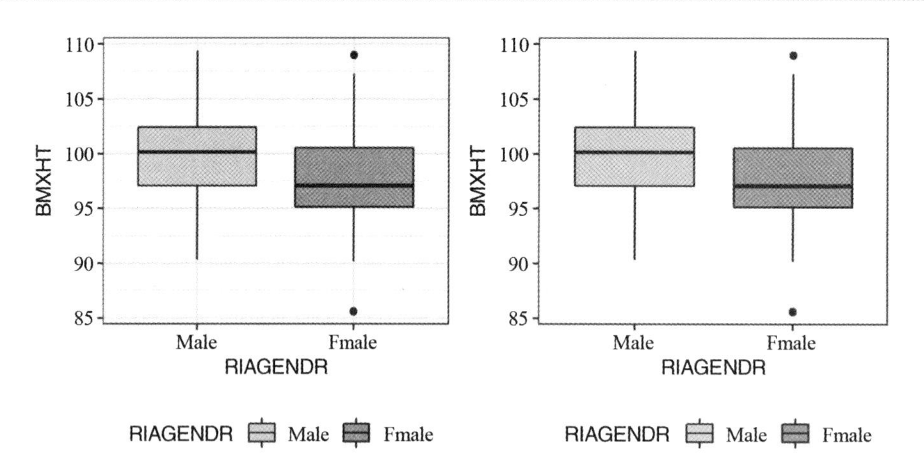

图 6–18 箱线图(按性别分组)

14. 发表级配色

ggsci 包提供了一系列的调色板,收录了来自顶级的科学期刊的配色、数据库可视化中的配色等，不论是离散型的配色还是连续型的配色一应俱全。所有的调色板可以被ggplot2 的 scale 系列函数直接调用，调用命令为：scale_color_palname()；scale_fill_palname()。

其中,palname 为相应的调色板名称,color 表示线条、点的颜色，fill 表示填充色。

(1)*Science* 杂志配色方案[p_aaas<-p+scale_fill_aaas(),图 6-19]

```
library(ggsci)
ggplot(DB3, aes(x = RIDRETH1, y = BMXHT, fill = RIDRETH1)) +
  geom_boxplot() +
  theme_bw() +
  theme(legend.position="bottom") +
  theme(panel.grid = element_blank()) +
  scale_fill_aaas()
```

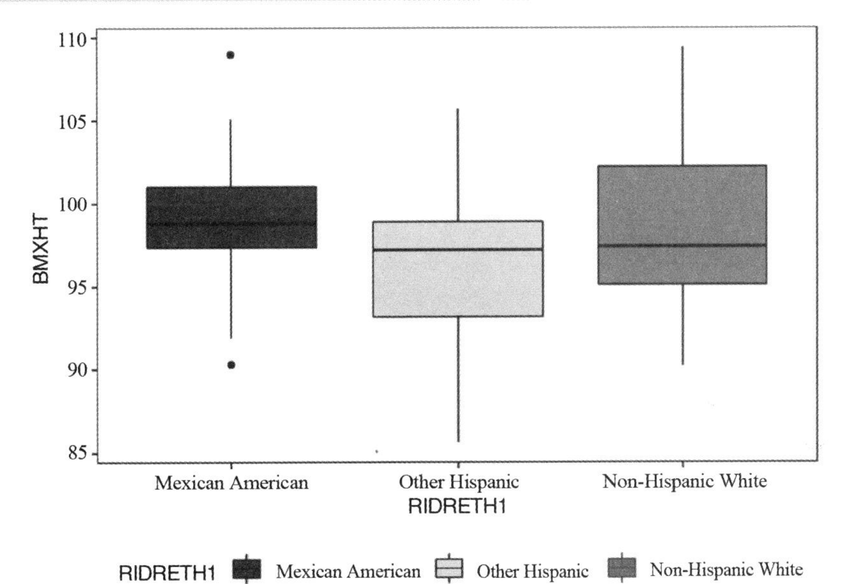

图 6-19 箱线图(*Science* 杂志配色方案)

(2)*Nature* 杂志配色方案[p_npg<-p+scale_fill_npg(),图 6-20]

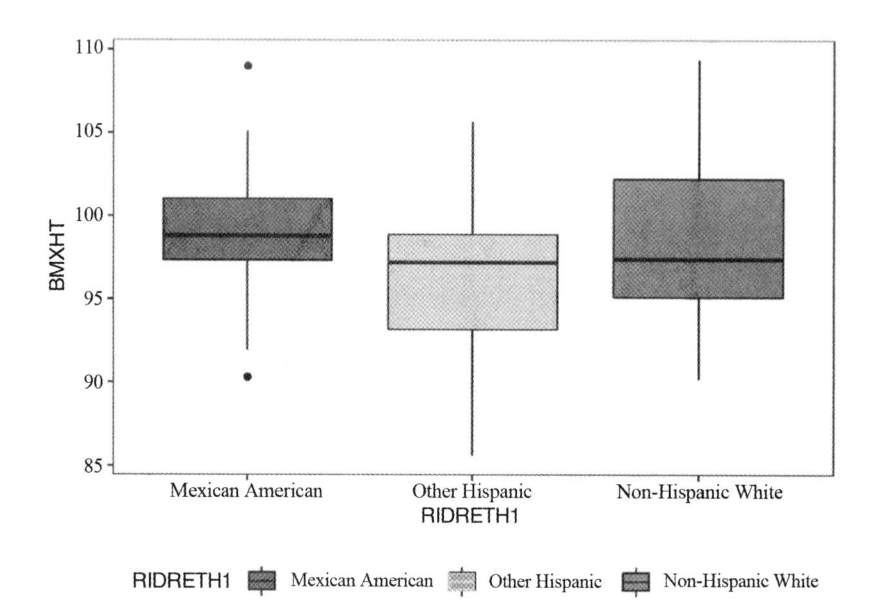

图 6-20 箱线图(*Nature* 杂志配色方案)

(3)新英格兰医学杂志配色方案[p_nejm<-p+scale_fill_nejm(),图 6-21]

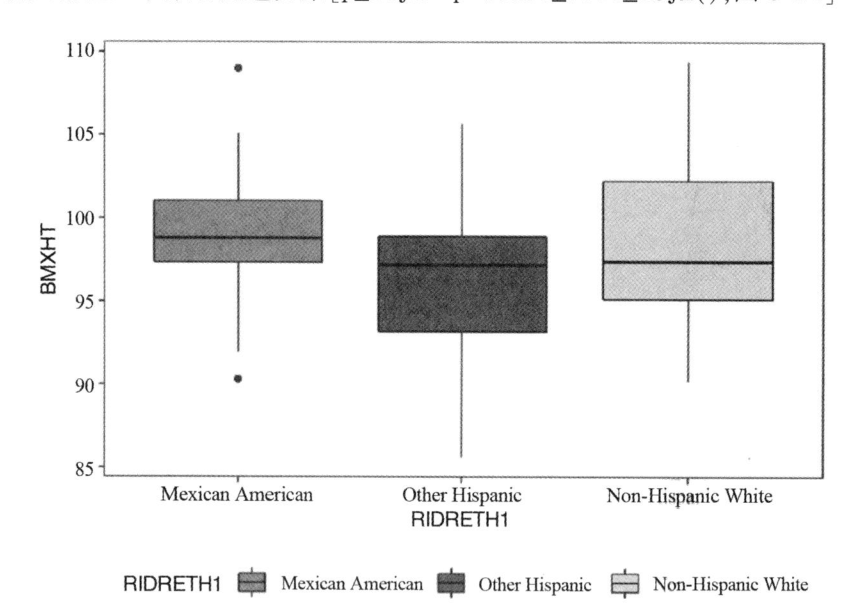

图 6-21 箱线图(新英格兰医学杂志配色方案)

15. 图形标题、副标题(图 6-22)

```
labs(title = "3 岁儿童身高的箱线图 ", subtitle = " ",
     caption = " 数据来源:NHANES2017-2018.",tag = "Figure 1")
```

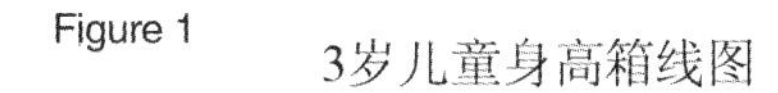

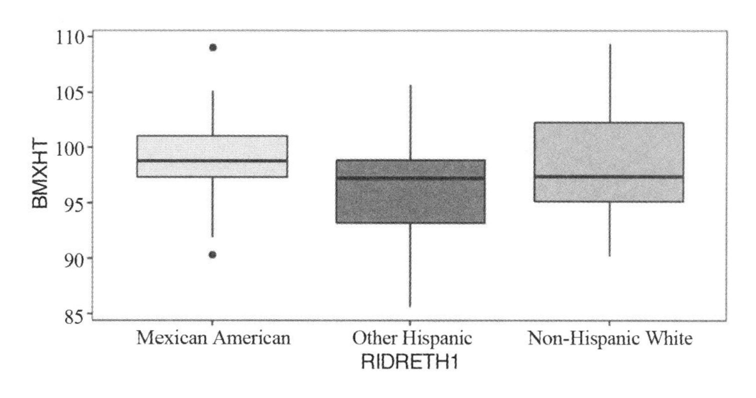

图 6-22 箱线图(添加标题、副标题)

标题字号调整加如下代码：

```
theme(plot.title = element_text(size = 14, face = "bold"),
    text = element_text(size = 12))
```

16. 一页多图

与R自带的绘图系统不同,ggplot2不能直接通过par(mfrow)来排版多张图片。可以通过gridExtra包解决。

```
require(gridExtra)
plot1 <- …
plot2 <-…
plot3 <- …
plot4 <- …
plot5 <-…
plot6 <-…
grid.arrange(plot1, plot2, plot3, plot4, plot5, plot6, ncol=2)
```

三、添加统计学差异标注

(一)T-test(两独立样本T检验,方差齐性)

1. 三种*P*值标签格式

(1)仅显示*P*值(浅灰色背景为本节共用内容)(图 6-23)

```
library(rstatix);library(ggpubr)
df <- ToothGrowth
df$dose <- as.factor(df$dose)# 原数据集 ToothGrowth 中的变量 dose 为数值变量
stat.test <- df %>%
```

```
    t_test(len ~ supp, var.equal = TRUE )
stat.test
p <- ggboxplot(
    df, x = "supp", y = "len",
    color = "supp", palette = "jco", ylim = c(0,40)
    )
p +stat_pvalue_manual(stat.test,label = "{p}",y.position = 36)
```

大括号内的 P 可以引用 stat.test 的结果,也可以输入一个数值。

(2)显示 P=……(图 6-24)

```
stat.test <- df %>%
    t_test(len ~ supp, var.equal = TRUE)
stat.test
p <- ggboxplot(
    df, x = "supp", y = "len",
    color = "supp", palette = "jco", ylim = c(0,40)
    )
p +stat_pvalue_manual(stat.test,label = "p={p}",y.position = 36)
```

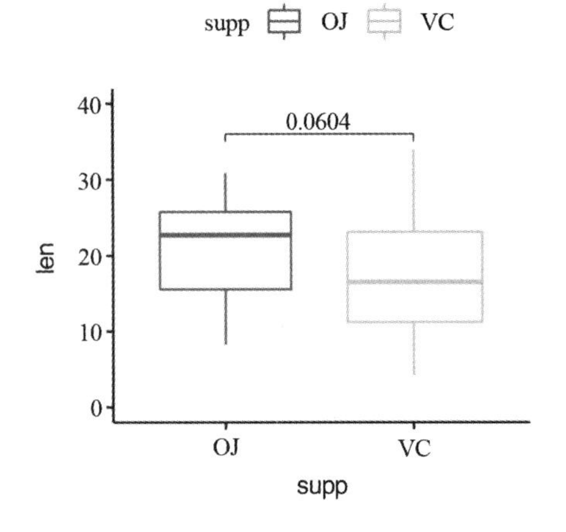

图 6–23 两独立样本 T 检验(显示 P 值)

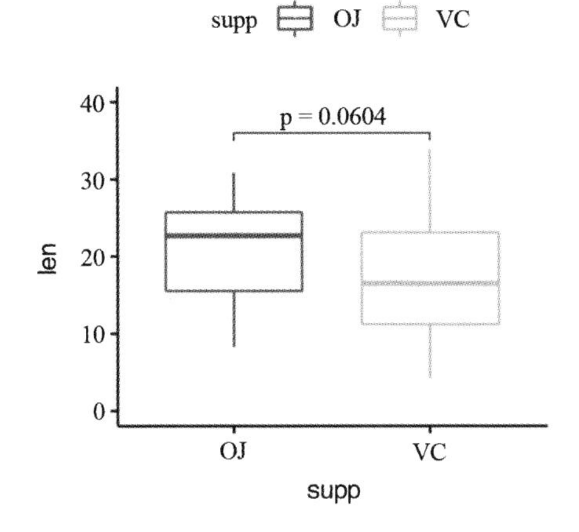

图 6–24 两独立样本 T 检验

(3)显示检验名称和 P=…(图 6-25)

```
stat.test <- df %>%
    t_test(len ~ supp, var.equal = TRUE)
stat.test
p <- ggboxplot(
    df, x = "supp", y = "len",
    color = "supp", palette = "jco", ylim = c(0,40))
p +stat_pvalue_manual(stat.test,label ="T-test, p={p}",y.position = 36)
```

2. *P* 值修约(保留小数点后三位)(图 6-26)

```
stat.test <- df %>%
  t_test(len ~ supp, var.equal = TRUE)
  stat.test
p <- ggboxplot(df, x = "supp", y = "len", color = "supp",
               palette = "jco", ylim = c(0,40))
p + stat_pvalue_manual(stat.test, label = "T-test, p={round(p,3)}",
                         y.position = 36)
```

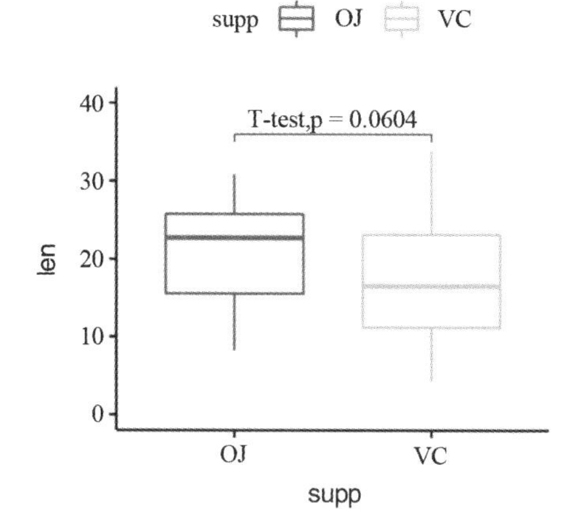

图 6-25 两独立样本 T 检验

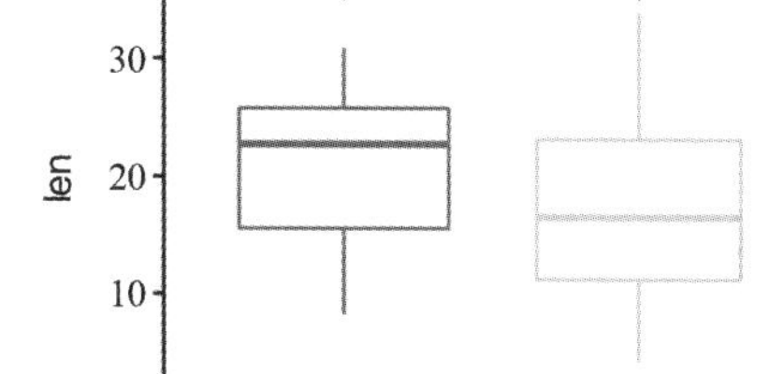

图 6-26 两独立样本 T 检验(*P* 值修约)

3. 科学计数法显示 *P* 值(图 6-27)

```
stat.test <- df %>%
  t_test(len ~ supp, var.equal = TRUE)
stat.test$p.scient <- format(stat.test$p, scientific = TRUE)
stat.test
p <- ggboxplot(df, x = "supp", y = "len", color = "supp",
               palette = "jco", ylim = c(0,40))
p + stat_pvalue_manual(stat.test,label = "T-test, p={p.scient}",
                         y.position = 36)
```

4. 用显著性标识代替 *P* 值(图 6-28)

```
stat.test <- df %>%
  t_test(len ~ supp, var.equal = TRUE) %>%
  add_significance() # 增加 p.signif
stat.test
p <- ggboxplot(df, x = "supp", y = "len", color = "supp",
               palette = "jco", ylim = c(0,40))
p + stat_pvalue_manual(stat.test,label = "T-test, {p.signif}",
                         y.position = 36)
```

5. 箱线图盒子填充颜色(图 6-29)

```
stat.test <- df %>%
  t_test(len ~ supp, var.equal = TRUE) %>%
  add_significance() # 增加 p.signif
stat.test
p <- ggboxplot(df, x = "supp", y = "len", fill= "supp",
               palette = "npg", ylim = c(0,40))
p + stat_pvalue_manual(stat.test, label ="T-test, {p.signif}",
                       y.position = 36)
```

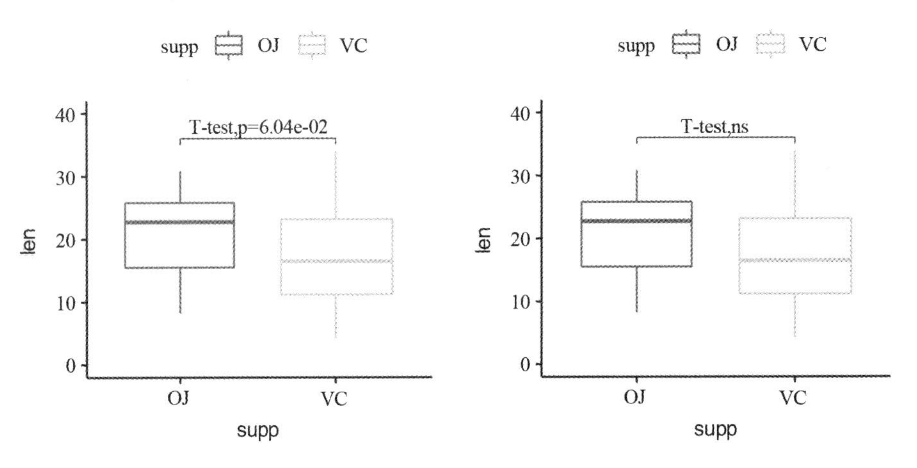

图 6-27 两独立样本 T检验(科学计数法显示 *P* 值) 图 6-28 两独立样本 T 检验(用显著性标识代替*P* 值)

6. 加抖动点(图 6-30)

```
library(rstatix);library(ggpubr)
df <- ToothGrowth
df$dose <- as.factor(df$dose)
stat.test <- df %>% wilcox_test(len ~ supp)
p <- ggboxplot(df, x = "supp", y = "len",fill= "supp", add="jitter",
palette = "npg", ylim = c(0,40)) +
geom_jitter(width = 0.1)
p + stat_pvalue_manual(stat.test, label = "wilcox-test, p = {p}",
                       y.position = 36)
```

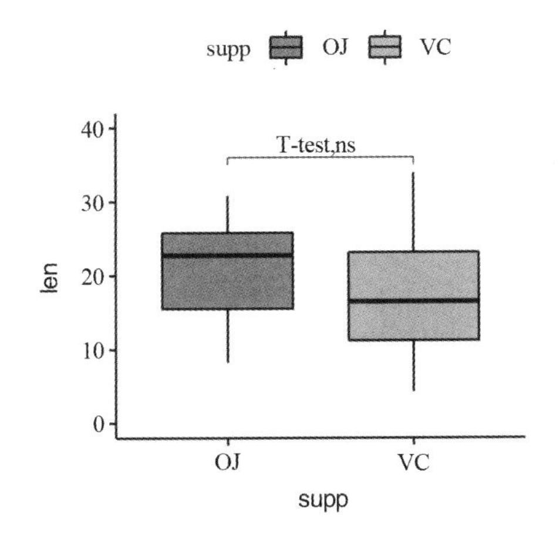

图 6-29 两独立样本 T 检验(带显著性标识)

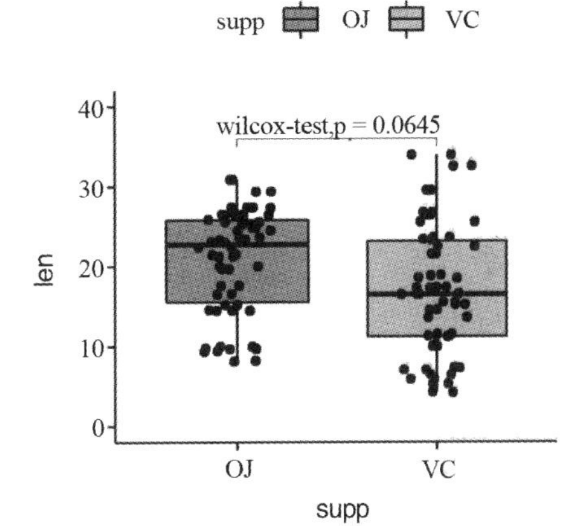

图 6-30 两独立样本 T 检验(加抖动点)

(二)两独立样本 Welch T-test

两独立样本均服从正态分布,方差不齐使用两独立样本 Welch T-test(t'检验)

t.test(x, y)# 默认方差不齐,var.equal=FALSE

```
stat.test <- df %>%
t_test(len ~ supp)
p <- ggboxplot(df, x = "supp", y = "len",color = "supp",
               palette = "npg", ylim = c(0,40))
p + stat_pvalue_manual(stat.test, label = "Welch T-test, p = {p}",
                       y.position = 36)
```

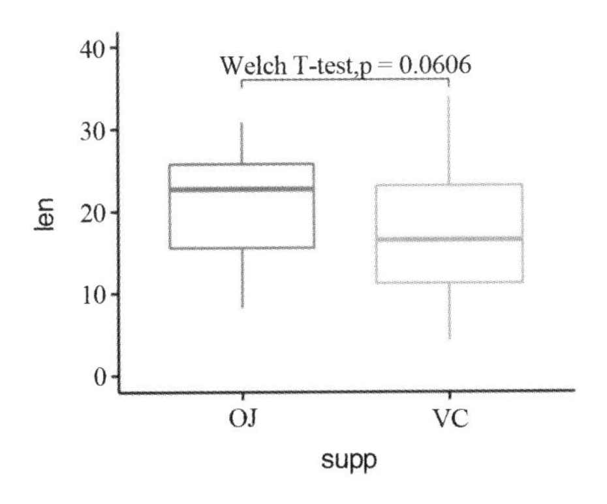

图 6-31 两独立样本 Welch T-test

分组数据:按照剂量分组后比较 supp 水平(图 6-32)

```
stat.test <- df %>% group_by(dose) %>% t_test(len ~ supp) %>%
  adjust_pvalue() %>% add_significance("p.adj")
ggboxplot(df, x = "supp", y = "len", fill= "supp", palette = "npg",
          facet.by = "dose", ylim = c(0, 40)) +
```

```
stat_pvalue_manual(stat.test, label = "p.adj", y.position = 35)
```

图 6–32 两独立样本 Welch T–test(分组后)

```
stat.test <- df %>%
  group_by(supp) %>%
t_test(len ~ dose)
stat.test <- stat.test %>% add_y_position()
ggboxplot(df, x = "dose", y = "len", fill = "#FC4E07",
          facet.by = "supp") +
  stat_pvalue_manual(stat.test, label = "p.adj.signif",
tip.length = 0.01) +
  scale_y_continuous(expand = expansion(mult = c(0.05, 0.1)))
```

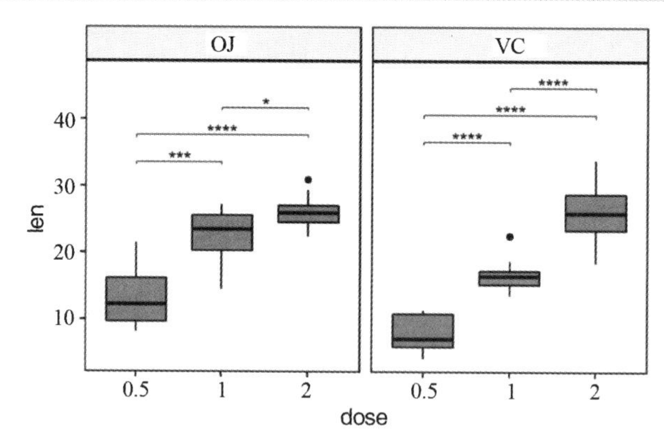

图 6–33 分组数据比较

(三)两独立样本 Wilcoxon 检验(图 6–34)

```
stat.test <- df %>%
  wilcox_test(len ~ supp)
p <- ggboxplot(df, x = "supp", y = "len",fill= "supp",
               palette = "npg", ylim = c(0,40))
```

```
p + stat_pvalue_manual(stat.test, label = " wilcox-test, p = {p}",
                       y.position = 36)
```

（四）配对样本 t 检验（图 6-35）

```
stat.test <- df %>%
  t_test(len ~ supp, paired = TRUE)
p <- ggpaired(df, x = "supp", y = "len", color = "supp", palette = "jco",
  line.color = "gray", line.size = 0.4, ylim = c(0, 40))
p + stat_pvalue_manual(stat.test, label = "p", y.position = 36)
```

（五）配对样本 Wilcoxon 符号秩检验（图 6-36）

```
stat.test <- df %>%
  wilcox_test(len ~ supp, paired = TRUE)
p <- ggpaired(df, x = "supp", y = "len", color = "supp", palette = "jco",
  line.color = "gray", line.size = 0.4, ylim = c(0, 40))
p + stat_pvalue_manual(stat.test, label = "p", y.position = 36)
```

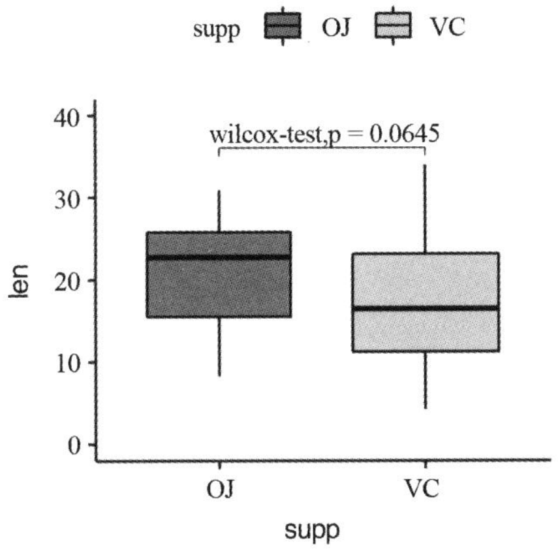

图 6-34 两独立样本 Wilcoxon 检验

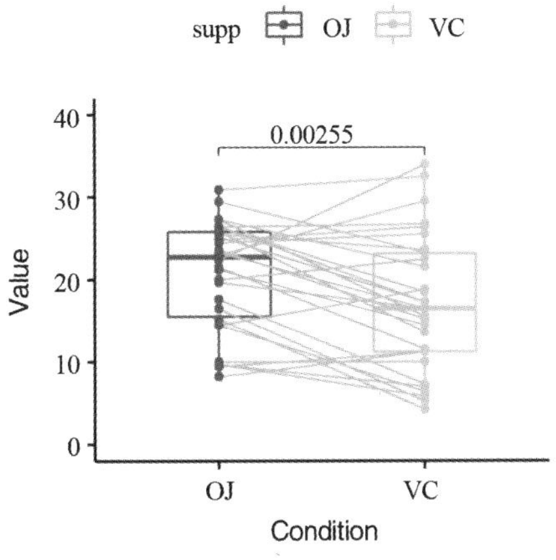

图 6-35 配对样本 t 检验

（六）单因素方差分析（图 6-37）

```
library(rstatix);library(ggpubr)
df <- ToothGrowth
df$dose <- as.factor(df$dose)
anova_test(df, len ~ dose)
# Tukey HSD from data frame and formula
stat.test<-tukey_hsd(df, len ~ dose)# tukey_hsd(): performs tukey
post-hoc tests.
ggboxplot(df, x = "dose", y = "len")+
  stat_pvalue_manual(
    stat.test, label = "p.adj",
    y.position = c(29, 35, 39))
```

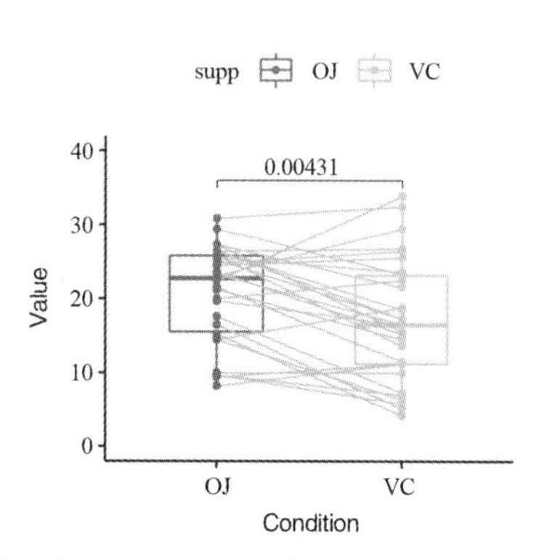

图 6-36 配对样本 t 检验(配对样本 Wilcoxon 符号秩检验)

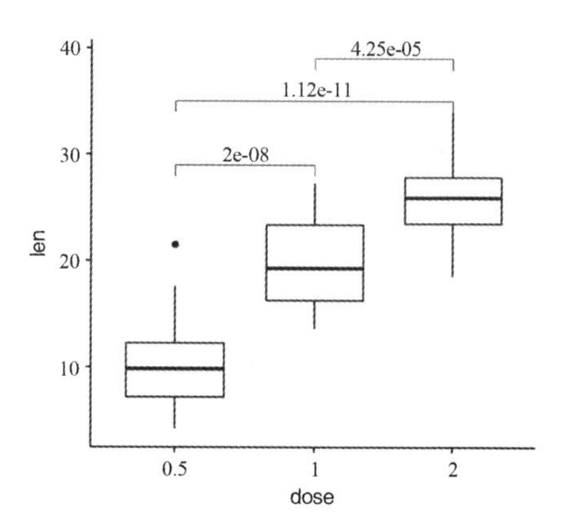

图 6-37 单因素方差分析

```
df <- ToothGrowth
df$dose <- as.factor(df$dose)
# Tukey HSD from data frame and formula
stat.test<-tukey_hsd(df, len ~ dose)
ggboxplot(df, x = "dose", y = "len")+
  stat_pvalue_manual(
    stat.test,label = "Tukey HSD  p.adj = {p.adj}",
    y.position = c(29, 35, 39))
```

手动输入 p 值(图 6-39)

```
df <- ToothGrowth
df$dose <- as.factor(df$dose)
# Tukey HSD from data frame and formula
stat.test<-tukey_hsd(df, len ~ dose)
ggboxplot(df, x = "dose", y = "len")+
  stat_pvalue_manual(
    stat.test,label = "Tukey HSD  p.adj = {c(0.003,0.002,0.001)}",
y.position = c(29, 35, 39),lab.size=0.32)
```

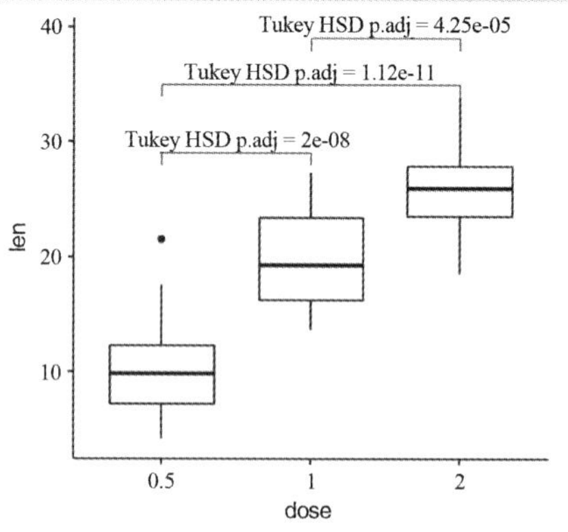

图 6-38 单因素方差分析

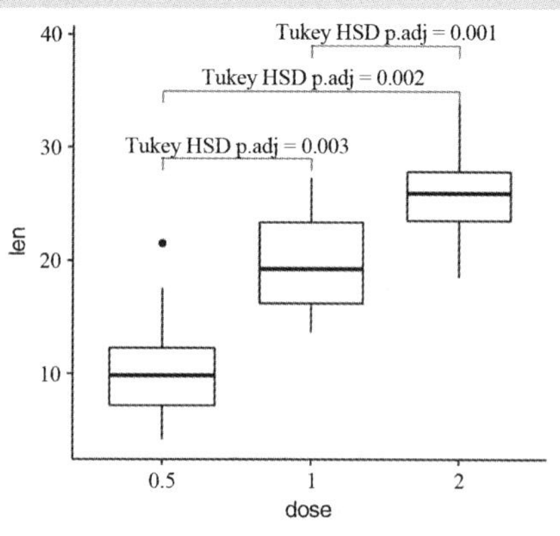

图 6-39 单因素方差分析(手动输入 p 值)

```
# 对照组(图 6-40)
stat.test <- df %>% t_test(len ~ dose, ref.group = "0.5")
stat.test
stat.test <- stat.test %>% add_xy_position(x = "dose")
bxp <- ggboxplot(df, x = "dose", y = "len", fill = "dose",
  palette = c("#00AFBB", "#E7B800", "#FC4E07"))
bxp + stat_pvalue_manual(stat.test, label = "p.adj.signif", tip.length = 0.01)
```

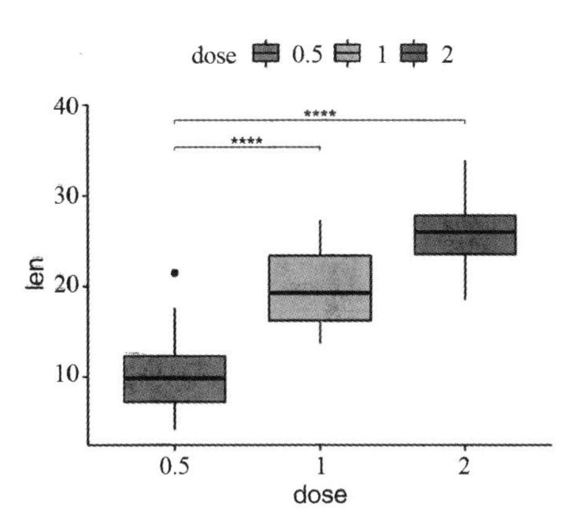

图 6-40 单因素方差分析(对照组)

```
library(tidyverse)
library(ggpubr)
library(rstatix)
res.anova <- PlantGrowth %>% anova_test(weight ~ group)
res.anova
res1<- PlantGrowth %>%
  tukey_hsd(weight ~ group, p.adjust.method = "bonferroni")
res1
res1 <- res1 %>% add_xy_position(x = "group")
ggboxplot(PlantGrowth, x = "group", y = "weight") +
  stat_pvalue_manual(res1,step.increase = 0.05) +
  labs(
    subtitle = get_test_label(res.anova, detailed = TRUE),
    caption = get_pwc_label(res1)) # 图 6-41
```

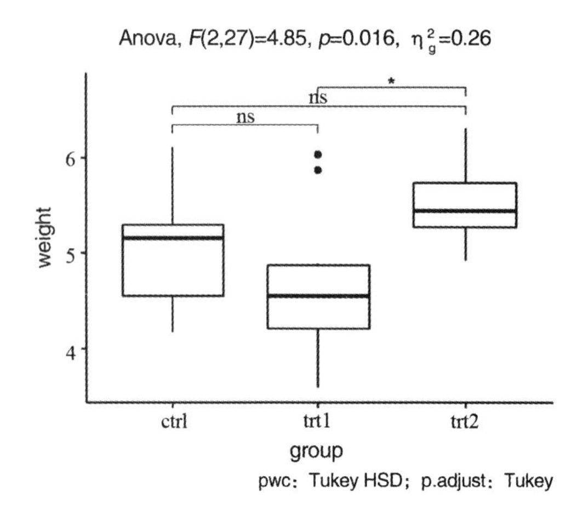

图 6–41 单因素方差分析(箱线图)

```
library(tidyverse)
library(ggpubr)
library(rstatix)
res.anova <- PlantGrowth %>% anova_test(weight ~ group)
res.anova
res1<- PlantGrowth %>%
  tukey_hsd(weight ~ group, p.adjust.method = "bonferroni")
res1
res1 <- res1 %>% add_xy_position(x = "group")
ggboxplot(PlantGrowth, x = "group", y = "weight") +
  stat_pvalue_manual(res1,step.increase = 0.05,tip.length = 0) +
  labs(
    subtitle = get_test_label(res.anova, detailed = TRUE),
    caption = get_pwc_label(res1)) #图 6-42
```

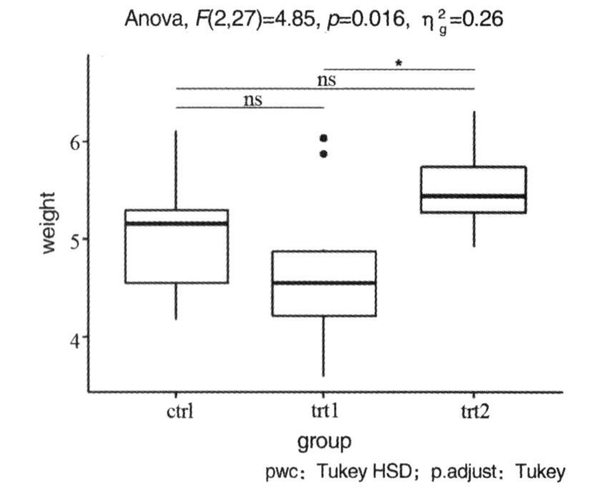

图 6–42 单因素方差分析(箱线图)

(七)Kruskal–Wallis test

```
df <- ToothGrowth
df$dose <- as.factor(df$dose)
stat.test<-dunn_test(df, len ~ dose)
# dunn_test(): compute multiple pairwise comparisons following
Kruskal-Wallis test.
ggboxplot(df, x = "dose", y = "len")+
  stat_pvalue_manual(stat.test,label = "dunn_test  p.adj = {round(p.adj,4)}",
y.position = c(29, 35, 39), lab.size=0.32) #图 6-43
```

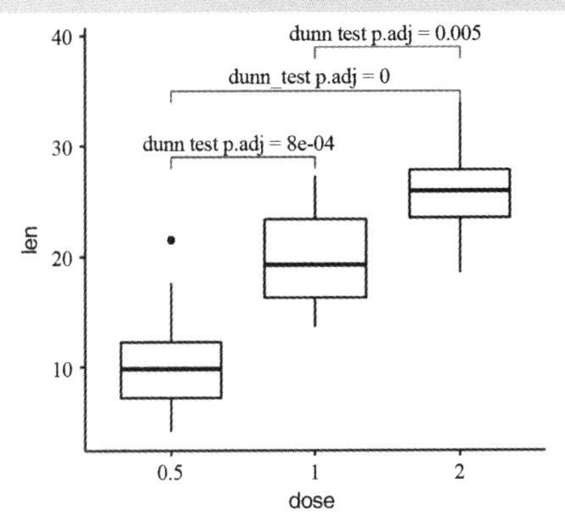

图 6–43　Kruskal–Wallis test

```
df <- ToothGrowth
df$dose <- as.factor(df$dose)
# Tukey HSD from data frame and formula
stat.test<-dunn_test(df, len ~ dose)
ggboxplot(df, x = "dose", y = "len")+
  stat_pvalue_manual(
    stat.test,label = "dunn_test  {p.adj.signif}",
    y.position = c(29, 35, 39)) #图 6-44
```

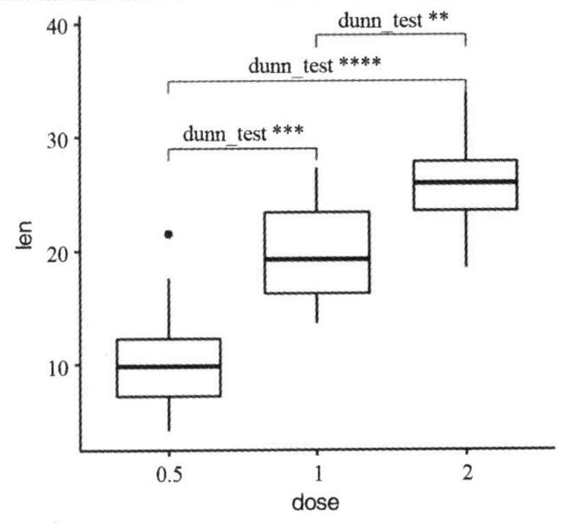

图 6–44　Kruskal–Wallis test(箱线圈)

```
library(tidyverse)
library(ggpubr)
library(rstatix)
res.kruskal <- PlantGrowth %>% kruskal_test(weight ~ group)
res.kruskal
res1<- PlantGrowth %>%
  dunn_test(weight ~ group, p.adjust.method = "bonferroni")
res1
res1 <- res1 %>% add_xy_position(x = "group")
ggboxplot(PlantGrowth, x = "group", y = "weight") +
  stat_pvalue_manual(res1,step.increase = 0.05) +
  labs(
    subtitle = get_test_label(res.kruskal, detailed = TRUE),
    caption = get_pwc_label(res1)) # 图 6-45
```

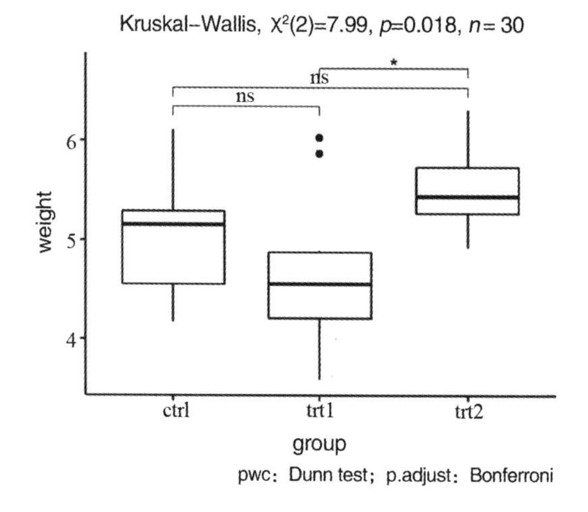

图 6–45　Kruskal–Wallis test

```
library(foreign)
DEMO_J<-read.xport("D:\\DEMO_J.XPT")
BMX_J<-read.xport("D:\\BMX_J.XPT")
attach(DEMO_J)
# 提取列子集
DEMO_JNEW<-DEMO_J[c("SEQN","RIAGENDR","RIDAGEYR","RIDAGEMN","RIDRETH1")]
attach(BMX_J)
BMX_JNEW<-BMX_J[c("SEQN","BMXWT","BMXRECUM","BMXHT")]
# 合并数据框
DB<-merge(DEMO_JNEW,BMX_JNEW )
```

```
# 提取子集
DB2<-subset(DB,RIDAGEYR==3&RIDRETH1<3,select=c(2,3,5,6,8))
# 生成新数据框 DB3,将数值变量 RIAGENDR 和 RIDRETH1 设置成分类变量,并为分类变量每个类别添加标签
DB3<- within(DB2, {
   RIAGENDR <- factor(RIAGENDR, labels = c("Male", "Fmale"))
   RIDRETH1 <- factor(RIDRETH1, labels = c("Mexican American",
"Other Hispanic", "Non-Hispanic White"))
})
attach(DB3)
boxplot(BMXHT~RIDRETH1,varwidth=TRUE) # 图 6-46
```

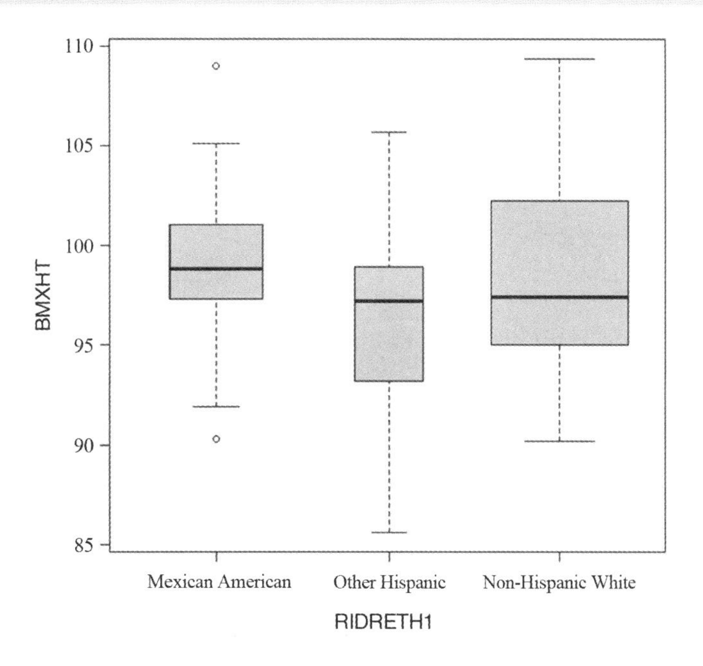

图 6–46 箱线图(按民族分组)

```
library(epade)
box.plot.ade(BMXHT,RIDRETH1,RIAGENDR,vnames=list(c("Mexican","Other",
"Non-Hispani"),c("Male", "Fmale")),wall=0,count='N: ?', means=TRUE)
# 图 6-47
```

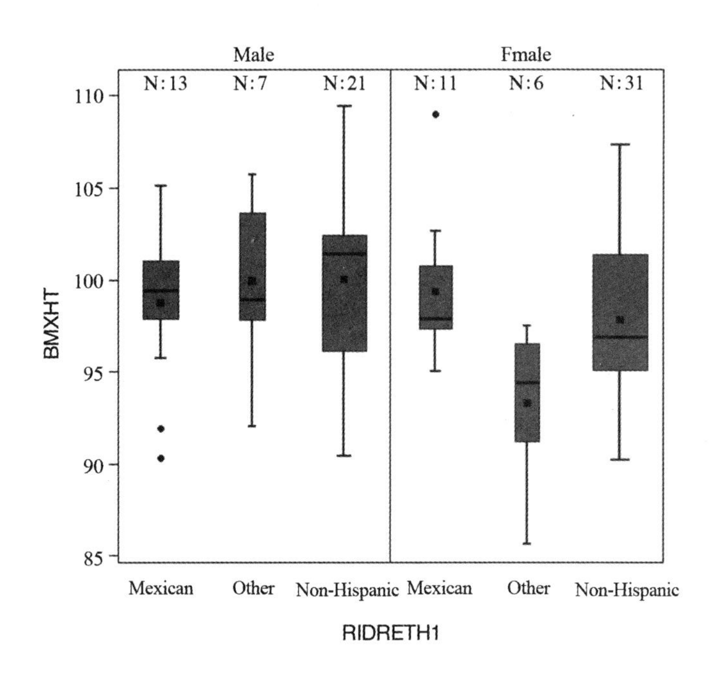

图 6–47 箱线图(按民族分组)

```
box.plot.ade(BMXHT,RIDRETH1,wall=0,count='N: ?', means=TRUE) #图 6-48
```

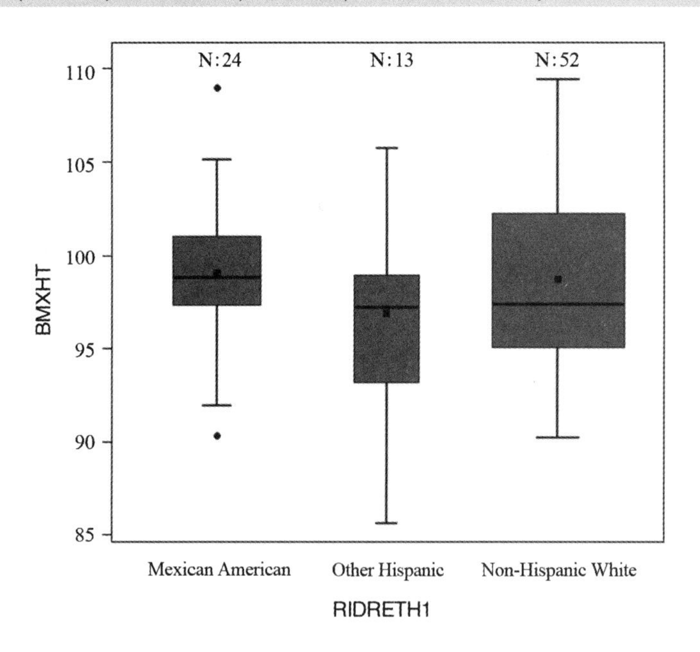

图 6–48 箱线图(按民族分组)

第七章　小提琴图

小提琴图是核密度图以镜像方式在箱线图上的叠加。如图 7-1 所示,白点是中位数,黑色盒型的范围是下四分位点到上四分位点,细黑线表示须,代表 95% 置信区间,外部形状即为核密度估计。

第一节　vioplot 包绘制小提琴图

一、绘图数据来源

数据来源为 NHANES(2017—2018),数据整理见第六章。

二、vioplot( )默认参数绘制小提琴图

```
attach(DB3)
library(vioplot)
vioplot(BMXHT ~ RIDRETH1) # 图 7-1
```

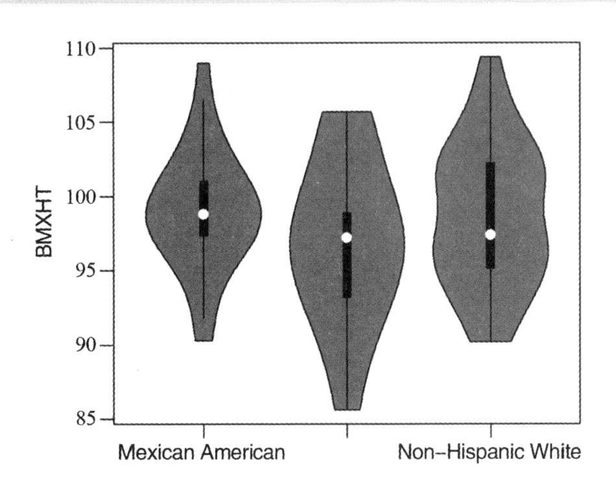

图 7–1　小提琴图

三、定制个性化的小提琴图

(一)vioplot()参数

(1)main 为小提琴图填加主题,例如:main = “BMXHT”。

(2)col 指定小提琴的填充颜色,可以是任意 R 支持的颜色,而且可以根据小提琴分组决定同种或不同种的填充颜色,例如:col = “lightblue”,或 col = c("lightgreen", "lightblue", "palevioletred")。

(3)border 设置小提琴边框的颜色,例如:border="royalblue"。

(4)lineCol 设置小提琴图的 boxplot 轮廓(包括盒须)颜色。

(5)rectCol 设置小提琴图的 boxplot 填充颜色, 举例:rectCol = lightblue,亮蓝色。

(6)colMed 设置中点的颜色,例如:colMed = “red”,中点设置为红色。

(7)pchMed 设置中点的形状,例如:pchMed = c(15, 17, 19),三个小提琴中点的形状分别为正方形、三角形和圆形。

(二)图例

legend ("topleft", legend=c ("Mexican American", "Other Hispanic", "Non-Hispanic White"), fill=c ("lightgreen", "lightblue", "palevioletred"), cex = 1) # 自定义图例的位置、内容和字体大小

(三)自定义填充颜色

```
vioplot(
  BMXHT ~ RIDRETH1,
  mgp = c(1.6, .5, 0),
  col = c("lightgreen", "lightblue", "palevioletred")
)
legend(
  "bottomleft",
  legend = c("Mexican American", "Other Hispanic", "Non-Hispanic 
White"),
  fill = c("lightgreen", "lightblue", "palevioletred"),
  cex = 0.7
) # 图 7-2
```

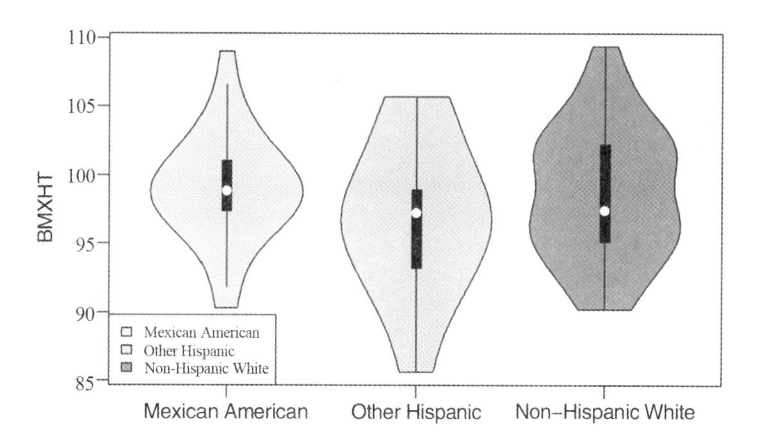

图 7-2 小提琴图(自定义填充色)

(四)调色板颜色填充

```
library(RColorBrewer)
palette <- RColorBrewer::brewer.pal(9, "Pastel1")
vioplot(BMXHT ~ RIDRETH1, mgp = c(1.6, .5, 0), col = palette)
legend(
  "bottomleft",
  legend = c("Mexican American", "Other Hispanic", "Non-Hispanic
White"),
  fill = palette,
  cex = 0.7
) # 图 7-3
```

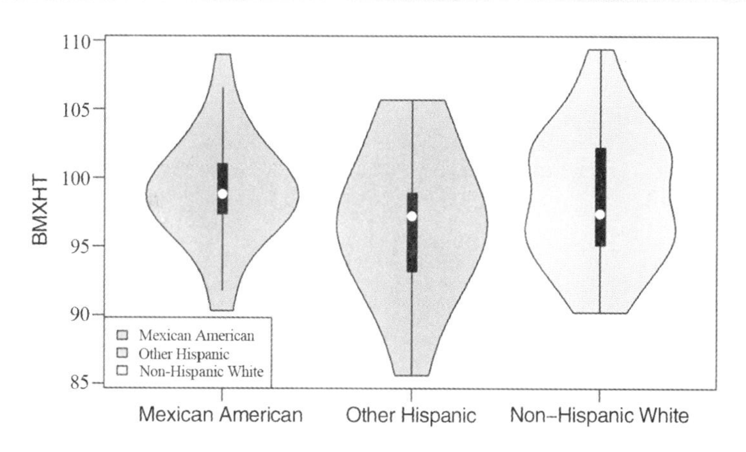

图 7-3 小提琴图(调色板填充色)

第二节 ggplot2 包绘制小提琴图

```
library(ggplot2)
ggplot(DB3, aes(RIDRETH1, BMXHT)) +
  geom_violin() +
  theme(axis.text.x = element_text(angle = 45, hjust = 1)) #图 7-4
```

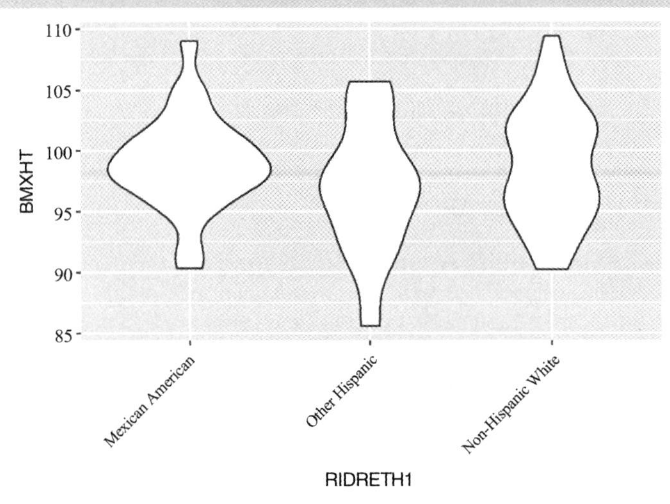

图 7–4 小提琴图

```
ggplot(DB3, aes(RIDRETH1, BMXHT)) +
  geom_violin() +
  theme(axis.text.x = element_text(angle = 45, hjust = 1)) +
  geom_jitter(height = 0, width = 0.1) #图 7-5
```

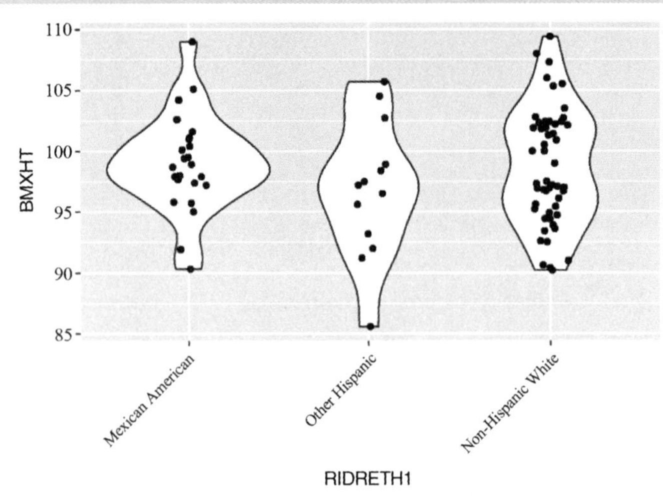

图 7–5 小提琴图(带数据点)

```
ggplot(DB3, aes(RIDRETH1, BMXHT)) +
  geom_violin(trim = FALSE) #图 7-6
```

图 7–6 小提琴图

```
ggplot(DB3, aes(RIDRETH1, BMXHT)) +
  geom_violin(adjust = .5) #图 7-7
```

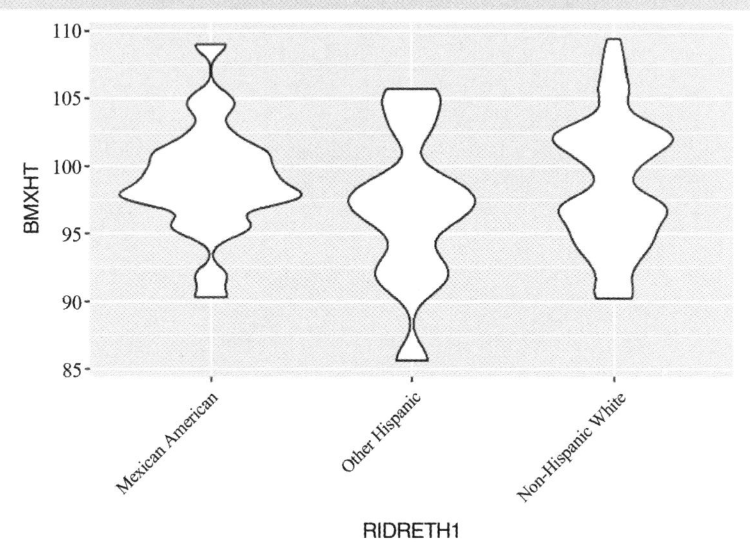

图 7–7 小提琴图

```
ggplot(DB3, aes(RIDRETH1, BMXHT)) +
  geom_violin(aes(fill = RIDRETH1)) #图 7-8
```

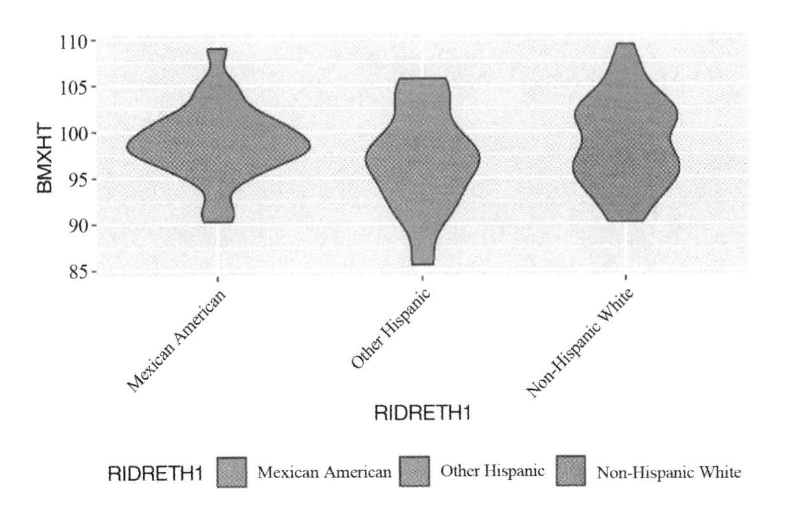

图 7-8 小提琴图

```
ggplot(DB3, aes(RIDRETH1, BMXHT)) +
  geom_violin(fill = "grey80", colour = "#3366FF") #图 7-9
```

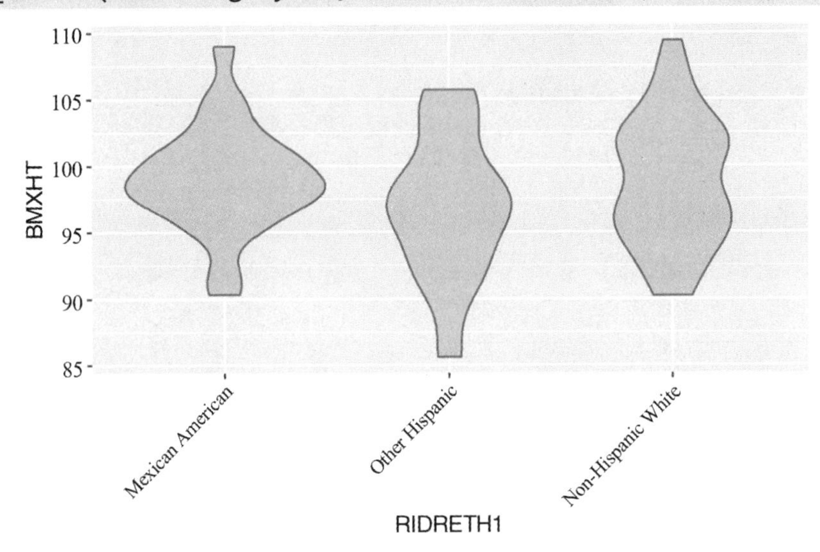

图 7-9 小提琴图

```
ggplot(DB3, aes(RIDRETH1, BMXHT)) +
  geom_violin(draw_quantiles = c(0.25, 0.5, 0.75)) #图 7-10
```

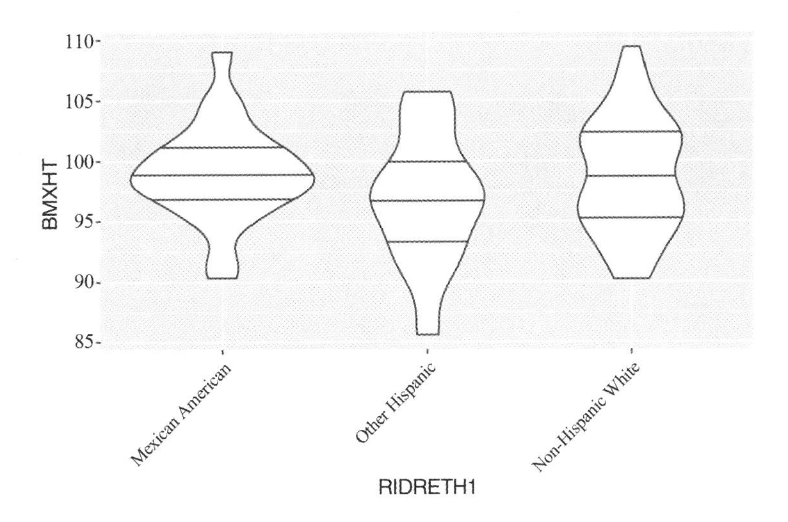

图 7-10 小提琴图(带百分位数线)

```
ggplot(DB3, aes(RIDRETH1, BMXHT)) +
  geom_violin(aes(fill = RIDRETH1)) +
  geom_boxplot(width = 0.2) +
  theme(legend.position = "bottom") +
  theme(axis.text.x = element_text(angle = 45, hjust = 1)) #图 7-11
```

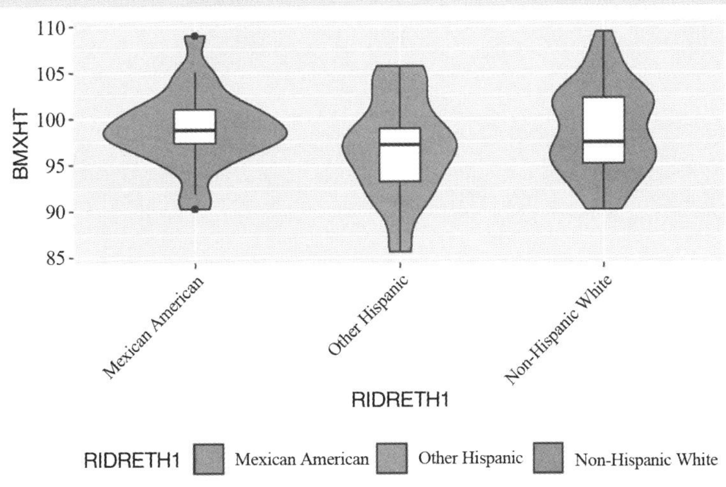

图 7-11 小提琴图(带箱线图)

```
ggplot(DB3, aes(RIDRETH1, BMXHT)) +
  geom_violin(aes(fill = RIDRETH1)) +
  geom_boxplot(width = 0.2) +
  theme(legend.position = "bottom") +
  theme(axis.text.x = element_text(angle = 45, hjust = 1)) #图 7-12
    #此代码放在 theme_bw()之后,否则图例位置按 theme_bw()
```

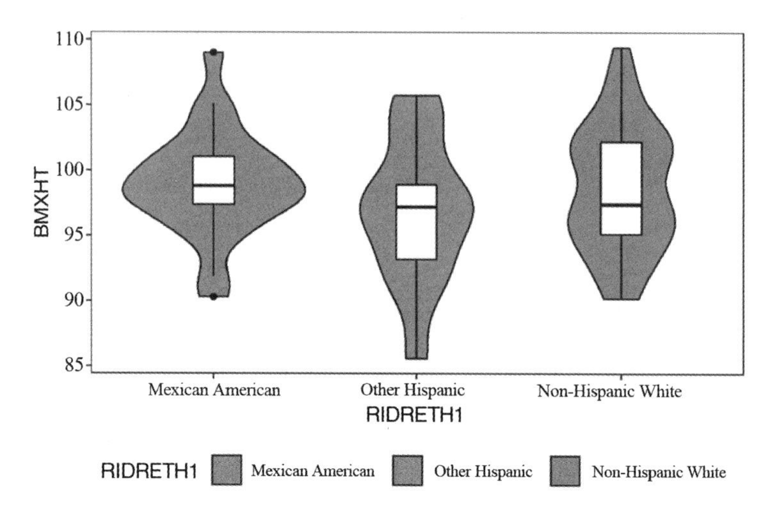

图 7–12 小提琴图(带箱线图)

第八章 条形图

条形图使用宽度相同的矩形条柱代表不同类别的变量，条柱的长短表示不同类别变量相应的数值大小。纵向条形图的条柱是垂直方向的,横向条形图的条柱是水平方向的。

柱状图适合对分类数据进行比较。

第一节 频数条形图

纵向频数条形图的 x 轴显示的是分类变量，y 轴显示的是分类变量每一个因子水平的计数。

一、数据来源

数据来源为 NHANES(2017—2018)。

```
library(foreign)
DEMO_J <- read.xport("D:\\DEMO_J.XPT")# 读入数据文档 DEMO_J.XPT
BMX_J <- read.xport("D:\\BMX_J.XPT")# 读入数据文档 BMX_J.XPT
attach(DEMO_J)# 加载读入的数据文档
# 提取数据集 DEMO_J 的列子集
DEMO_JNEW <- DEMO_J[c("SEQN", "RIAGENDR", "RIDAGEYR", "RIDRETH1")]
attach(BMX_J) # 加载读入的数据文档
# 提取数据集 BMX_J 的列子集
BMX_JNEW <- BMX_J[c("SEQN", "BMXWT", "BMXHT")]
DB <- merge(DEMO_JNEW, BMX_JNEW) # 合并数据框
DB2 <- subset(DB, RIDAGEYR == 3) # 提取 3 岁儿童的部分数据子集
```

二、一个分类变量频数条形图

(一)原始数据绘制基本条形图

```
library(ggplot2)
ggplot(DB2, aes(RIDRETH1)) +
  geom_bar() #图 8-1
```

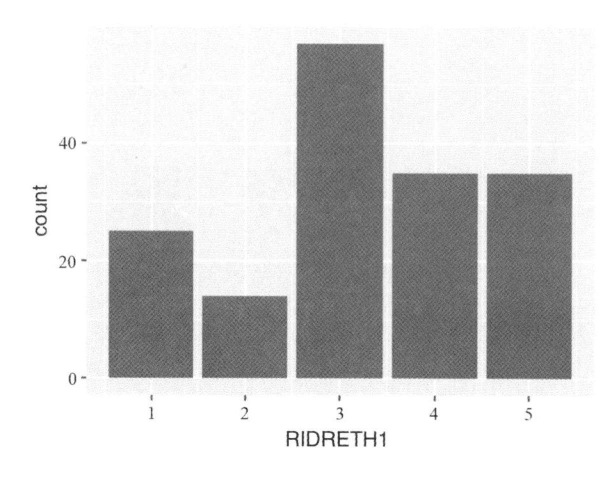

图 8–1 条形图

(二)定制绘图

1. 条柱宽度设置

条柱宽度默认值为 0.9;该值越大,条柱越宽;该值越小,条柱越窄。设置条柱宽度的参数 width 在 geom_bar()函数中应用。例:geom_bar(width=0.5)。

```
ggplot(DB2, aes(RIDRETH1)) +
  geom_bar() # 图 8-2(左)
ggplot(DB2, aes(RIDRETH1)) +
  geom_bar(width = 0.5) # 图 8-2(右)
```

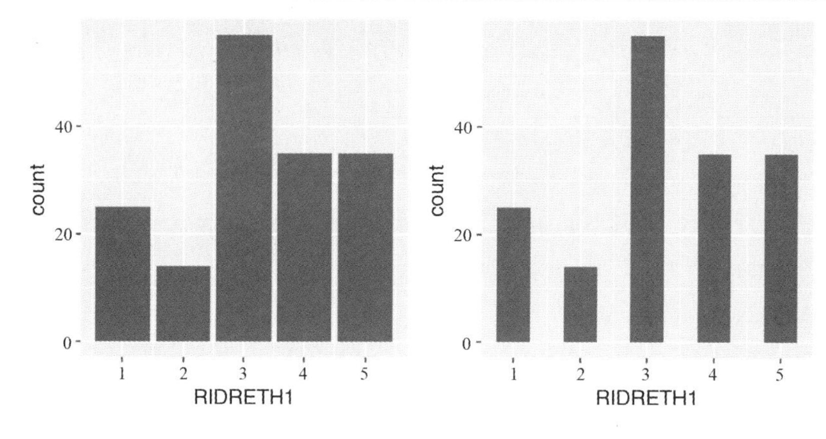

图 8–2 条形图(左图默认宽度,右图宽度“width=0.5”)

2. 条柱颜色

(1)条柱边框颜色(图 8-3)

设置条柱边框颜色的参数 colour 在 geom_bar()函数中应用。

例如:geom_bar(colour = "red"),引号内为要设置的条柱边框颜色名称。

```
ggplot(DB2, aes(RIDRETH1)) +
  geom_bar(colour = "red")
```

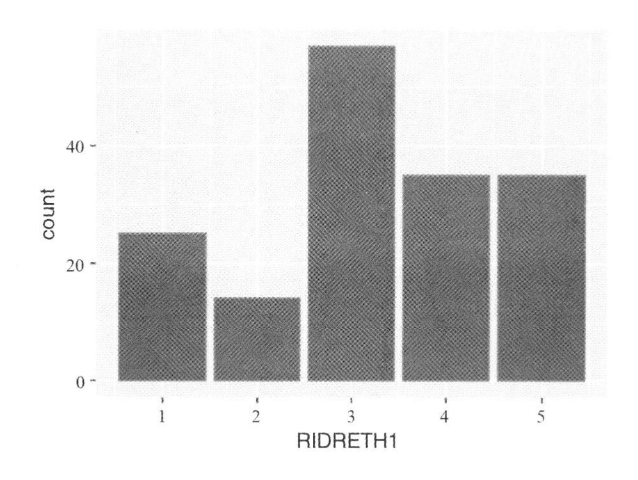

图 8–3 条形图(设置条柱边框颜色)

(2)条柱颜色(图 8-4)

设置条柱颜色的参数 fill 在 geom_bar () 函数中应用。例如:geom_bar(fill="steelblue"),引号内为要设置的条柱颜色名称。

```
ggplot(DB2, aes(RIDRETH1)) +
  geom_bar(fill = "steelblue")
```

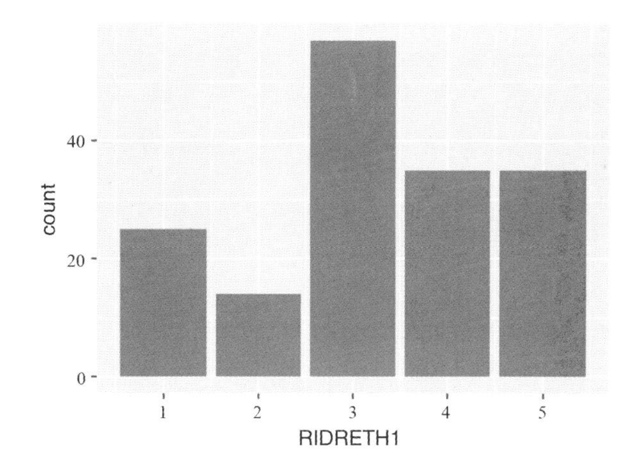

图 8–4 条形图(设置条柱颜色)

(3)同时设置条柱边框和条柱颜色(图 8-5)

参数 colour 和 fill 并用,可以同时设置条柱颜色和边框颜色。

```
ggplot(DB2, aes(RIDRETH1)) +
  geom_bar(fill = "white", colour = "steelblue")
```

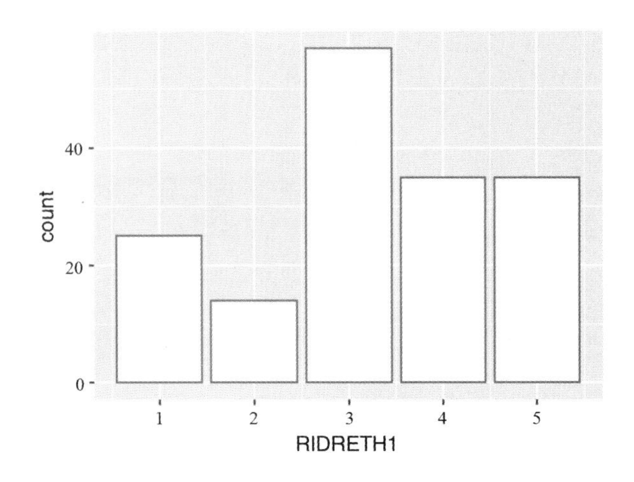

图 8–5 条形图(设置条柱及其边框颜色)

(4)设置分类变量每一个类别的颜色(以条柱颜色为例,条柱边框颜色用参数 color)

①默认调色方案(图 8-6)

设置分类变量每一个类别的颜色,首先要将该变量定义为分类变量。

DB2$RIDRETH1<-factor(DB2$RIDRETH1)# 将 RIDRETH1 定义为分类变量

参数 aes(fill= RIDRETH1)将分类变量 RIDRETH1 每个类别对应的条柱用不同颜色填充。

```
DB2$RIDRETH1 <- factor(DB2$RIDRETH1)
ggplot(DB2, aes(RIDRETH1)) +
  geom_bar(aes(fill = RIDRETH1))
```

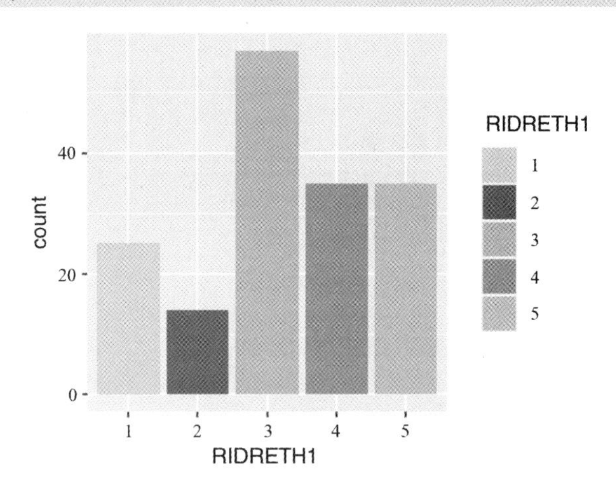

图 8–6 条形图(默认调色方案)

②指定填充颜色(图 8-7)

指定颜色种类的数量要和分类变量因子水平个数相等。

```
DB2$RIDRETH1 <- factor(DB2$RIDRETH1)
ggplot(DB2, aes(RIDRETH1)) +
```

```
  geom_bar(aes(fill = RIDRETH1)) +
  scale_fill_manual(values = c(
    "#1F77B4FF",
    "#008B45FF",
    "#AD002AFF",
    "#008280FF",
    "#1B1919FF"
  ))
```

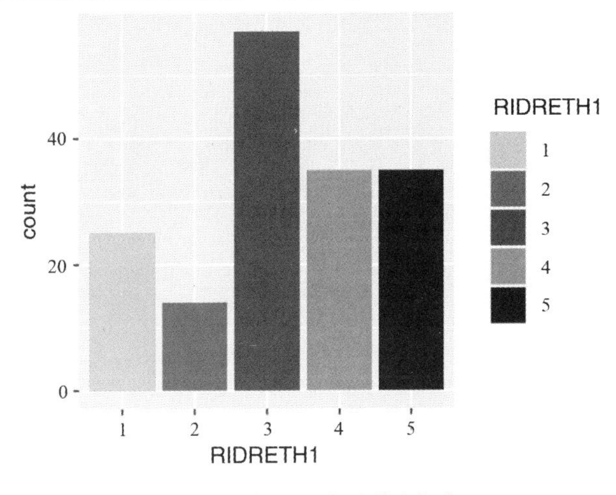

图 8–7　条形图(指定填充颜色)

③调色板(图 8-8)

```
DB2$RIDRETH1 <- factor(DB2$RIDRETH1)
ggplot(DB2, aes(RIDRETH1)) +
  geom_bar(aes(fill = RIDRETH1)) +
  scale_fill_brewer(palette = "Set1")
```

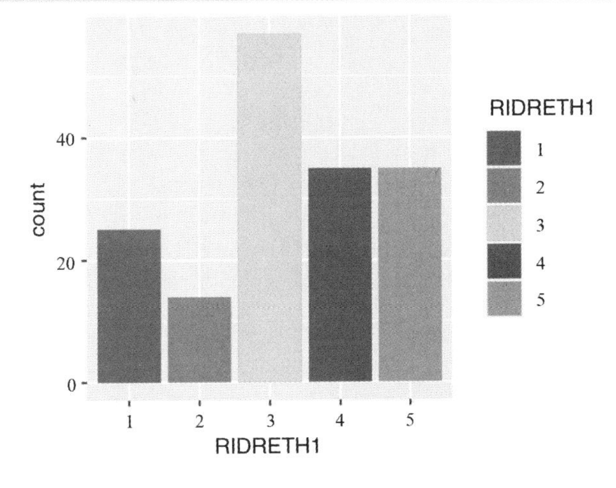

图 8–8　条形图(使用调色板)

④ggsci 包

```
DB2$RIDRETH1 <- factor(DB2$RIDRETH1)
library(ggsci)#加载 ggsci 包
ggplot(DB2, aes(RIDRETH1)) +
  geom_bar(aes(fill = RIDRETH1)) +
  scale_fill_aaas()#Science 杂志配色方案
```

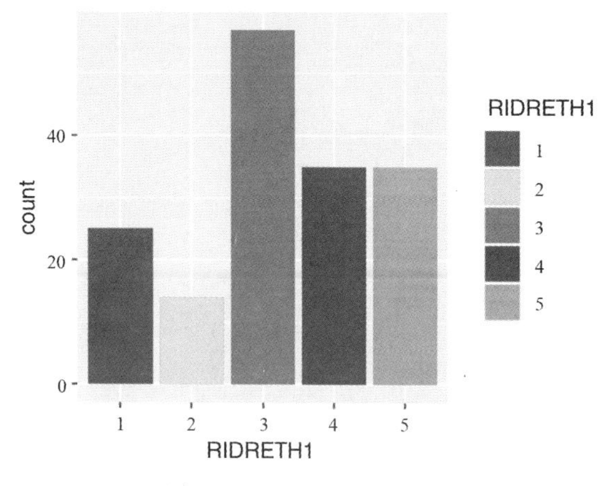

图 8-9 条形图(*Science* 配色方案)

⑤绘图主题(华尔街日报配色方案,图 8-10)

```
DB2$RIDRETH1 <- factor(DB2$RIDRETH1)
library(ggthemes)# 加载主题包
ggplot(DB2, aes(RIDRETH1)) +
  geom_bar(aes(fill = RIDRETH1)) +
  scale_fill_wsj()
```

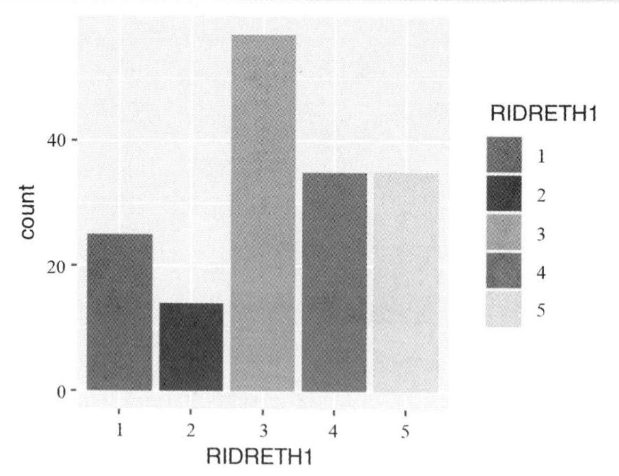

图 8-10 条形图(华尔街日报配色方案)

3. 水平条形图

绘制水平条形图有两种方式,其效果等同。

(1)将分类变量RIDRETH1映射到y轴(图8-11)

```
ggplot(DB2, aes(y = RIDRETH1)) +
  geom_bar()
```

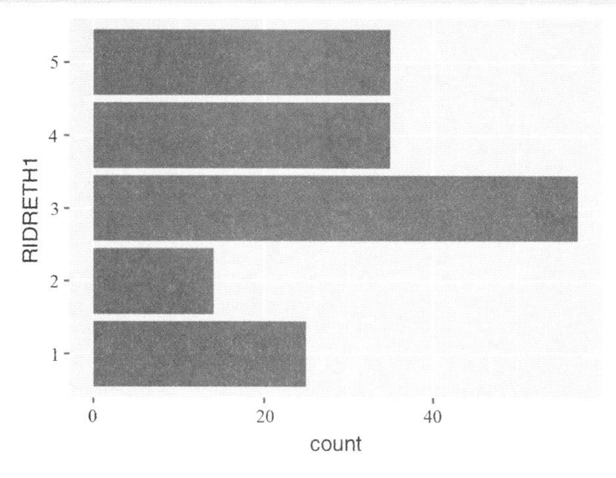

图8–11　水平条形图

(2)使用coord_flip()函数(图8-12)

```
ggplot(DB2, aes(RIDRETH1)) +
  geom_bar() +
  coord_flip()
```

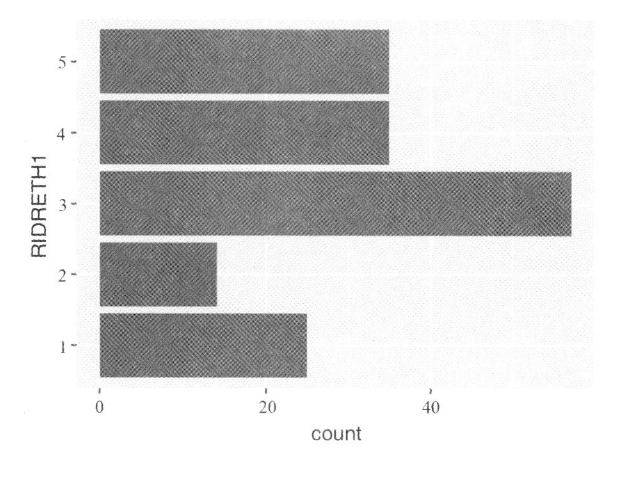

图8–12　水平条形图

4. 更改坐标轴标签

更改坐标轴标签,需添加函数labs(x =“X轴标签名称”,y =“Y轴标签名称”)。

```
ggplot(DB2, aes(RIDRETH1)) +
  geom_bar() +
  labs(x = " 种族 ", y = " 频数 ")
```

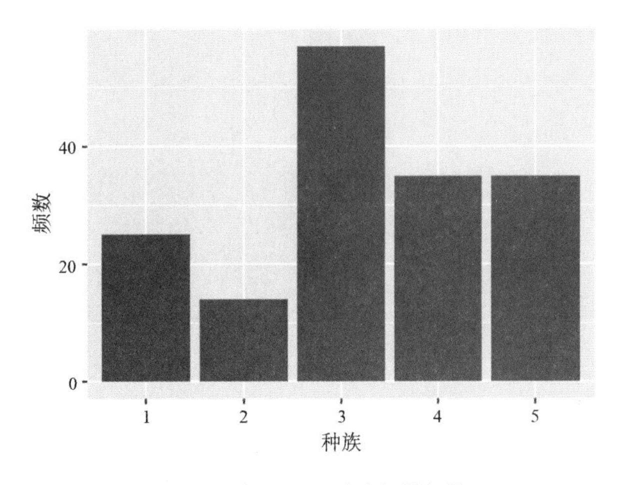

图 8-13 条形图(更改坐标轴标签)

5. 刻度标签

生成新数据框 DB3,将数据集 DB2 中的数值变量 RIAGENDR 和 RIDRETH1 设置成分类变量,并为每个类别添加标签。

```
DB3 <- within(DB2, {
  RIAGENDR <- factor(RIAGENDR, labels = c("Male", "Fmale"))
  RIDRETH1 <-
    factor(
      RIDRETH1,
      labels = c(
        "Mexican American",
        "Other Hispanic",
        "Non-Hispanic White",
        "Non-Hispanic Black",
        "Other Race"
      )
    )
})
ggplot(DB3, aes(RIDRETH1)) +
  geom_bar() #图 8-14
```

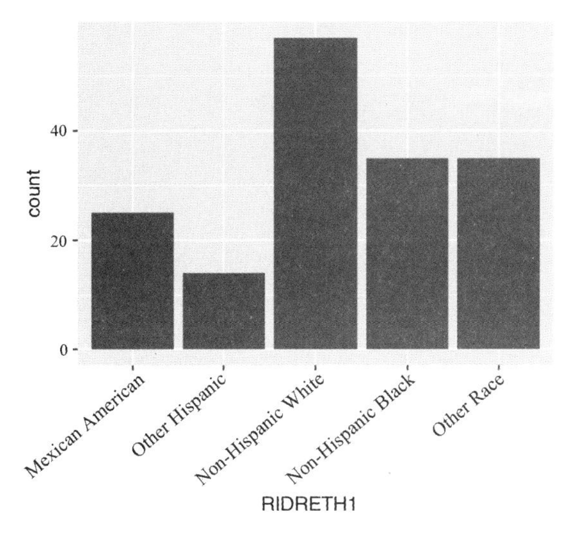

图 8–14　条形图

x 轴刻度标签重叠严重,解决刻度标签重叠的办法有三种。

(1)刻度标签倾斜(图 8-15)

```
ggplot(DB3, aes(RIDRETH1)) +
  geom_bar() +
  theme(
    axis.text.x = element_text(
      family = "Songti SC",
      angle = 45,
      hjust = 1,
      color = "blue",
      size = 12,
      face = "bold"
    )
  )
# x 轴刻度标签倾斜 45 度,蓝色粗体 12 号字
```

图 8–15　条形图(刻度标签倾斜)

angle表示旋转角度,hjust代表对齐方式,0:左对齐,0.5居中对齐,1:右对齐。

(2)刻度标签分行(图8-16)

```
ggplot(DB3, aes(RIDRETH1)) +
  geom_bar() +
  scale_x_discrete(
    breaks = c(
      "Mexican American",
      "Other Hispanic",
      "Non-Hispanic White",
      "Non-Hispanic Black",
      "Other Race"
    ),
    labels = c(
      "Mexican\nAmerican",
      "Other\nHispanic",
      "Non-Hispanic\nWhite",
      "Non-Hispanic\nBlack",
      "Other \n Race"
    )
  )
```

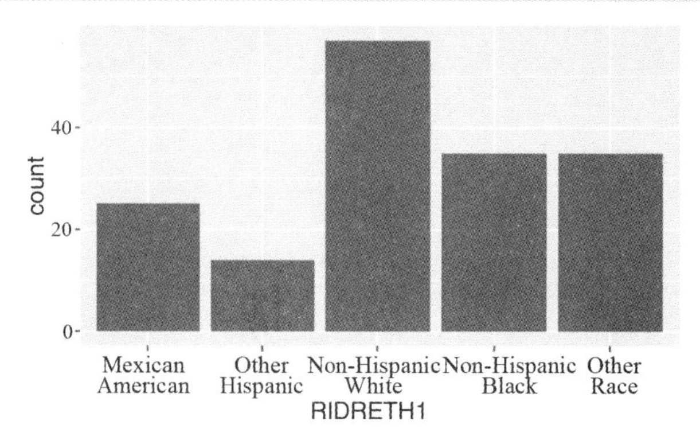

图8-16 条形图(刻度标签分行)

(3)绘制水平条形图(图8-17)

```
ggplot(DB3, aes(y = RIDRETH1)) +
  geom_bar()
```

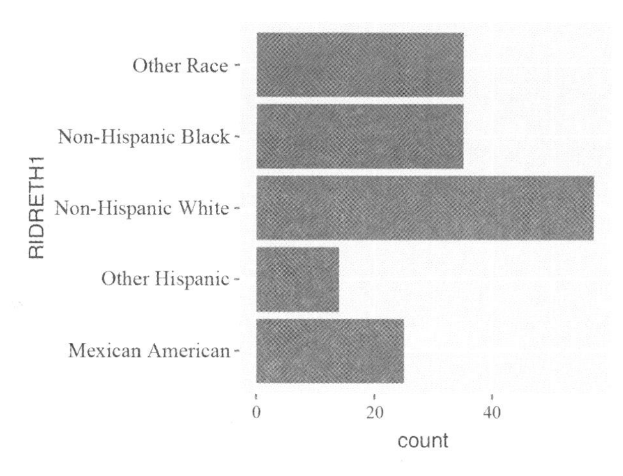

图 8-17 水平条形图

5. 添加条柱标签

geom_text()的参数 size 指定数据标签大小，vjust 指定数据标签的位置。vjust 值越大，数据标签越往下，vjust 值越小，数据标签越往上。

```
ggplot(DB2, aes(RIDRETH1)) +
  geom_bar() +
  geom_text(stat = "count", aes(label = ..count..), vjust = -0.25)
# 图 8-18(左),默认 y 轴取值范围
ggplot(DB2, aes(RIDRETH1)) +
  geom_bar() +
  geom_text(stat = "count", aes(label = ..count..), vjust = -0.25) +
ylim(0, 65)
# 图 8-18(右),扩大 y 轴取值范围
```

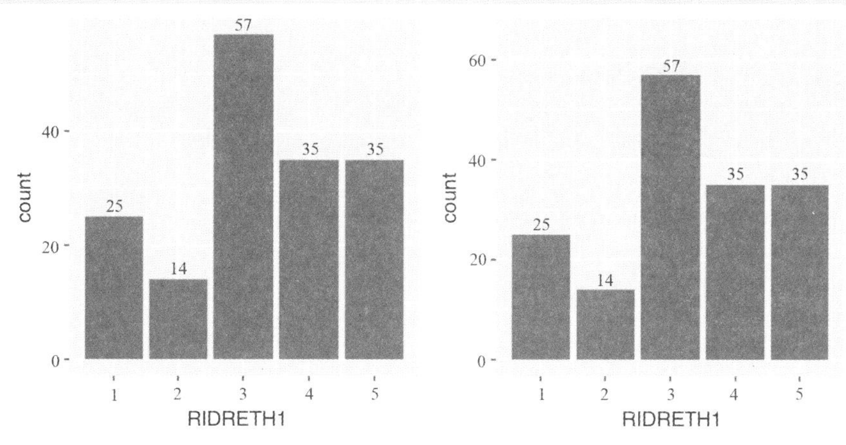

图 8-18 条形图(自定义 y 轴取值范围)

6. 绘图主题

ggplot2 以 theme_grey()为默认主题，theme_bw()为白色背景主题，theme_classic

()为经典主题。

将绘图主题设为 theme_bw (), 去除网格线加代码 theme (panel.grid =element_blank())。

```
ggplot(DB2, aes(RIDRETH1)) +
  geom_bar() +
  theme_bw()
# 图 8-19(左),theme_bw()主题
ggplot(DB2, aes(RIDRETH1)) +
  geom_bar() +
  theme_bw() +
  theme(panel.grid = element_blank())
# 图 8-19(右),theme_bw()主题,无网格线
```

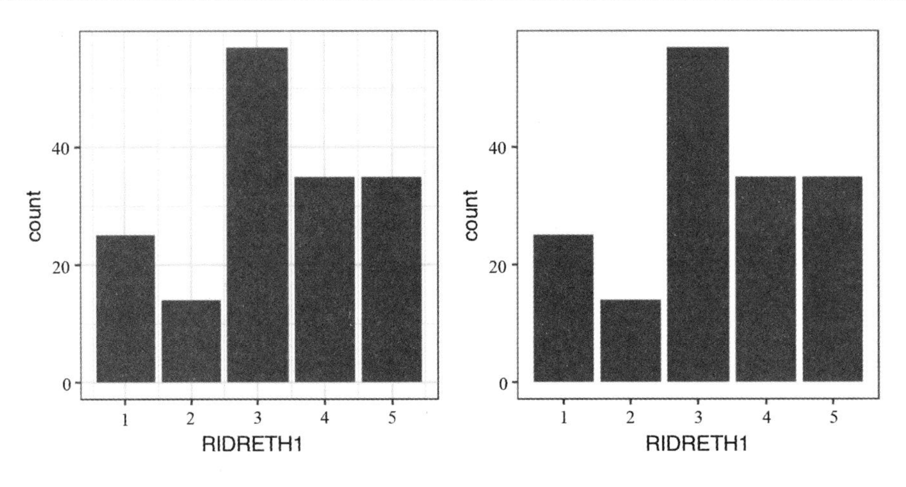

图 8–19 条形图(自定义绘图主题)

三、一个数值变量条形图

对数值变量 RIDAGEYR 进行指定组限分割:

cut(RIDAGEYR,breaks =seq(0,80,by=10))

效果等同于:breaks =c(0,10,20,30,40,50,60,70,80)

```
attach(DB)
counts <- table(cut(RIDAGEYR,
breaks = c(0, 10, 20, 30, 40, 50, 60, 70, 80)))
AGE <- cut(RIDAGEYR, breaks = c(0, 10, 20, 30, 40, 50, 60, 70, 80))
ggplot(DB, aes(AGE)) +
  geom_bar() +
  theme_bw()
```

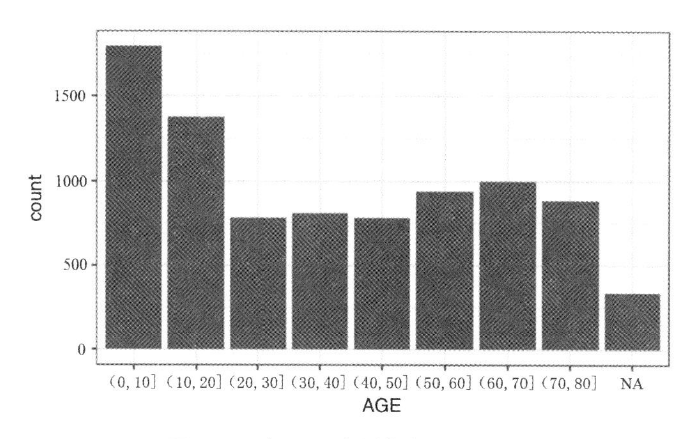

图 8-20　条形图(变量指定组限分割)

四、两个分类变量条形图

两个分类变量的条形图,在数据映射时只能映射到 x 轴一个分类变量,另一个分类变量映射到本图层的其他几何要素上,如条柱颜色。

1. 堆积条形图

两个分类变量条形图,默认的是堆积条形图。

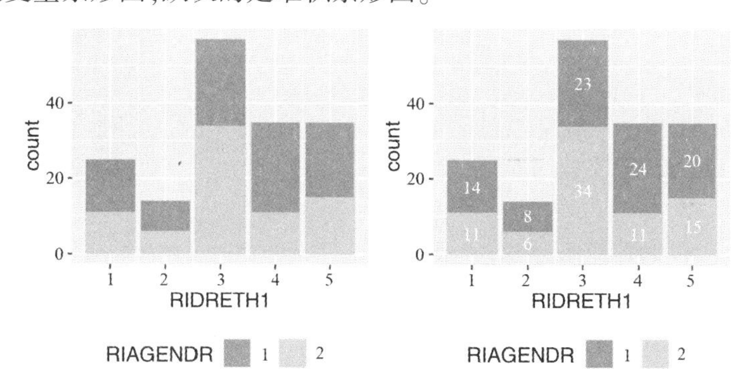

图 8-21　堆积条形图

```
DB2$RIAGENDR <- factor(DB2$RIAGENDR)# 定义变量 RIAGENDR 为分类变量
ggplot(DB2, aes(RIDRETH1, fill = RIAGENDR)) +
  geom_bar() +
  theme(legend.position = "bottom")
# 图 8-21(左)
ggplot(DB2, aes(RIDRETH1, fill = RIAGENDR)) +
  geom_bar() +
  theme(legend.position = "bottom") +
  geom_text(
    stat = 'count',
    aes(label = ..count..),
```

```
    color = "white",
    size = 3.5,

    position = position_stack(vjust = 0.5)
  )
# 图 8-21(右)
```

2. 百分比堆积条形图

绘制百分比堆积条形图,在 geom_bar()函数中添加参数 position = "fill"。

```
ggplot(DB2, aes(RIDRETH1, fill = RIAGENDR)) +
  geom_bar(position = "fill") +
  theme(legend.position = "bottom")
# 图 8-22(左)
library(dplyr)
percentData <- DB2 %>% group_by(RIDRETH1) %>%
count(RIAGENDR) %>% mutate(ratio = scales::percent(n /sum(n)))
ggplot(DB2, aes(RIDRETH1, fill = RIAGENDR)) +
  geom_bar(position = "fill") +
  geom_text(
    data = percentData,
    aes(y = n, label = ratio),
    position = position_fill(vjust = 0.5),
    size = 3.5
  ) +
  theme_bw() +
  theme(panel.grid = element_blank()) +
  theme(legend.position = "bottom") +
  scale_y_continuous(labels = scales::percent)
# 图 8-22(右)
```

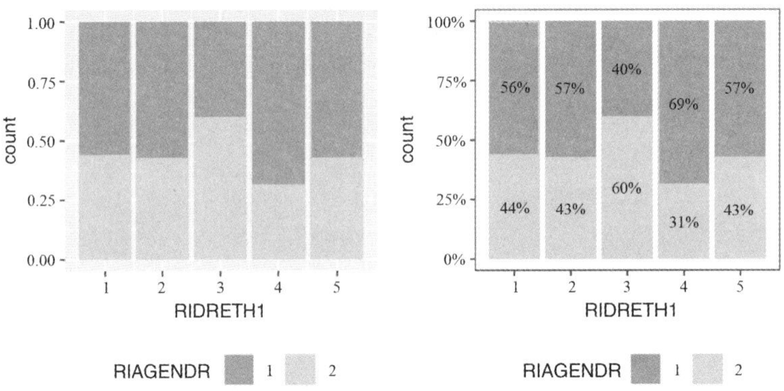

图 8–22 百分比堆积条形图

3. 簇状条形图

在 geom_bar () 函数中添加参数 position = "dodge"，并同时设置条形宽度。geom_text()函数的 position 参数,绘制簇状图必须通过该参数指定各标签的间距。否则一个簇的所有标签都会堆到同一横轴坐标上。

```
ggplot(DB2, aes(RIDRETH1, fill = RIAGENDR)) +
  geom_bar(position = "dodge", width = 0.6) +
  theme(legend.position = "bottom")
# 图 8-23(左)
ggplot(DB2, aes(RIDRETH1, fill = RIAGENDR)) +
  geom_bar(stat = "count",
           width = 0.5,
           position = 'dodge') +
  geom_text(
    stat = 'count',
    aes(label = ..count..),
    color = "black",
    size = 2.8,
    position = position_dodge(0.5),
    vjust = -0.5
  ) + theme(legend.position = "bottom")
# 图 8-23(右)
```

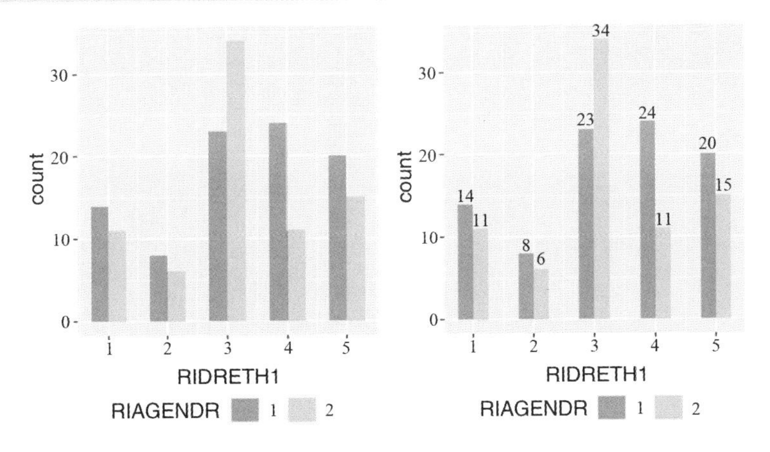

图 8–23　簇状条形图

```
ggplot(DB2, aes(RIDRETH1, fill = RIAGENDR)) +
  geom_bar(position = position_dodge2(preserve = "single")) +
  theme(legend.position = "bottom")
```

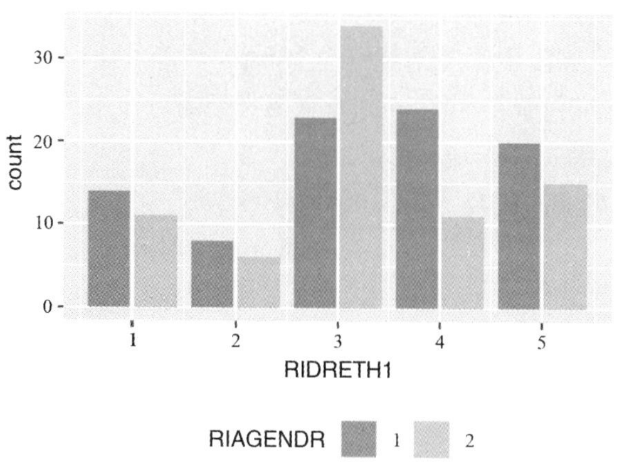

图 8–24 簇状条形图(按性别填充颜色)

五、主题

ggplot2 的一个扩展包 ggthemes,提供一些额外的主题、几何图形和标尺。加载该包,即可与 ggplot2 混合使用。

```
ggplot(DB3, aes(RIDRETH1, fill = RIAGENDR)) +
  scale_fill_wsj() +
  theme_classic() +
  geom_bar(position = "dodge", width = 0.6) +
  theme(axis.text.x = element_text(angle = 45, hjust = 1)) +
  theme(legend.position = "bottom")
```

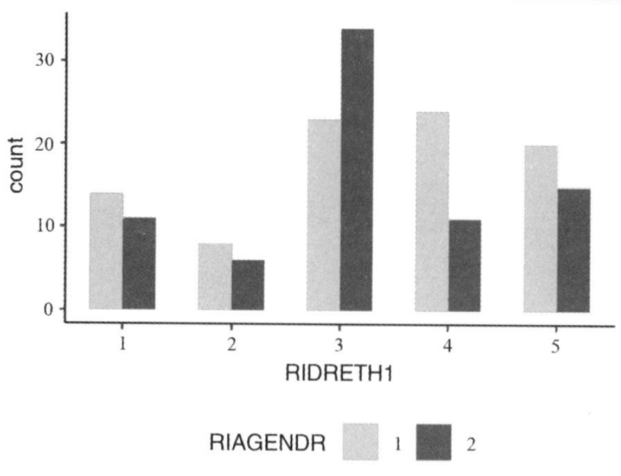

图 8–25 簇状条形图

```
ggplot(DB2, aes(RIDRETH1, fill = RIAGENDR)) +
  geom_bar(position = "dodge", width = 0.6) +
  scale_fill_wsj() +
  theme_wsj() # 华尔街日报风格主题(图 8-26)
```

设置背景色为灰色:theme_wsj(color="gray")

```
ggplot(DB2, aes(RIDRETH1, fill = RIAGENDR)) +
  geom_bar(position = "dodge", width = 0.6) +
  scale_fill_wsj() +
  theme_wsj(color = "gray")#(图 8-27)
```

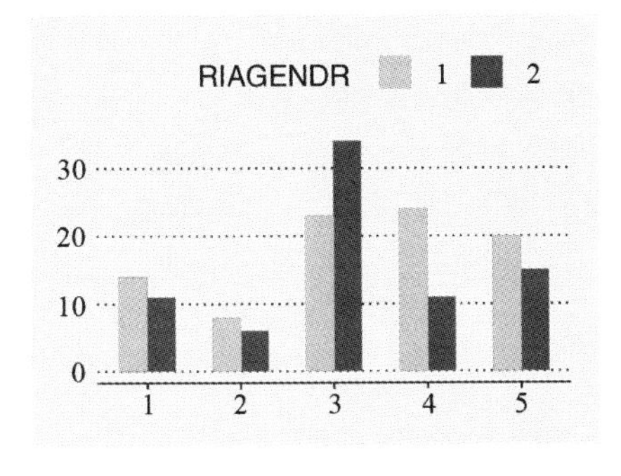

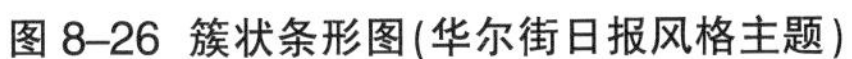
图 8-26 簇状条形图(华尔街日报风格主题)

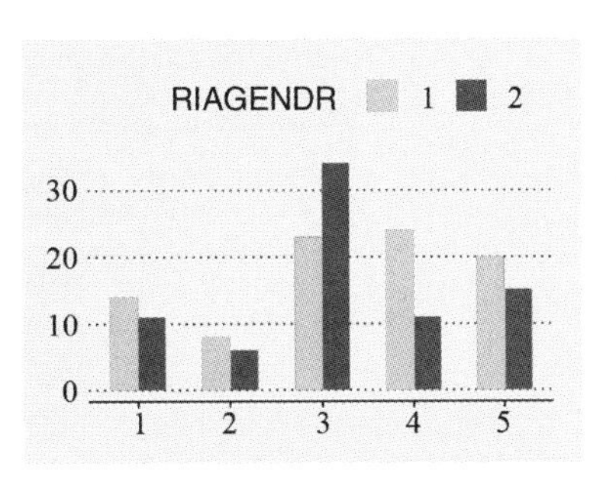

图 8-27 簇状条形图

第二节 变量值条形图

一、x 变量值和 y 变量值一一对应

纵向变量值条形图的 y 轴显示的是变量 y 的数值。绘制变量值条形图的数据要求 x 变量值和 y 变量值一一对应。

ggpubr 包绘制变量值条形图时,需要两个参数,变量 x 和变量 y。x 变量为 SEQN,y 变量为 BMXHT。

数据取子集:

```
set.seed(126)
DB5 <- DB3[sample(1:nrow(DB3), 26, replace = F), ]
# 从 DB3 数据框随机抽取 26 行记录。
DB5$SEQN <- rownames(DB5)# 添加受访者序号 SEQN。
DB6 <- DB5[which(DB5$RIAGENDR == "Male"), ]
# 从 DB5 抽取性别为“男”的记录。
DB7 <- na.omit(DB6[, c("SEQN", "RIDRETH1", "BMXHT")])
# 删除 DB6 数据框的缺失值。
```

```
DB7
```

```
##       SEQN           RIDRETH1 BMXHT
## 8282 8282 Non-Hispanic White 101.3
## 6244 6244         Other Race 104.9
## 3231 3231 Non-Hispanic White  90.4
## 1517 1517         Other Race  97.4
## 5636 5636   Mexican American  91.9
## 2606 2606 Non-Hispanic Black  96.9
## 2861 2861 Non-Hispanic Black 106.7
## 7163 7163   Mexican American 104.2
```

1. 基本条形图(图 8-28 左)

```
library(ggpubr)
ggbarplot(DB7, x = "SEQN", y = "BMXHT", fill = "steelblue") +
  theme_bw() +
  theme(panel.grid = element_blank()) +
  theme(axis.text.x = element_text(angle = 45, hjust = 1))
```

2. 设置条柱宽度(width = 0.5,图 8-28 右)

```
ggbarplot(
  DB7,
  x = "SEQN",
  y = "BMXHT",
  width = 0.5,
  fill = "steelblue"
) +
  theme_bw() +
  theme(panel.grid = element_blank()) +
  theme(axis.text.x = element_text(angle = 45, hjust = 1))
```

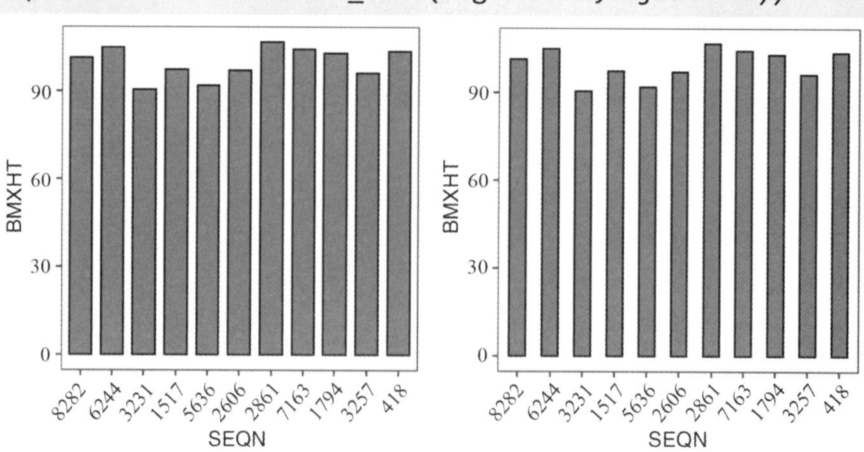

图 8-28 3 岁男童身高条形图

3. 水平条形图(图 8-29)

```
ggbarplot(
  DB7,
  x = "SEQN",
  y = "BMXHT",
  orientation = "horiz",
  fill = "steelblue"
) +
  theme_bw() +
  theme(panel.grid = element_blank())
```

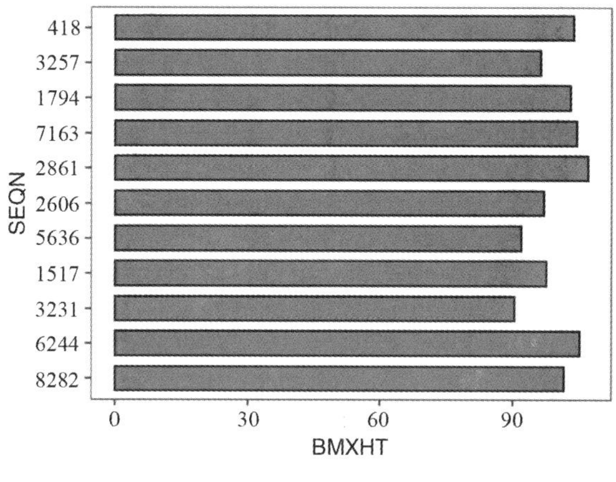

图 8-29 水平条形图

4. 添加变量值标签

lab.col = "black",标签颜色默认为黑色;lab.size = 4,默认标签字体大小;lab.pos = c("out", "in"),标签位置;lab.vjust = NULL,标签位置调整;lab.hjust = NULL,标签位置调整;lab.nb.digits = NULL,标签小数位数。

(1)条柱外部加标签(图 8-30)

```
ggbarplot(
  DB7,
  x = "SEQN",
  y = "BMXHT",
  fill = "steelblue",
  label = TRUE,
  label.pos = "out",
  lab.nb.digits = 2
) +
  theme_bw() +
  theme(panel.grid = element_blank())
```

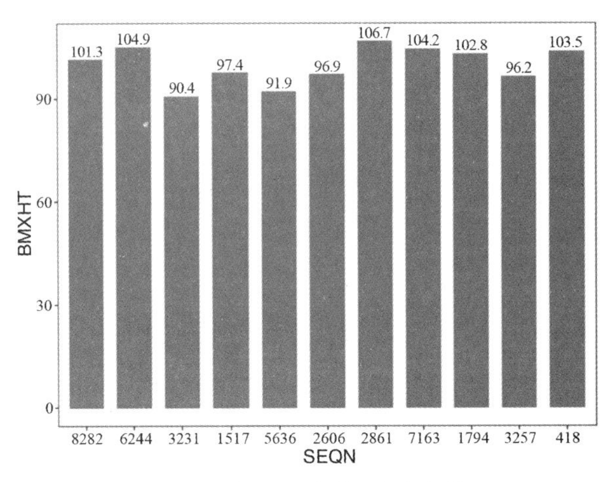

图 8-30 条形图(条柱外部加标签)

(2)条柱内部加标签(需要边框和填充颜色一致,图 8-31)

```
ggbarplot(
  DB7,
  x = "SEQN",
  y = "BMXHT",
  color = "steelblue",
  fill = "steelblue",
  label = TRUE,
  lab.pos = "in",
  lab.col = "white",
  lab.nb.digits = 2
) +
  theme_bw() +
  theme(panel.grid = element_blank())
```

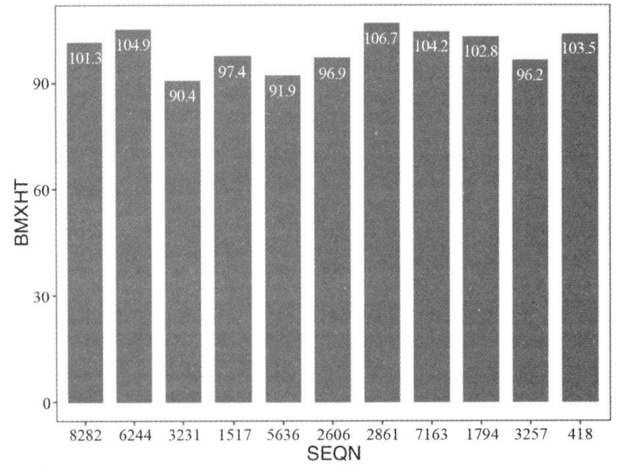

图 8-31 条形图(条柱内部加标签)

5．条柱边框颜色(条柱边框默认为黑色,图 8-32)

```
ggbarplot(DB7, x = "SEQN", y = "BMXHT", color = "steelblue") +
  theme_bw() +
  theme(panel.grid = element_blank()) +
  theme(axis.text.x = element_text(angle = 45, hjust = 1))
```

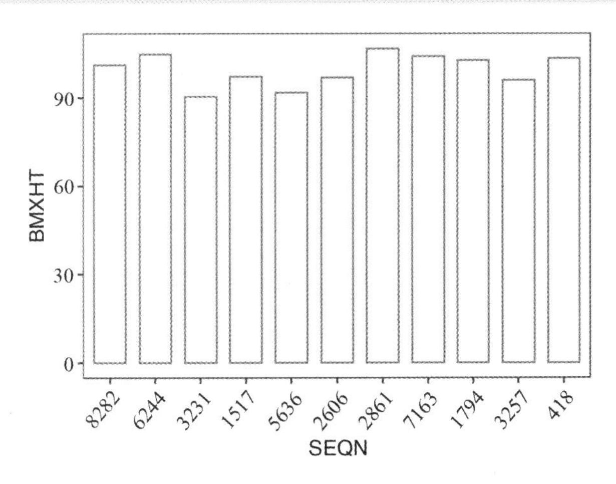

图 8–32　条形图(设置条柱边框颜色)

6．条柱填充颜色(图 8-33)

```
ggbarplot(DB7, x = "SEQN", y = "BMXHT", fill = "steelblue") +
  theme_bw() +
  theme(panel.grid = element_blank()) +
  theme(axis.text.x = element_text(angle = 45, hjust = 1))
```

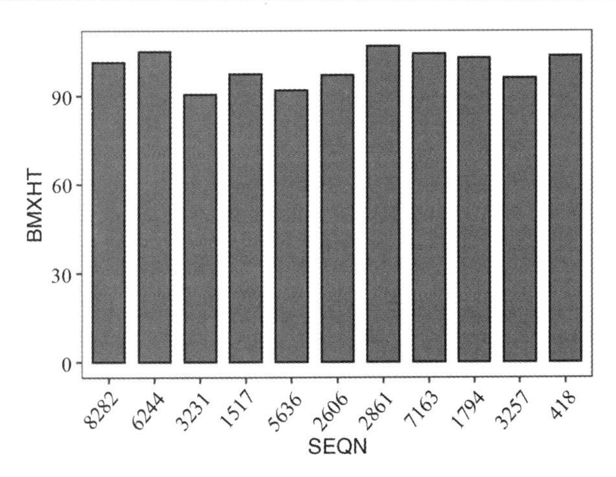

图 8–33　条形图(条柱填充颜色)

7．条柱边框颜色和填充颜色(图 8-34)

```
ggbarplot(
```

```
  DB7,
  x = "SEQN",
  y = "BMXHT",
  fill = "steelblue",
  color = "steelblue"
) +
  theme_bw() +
  theme(panel.grid = element_blank()) +
  theme(axis.text.x = element_text(angle = 45, hjust = 1))
```

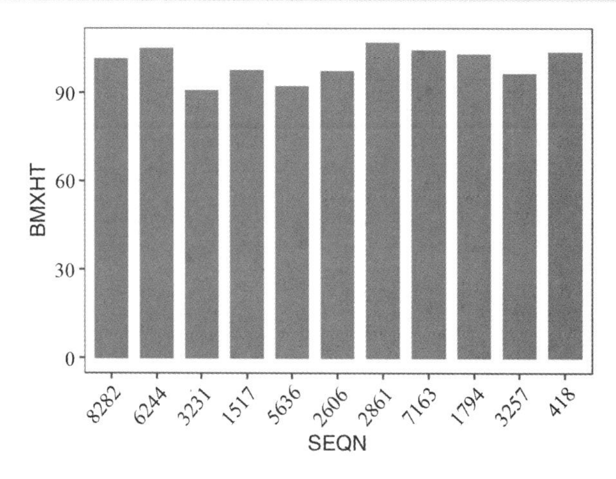

图 8-34 条形图(条柱边框颜色和填充颜色)

8. 排序条形图(图 8-35)

(1)降序排列(sort.val = "desc")

```
ggbarplot(
  DB7,
  x = "SEQN",
  y = "BMXHT",
  fill = "steelblue",
  sort.val = "desc"
) +
  theme_bw() +
  theme(panel.grid = element_blank()) +
  theme(axis.text.x = element_text(angle = 45, hjust = 1))
```

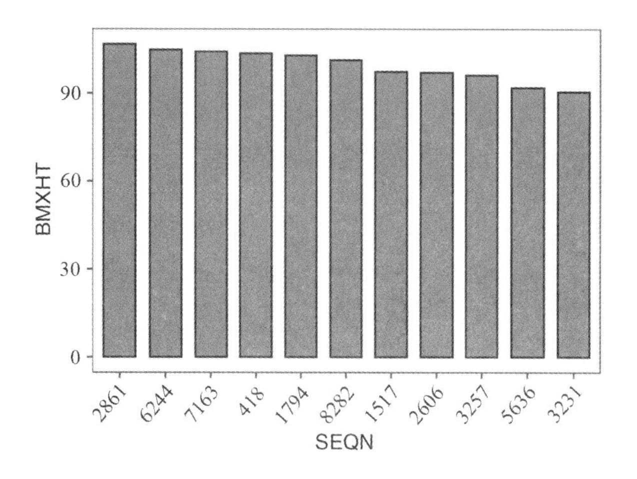

图 8-35　条形图(降序排列)

(2)升序排列(sort.val = "asc",图 8-36)

```
ggbarplot(
  DB7,
  x = "SEQN",
  y = "BMXHT",
  fill = "steelblue",
  sort.val = "asc"
) +
  theme_bw() +
  theme(panel.grid = element_blank()) +
  theme(axis.text.x = element_text(angle = 45, hjust = 1))
```

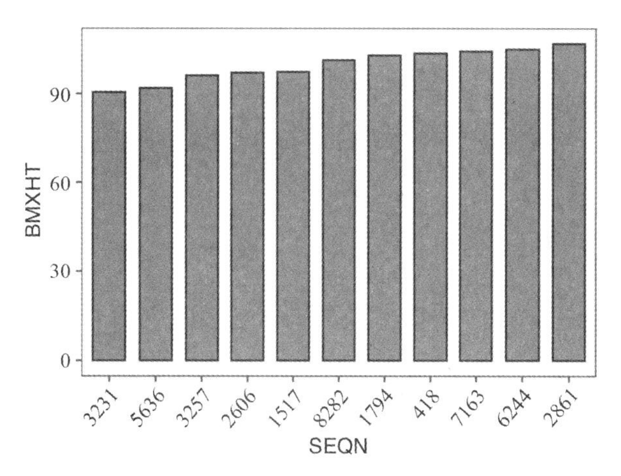

图 8-36　条形图(升序排列)

二、变量分组

x 变量值和 y 变量值一一对应,分类变量根据其类别将 x 变量和 y 变量分组。

x 变量为 SEQN,y 变量为 BMXHT,分类变量为 RIAGENDR。

1. 基本条形图(图 8-37)

```
ggbarplot(na.omit(DB5),
          x = "SEQN",
          y = "BMXHT",
          fill = "RIAGENDR") +
  theme_bw() +
  theme(panel.grid = element_blank()) +
  theme(axis.text.x = element_text(angle = 45, hjust = 1)) +
  theme(legend.position = "bottom")
```

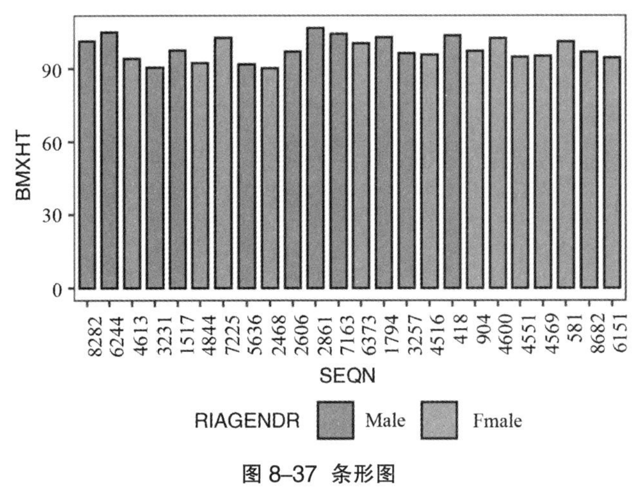

图 8-37 条形图

2. 排序条形图

(1)不按组排序(图 8-38)

一个分类变量将变量 x 和 y 划分为不同子集,排序不按组。以下降排序为例,升序参数改为 sort.val="asc",其他不变。

```
ggbarplot(
  na.omit(DB5),
  x = "SEQN",
  y = "BMXHT",
  fill = "RIAGENDR",
  sort.val = "desc",
  sort.by.groups = FALSE
) +
  theme_bw() +
```

```
  theme(panel.grid = element_blank()) +
  theme(axis.text.x = element_text(angle = 45, hjust = 1))
```

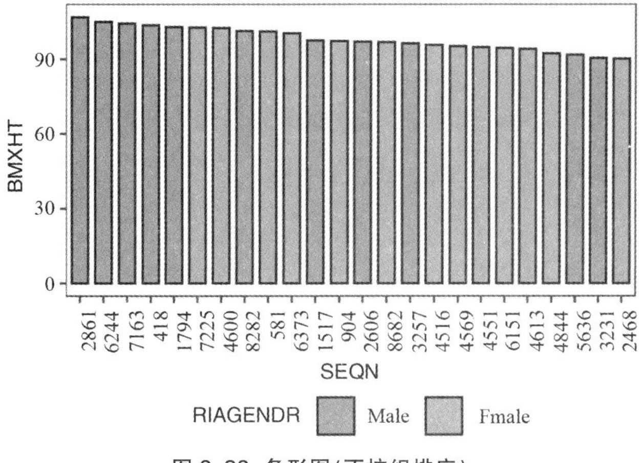

图 8-38　条形图(不按组排序)

(2)按组排序(图 8-39)

一个分类变量将变量 x 和 y 划分为不同子集,按子集(组)排序

```
ggbarplot(
  na.omit(DB5),
  x = "SEQN",
  y = "BMXHT",
  fill = "RIAGENDR",
  sort.val = "desc",
  sort.by.groups = TRUE
) +
  theme_bw() +
  theme(panel.grid = element_blank()) +
  theme(axis.text.x = element_text(angle = 45, hjust = 1))
```

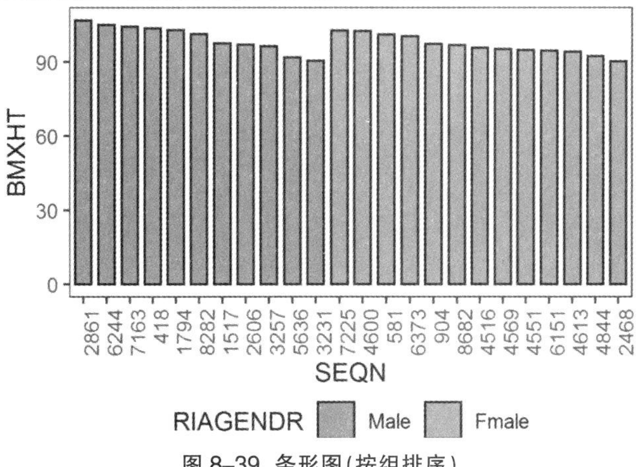

图 8-39　条形图(按组排序)

第三节 统计变换条形图

一、均值条形图

一个变量 x 对应多个 y 值,则需要再添加参数 add = "mean",意思是提取横坐标 x 对应的 y 的均值。

一个 x 变量值对应多个 y 变量值(x 变量为 RIDRETH1,y 变量为 BMXHT)

```
SEQN           RIDRETH1 BMXHT
8282 Non-Hispanic White 101.3
6244         Other Race 104.9
3231 Non-Hispanic White  90.4
1517         Other Race  97.4
5636   Mexican American  91.9
2606 Non-Hispanic Black  96.9
2861 Non-Hispanic Black 106.7
7163   Mexican American 104.2
1794         Other Race 102.8
3257 Non-Hispanic Black  96.2
 418 Non-Hispanic Black 103.5
```

1. 基本条形图(图 8-40)

```
library(ggpubr)
ggbarplot(
  DB3,
  x = "RIDRETH1",
  y = "BMXHT",
  add = "mean",
  fill = "steelblue"
) +
  theme_bw() +
  theme(panel.grid = element_blank()) +
  theme(axis.text.x = element_text(angle = 45, hjust = 1))
```

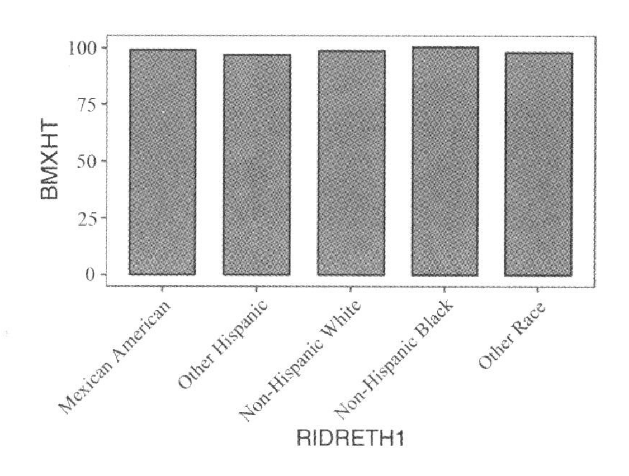

图 8–40　均值条形图

2. 添加变量均值标签(图 8-41)

```
p <-
  ggbarplot(
    DB3,
    x = "RIDRETH1",
    y = "BMXHT",
    add = "mean",
    label = TRUE,
    label.pos = "out",
    lab.nb.digits = 2,
    fill = "steelblue"
  ) +
  theme_bw() +
  theme(panel.grid = element_blank()) +
  theme(axis.text.x = element_text(angle = 45, hjust = 1))
ggpar(p, ylim = c(0, 110)) # 增加 y 轴极限,完整显示条柱标签
```

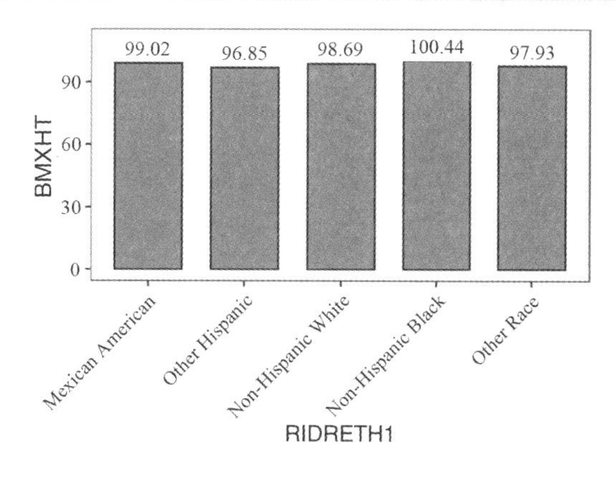

图 8–41　条形图(添加变量均值标签)

3. 颜色设置

(1)条柱边框颜色

参数 color= " ",引号内为设置的条柱边框颜色名称,如 color = "red",条柱边框颜色为红色。

(2)条柱填充颜色

参数 fill = " ",引号内为设置的条柱颜色名称,如 fill = "red",条柱颜色为红色。

(3)条柱边框和填充颜色

参数 color= " " 和 fill = " ",引号内为设置的颜色名称,如 color= "blue",fill = "red",条柱边框为蓝色,条柱颜色为红色。

4. 条柱宽度设置

参数 width 指定条柱宽度,数值越大,条柱越宽。一般选择 width= 0.5。

5. 添加误差棒

误差棒的颜色和条柱边框颜色一致。

(1)添加 mean_sd

```
ggbarplot(
  DB3,
  x = "RIDRETH1",
  y = "BMXHT",
  fill = "steelblue",
  add = "mean_sd",
  error.plot = "upper_errorbar"
) +
  theme_bw() +
  theme(panel.grid = element_blank()) +
  theme(axis.text.x = element_text(angle = 45, hjust = 1))
# 图 8-42(左)
ggbarplot(
  DB3,
  x = "RIDRETH1",
  y = "BMXHT",
  fill = "steelblue",
  add = "mean_sd"
) +
  theme_bw() +
  theme(panel.grid = element_blank()) +
  theme(axis.text.x = element_text(angle = 45, hjust = 1))
# 图 8-42(右)
```

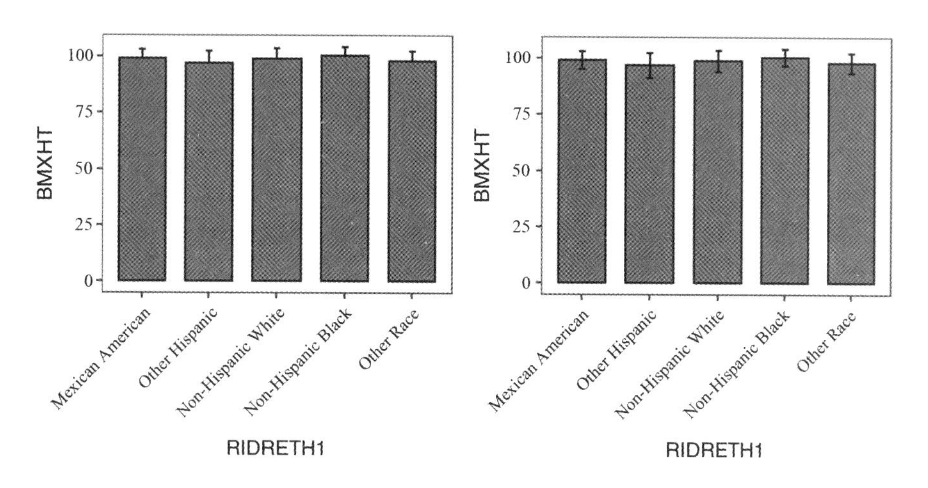

图 8–42 条形图(添加误差棒)

(2)添加 mean_se

```
ggbarplot(
  DB3,
  x = "RIDRETH1",
  y = "BMXHT",
  fill = "steelblue",
  add = "mean_se",
  error.plot = "upper_errorbar"
) +
  theme_bw() +
  theme(panel.grid = element_blank()) +
  theme(axis.text.x = element_text(angle = 45, hjust = 1))
# 图 8-43(左)
ggbarplot(
  DB3,
  x = "RIDRETH1",
  y = "BMXHT",
  fill = "steelblue",
  add = "mean_se"
) +
  theme_bw() +
  theme(panel.grid = element_blank()) +
  theme(axis.text.x = element_text(angle = 45, hjust = 1))
# 图 8-43(右)
```

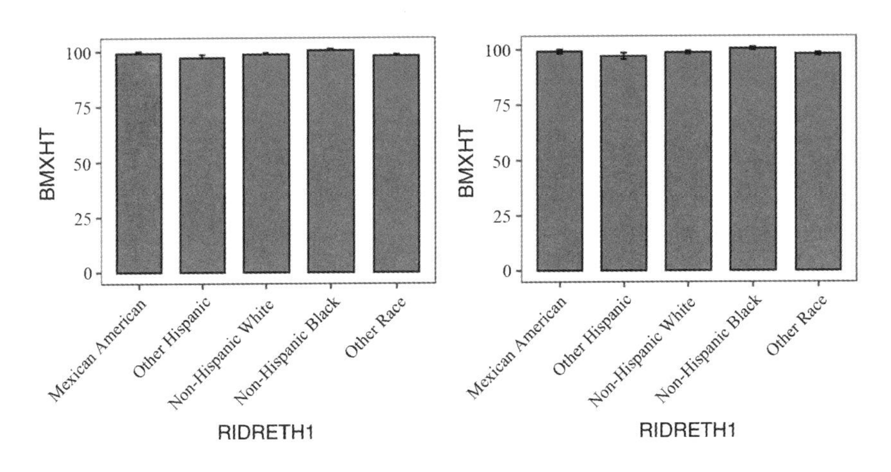

图 8–43 条形图(添加误差棒)

(3)添加 mean_sd 和 mean_se(不同颜色,图 8-44)

```
p <-
  ggbarplot(
    DB3,
    x = "RIDRETH1",
    y = "BMXHT",
    add = "mean_sd",
    add.params = list(color = "blue"),
    width = 0.5
  )
add_summary(
  p,
  "mean_se",
  error.plot = "errorbar",
  color = "red",
  width = 0.1,
  size = 1
) +
  theme_bw() +
  theme(panel.grid = element_blank()) +
  theme(axis.text.x = element_text(angle = 45, hjust = 1))
```

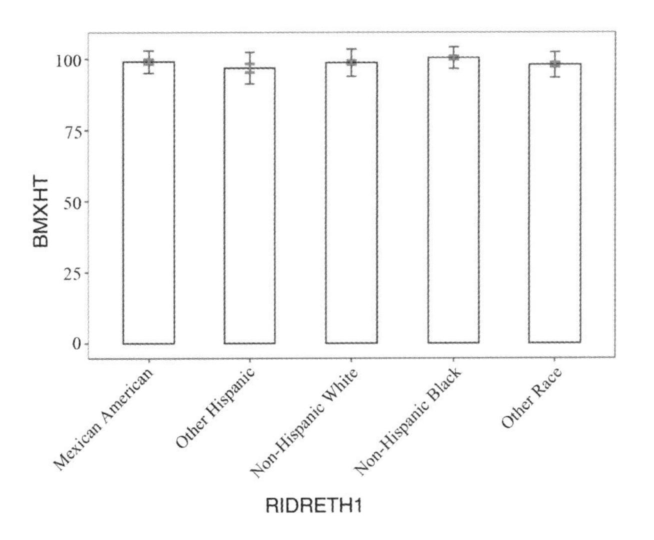

图 8–44 条形图(添加误差棒)

(4)添加 mean_sd 和 mean_se(不同线型,图 8-45)

```
p <-
  ggbarplot(
    DB3,
    x = "RIDRETH1",
    y = "BMXHT",
    add = "mean_sd",
    add.params = list(linetype = 2),
    width = 0.5
  )
add_summary(p,
            "mean_se",
            error.plot = "errorbar",
            width = 0.1,
            size = 1) +
  theme_bw() +
  theme(panel.grid = element_blank()) +
  theme(axis.text.x = element_text(angle = 45, hjust = 1))
```

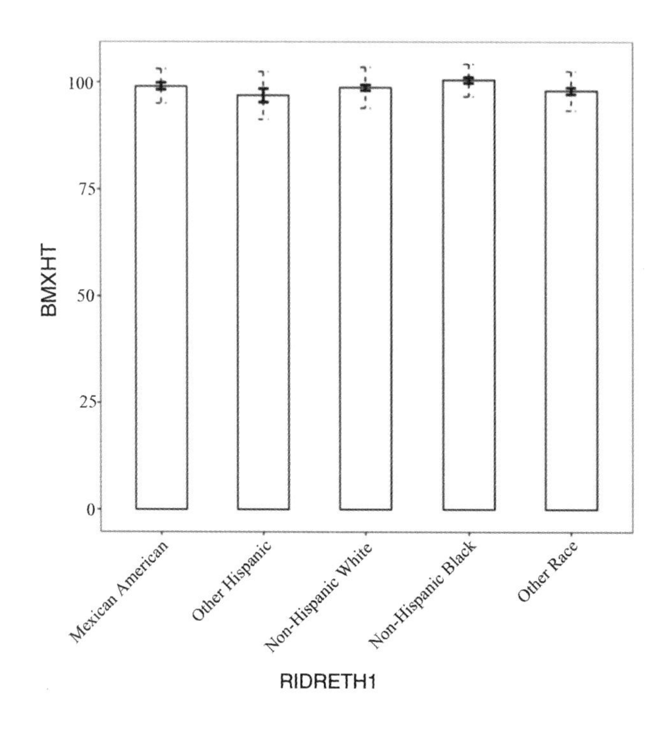

图 8–45 条形图(添加误差棒)

(二)一个 x 变量值对应多个 y 变量值(x 变量为 RIDRETH1,y 变量为 BMXHT,分类变量为 RIAGENDR)

1. 条形图类型

(1)堆积条形图

```
ggbarplot(
  DB3,
  x = "RIDRETH1",
  y = "BMXHT",
  color = "RIAGENDR",
  add = "mean"
) +
  theme_bw() +
  theme(panel.grid = element_blank()) +
  theme(axis.text.x = element_text(angle = 45, hjust = 1)) +
  theme(legend.position = "bottom")
# 图 8-46(左)
ggbarplot(
  DB3,
  x = "RIDRETH1",
  y = "BMXHT",
```

```
  fill = "RIAGENDR",
  add = "mean"
) +
  theme_bw() +
  theme(panel.grid = element_blank()) +
  theme(axis.text.x = element_text(angle = 45, hjust = 1)) +
  theme(legend.position = "bottom")
# 图 8-46(右)
```

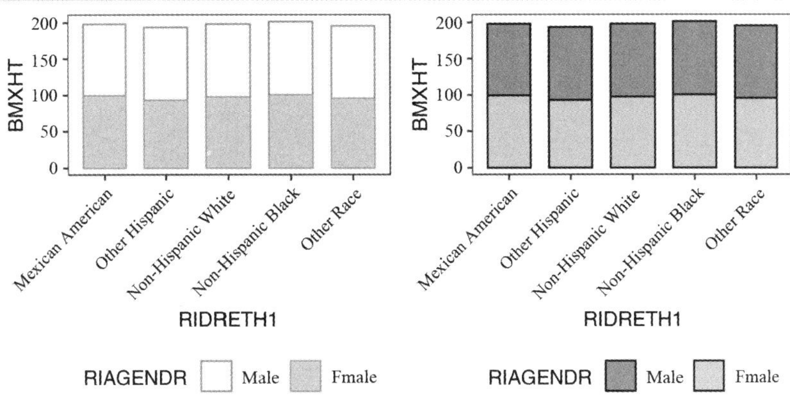

图 8–46 堆积条形图

(2)簇状条形图

```
ggbarplot(
  DB3,
  x = "RIDRETH1",
  y = "BMXHT",
  color = "RIAGENDR",
  add = "mean",
  position = position_dodge()
) +
  theme_bw() +
  theme(panel.grid = element_blank()) +
  theme(axis.text.x = element_text(angle = 45, hjust = 1)) +
  theme(legend.position = "bottom")
# 图 8-47(左)
ggbarplot(
  DB3,
  x = "RIDRETH1",
  y = "BMXHT",
```

```
  fill = "RIAGENDR",
  add = "mean",
  position = position_dodge()
) +
  theme_bw() +
  theme(panel.grid = element_blank()) +
  theme(axis.text.x = element_text(angle = 45, hjust = 1)) +
  theme(legend.position = "bottom")
# 图 8-47(右)
```

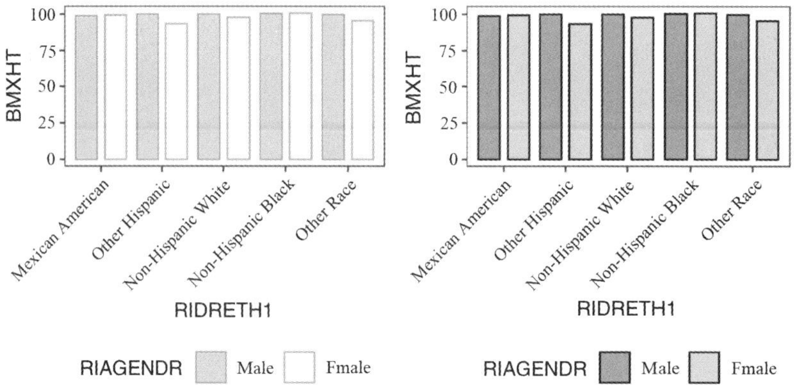

图 8–47 簇状条形图

簇状条形图组内条柱间距的调整，在 position=position_dodge()的括号内写入一个数值，该数值越大，组内条柱间距越大。例如：position=position_dodge(0.7)，组内条柱无间隙。

2. 调色方案

(1)ggsci 调色方案

```
library(ggsci)
ggbarplot(
  DB3,
  x = "RIDRETH1",
  y = "BMXHT",
  color = "RIAGENDR",
  palette = "aaas",
  add = "mean",
  position = position_dodge()
) +
  theme_bw() +
  theme(panel.grid = element_blank()) +
```

```
  theme(axis.text.x = element_text(angle = 45, hjust = 1)) +
  theme(legend.position = "bottom")
# 图 8-48(左)
ggbarplot(
  DB3,
  x = "RIDRETH1",
  y = "BMXHT",
  fill = "RIAGENDR",
  palette = "aaas",
  add = "mean",
  position = position_dodge()
) +
  theme_bw() +
  theme(panel.grid = element_blank()) +
  theme(axis.text.x = element_text(angle = 45, hjust = 1)) +
  theme(legend.position = "bottom")
# 图 8-48(右)
```

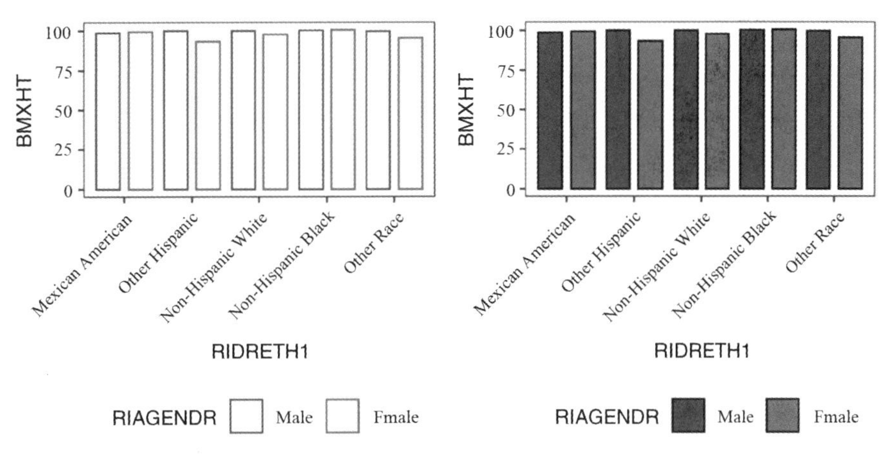

图 8–48 簇状条形图(设置调色方案)

(2)指定颜色(图 8-49)

指定颜色用参数 palette = c("", "")

```
ggbarplot(
  DB3,
  x = "RIDRETH1",
  y = "BMXHT",
  fill = "RIAGENDR",
  add = "mean",
```

```
  position = position_dodge(),
  palette = c("#D9D9D9FF", "#AD002AFF")
) +
  theme_bw() +
  theme(panel.grid = element_blank()) +
  theme(axis.text.x = element_text(angle = 45, hjust = 1))
```

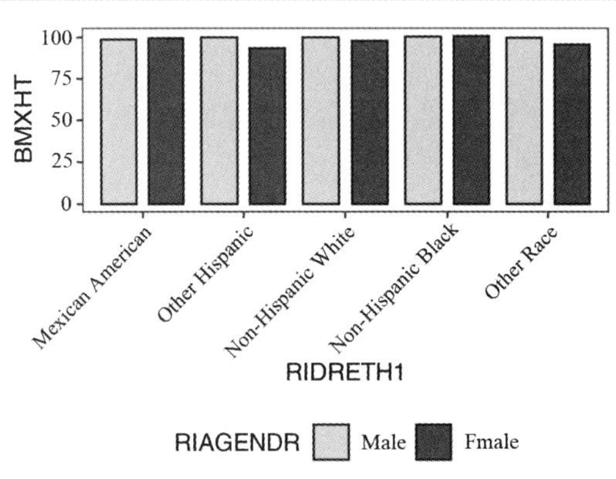

图 8–49 簇状条形图(指定颜色)

3. 添加变量值标签(图 8-50)

```
ggbarplot(
  DB3,
  x = "RIDRETH1",
  y = "BMXHT",
  fill = "RIAGENDR",
  palette = "aaas",
  label = TRUE,
  label.pos = "out",
  lab.nb.digits = 1,
  add = "mean",
  position = position_dodge()
) +
  theme_bw() +
  theme(panel.grid = element_blank()) +
  theme(axis.text.x = element_text(angle = 45, hjust = 1))
```

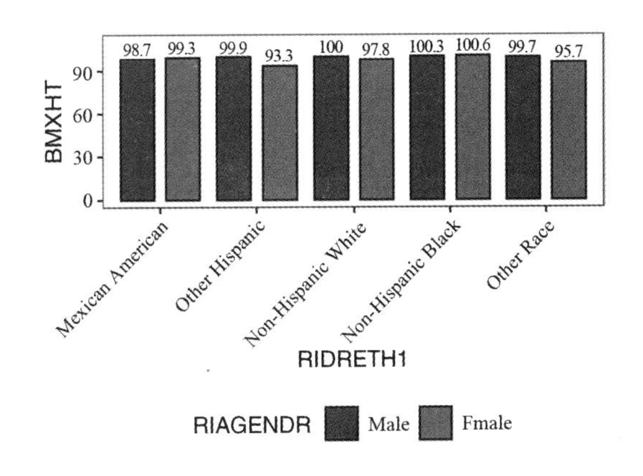

图 8-50 簇状条形图(添加变量值标签)

4. 添加误差棒(图 8-51)

```
ggbarplot(
  DB3,
  x = "RIAGENDR",
  y = "BMXHT",
  fill = "RIDRETH1",
  palette = "aaas",
  add = "mean_sd",
  add.params = list(group = "RIDRETH1"),
  position = position_dodge(0.8)
) +
  theme_bw() +
  theme(panel.grid = element_blank()) +
  theme(axis.text.x = element_text(angle = 45, hjust = 1))
```

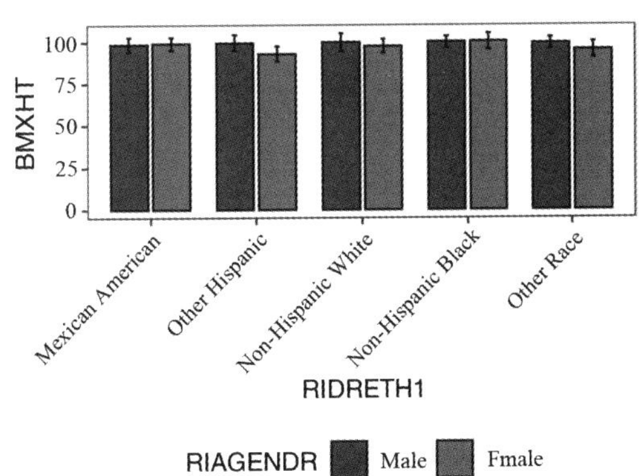

图 8-51 簇状条形图(添加误差棒)

5. 排序(图 8-52)

一个 x 变量对应多个 y 变量值的数据框绘制 y 变量均值条形图，需要对数据框中的变量统计汇总,生成一个包含 y 变量均值的数据集,才可以排序。升序排列参数改为 sort.val="asc"

```
library(ggpubr)
DB8 <- desc_statby(DB3, measure.var = "BMXHT", grps = "RIDRETH1")
# DB8 为 DB3 数据框的统计汇总
ggbarplot(DB8,
          x = "RIDRETH1",
          y = "mean",
          sort.val = "desc") +
  theme_bw() +
  theme(panel.grid = element_blank()) +
  theme(axis.text.x = element_text(angle = 45, hjust = 1))
```

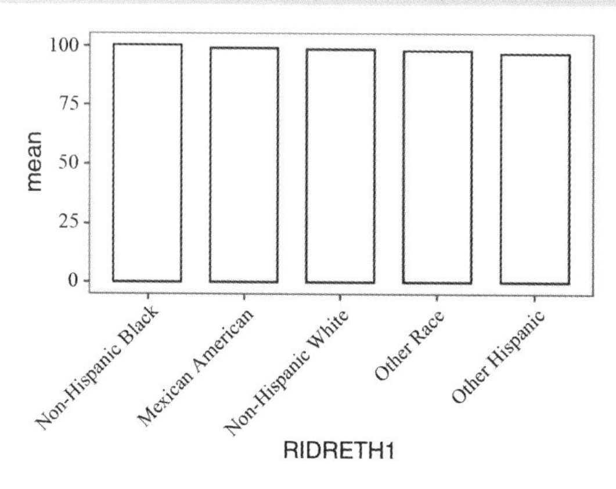

图 8-52 排序条形图

6. 分面(图 8-53)

```
p <-
  ggbarplot(
    DB3,
    x = "RIDRETH1",
    y = "BMXHT",
    add = "mean_sd",
    add.params = list(color = "blue"),
    width = 0.5
  )
facet(
  p + theme_bw() + theme(panel.grid = element_blank()) +
    theme(axis.text.x = element_text(angle = 45, hjust = 1)),
  facet.by = "RIAGENDR",
```

```
  short.panel.labs = FALSE,
  # Allow long labels in panels
  panel.labs.background = list(fill = "steelblue", color =
"steelblue")
)
```

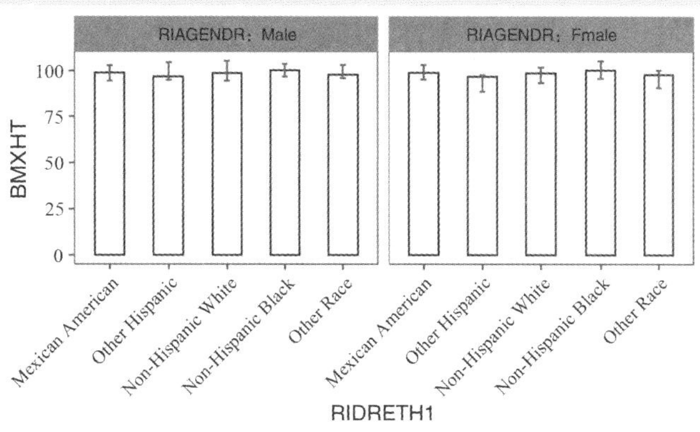

图 8-53 分面条形图

三、z 比分数柱状图

```
library(ggplot2)
DB5 <- na.omit(DB5)
library(ggpubr)
DB5$z <- (DB5$BMXHT - mean(DB5$BMXHT)) / sd(DB5$BMXHT)
# 相当于 Zscore 标准化,减均值,除标准差
DB5$grp <-
  factor(ifelse(DB5$z < 0, "low", "high"), levels = c("low", "high"))
ggbarplot(
  DB5,
  x = "SEQN",
  y = "z",
  fill = "grp",
  color = "white",
  palette = "jco",
  sort.val = "asc",
  sort.by.groups = FALSE,
  x.text.angle = 60,
  ylab = " z-score",
  xlab = FALSE,
  ylim = c(-3, 3)
```

```
) +
  theme_bw() +
  theme(panel.grid = element_blank()) +
  theme(axis.text.x = element_text(angle = 45, hjust = 1)) +
  theme(legend.position = "none") # 图 8-54
```

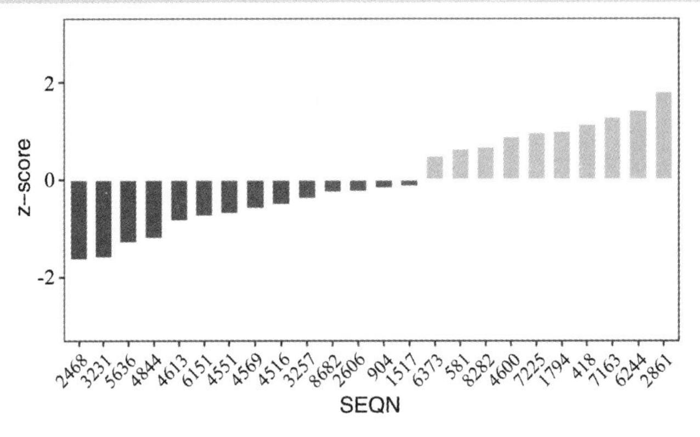

图 8–54 z 比分数柱状图

第四节 断轴条形图

使用 gggap 包绘制断轴条形图。

```
data <-
  data.frame(x = c("Alpha", "Bravo", "Charlie", "Delta"),
             y = c(200, 20, 10, 15))
ggplot(data, aes(x = x, y = y, fill = x)) +
  geom_bar(stat = 'identity', position = position_dodge()) +
  theme_bw() +
  theme(panel.grid = element_blank()) +
  theme(legend.position = "bottom") # 图 8-55
```

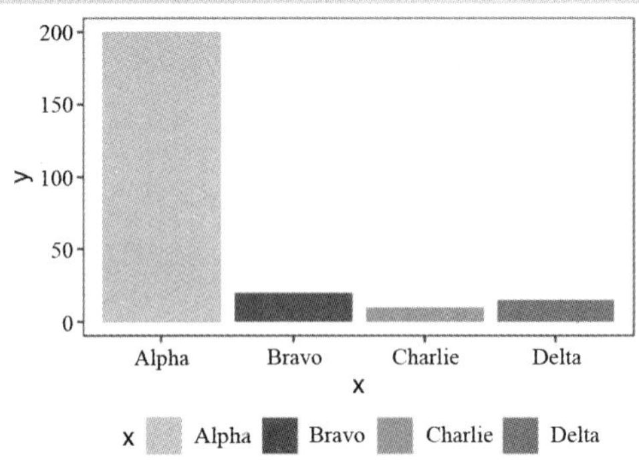

图 8–55 条形图（无断轴）

```
library(gggap)
data <-
  data.frame(x = c("Alpha", "Bravo", "Charlie", "Delta"),
             y = c(200, 20, 10, 15))
p1 <- ggplot(data, aes(x = x, y = y, fill = x)) +
  geom_bar(stat = 'identity', position = position_dodge()) +
  theme_bw() +
  theme(panel.grid = element_blank()) +
  theme(legend.position = "bottom")
gggap(
  plot = p1,
  segments = c(22, 180),
  tick_width = c(5, 5),
  ylim = c(0, 210)
) #图 8-56
```

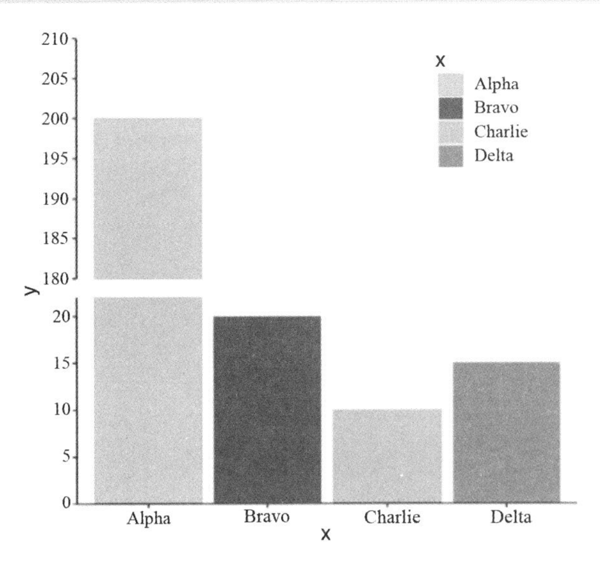

图 8–56　条形图(两段断轴)

tick_width = c(5, 5),每个分段 y 轴的刻度(第一段刻度递增 5,第二段刻度递增 5);segments = c(22, 180),分段的间隔。如果给出了多个间隔,请使用列表()连接它们。

第九章　折线图

折线图适合用于表示数据的变化趋势。

1. 简单折线图(图 9-1)

```
library(ggpubr)
df <- data.frame(dose=c("D0.5", "D1", "D2"),len=c(4.2, 10, 29.5))
ggline(df, x = "dose", y = "len")
```

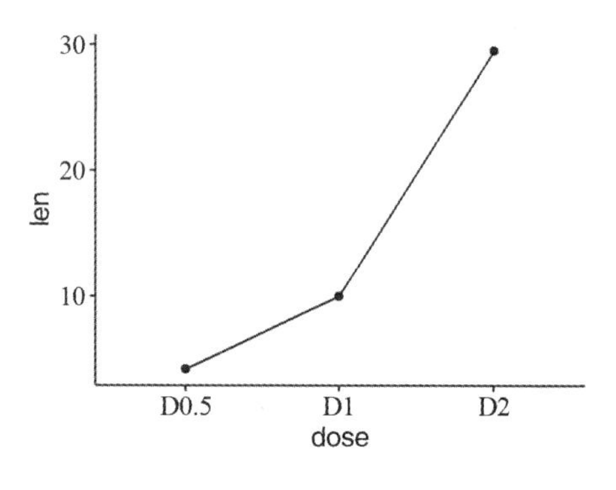

图 9-1　折线图

2. 分组折线图(图 9-2)

```
df2 <- data.frame(supp=rep(c("VC", "OJ"), each=3),
  dose=rep(c("D0.5", "D1", "D2"),2),
  len=c(6.8, 15, 33, 4.2, 10, 29.5))
ggline(df2, "dose", "len",linetype = "supp", shape = "supp")
```

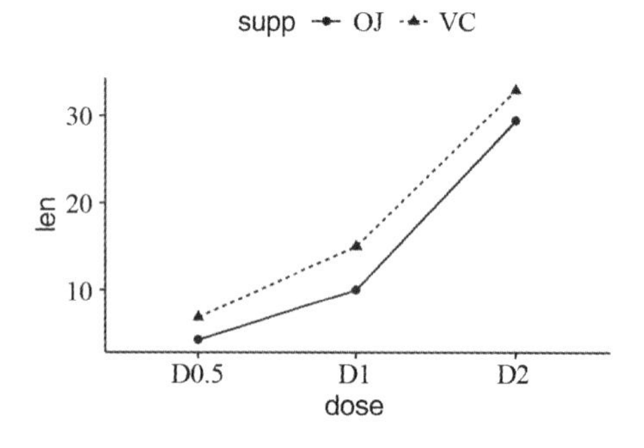

图 9-2　分组折线图

3. 使用自定义调色板颜色分组配色(图 9-3)

```
ggline(df2, "dose", "len",
  linetype = "supp", shape = "supp",
  color = "supp", palette = c("#00AFBB", "#E7B800"))
```

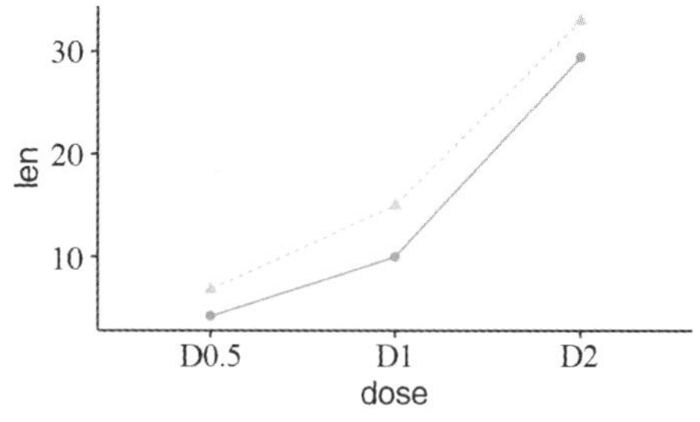

图 9–3　折线图(自定义调色板颜色分组配色)

4. 分组均值折线图(图 9-4)

```
df3 <- ToothGrowth
ggline(df3, x = "dose", y = "len", add = "mean")
```

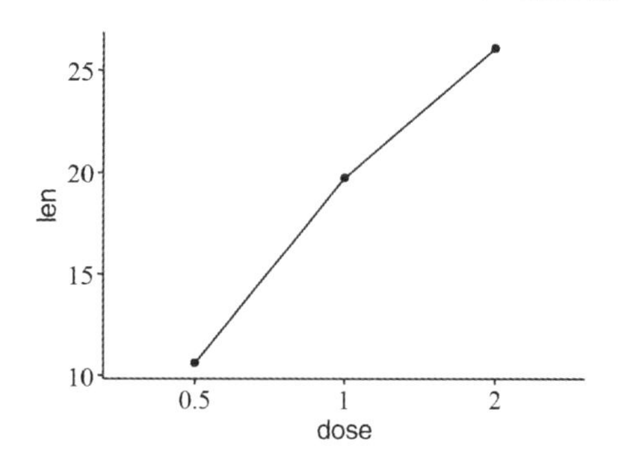

图 9–4　分组均值折线图

5. 折线图添加误差棒(图 9-5)

```
ggline(df3, x = "dose", y = "len", add = "mean_se")
```

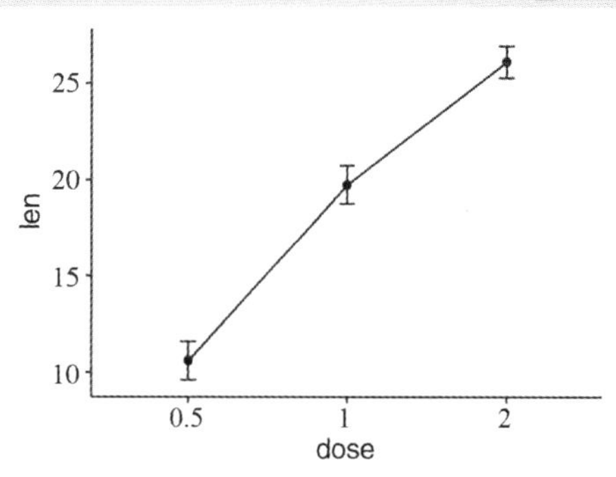

图 9–5　折线图(添加误差棒)

```
ggline(df3, x = "dose", y = "len", add = "mean_se", error.plot = "pointrange")
```

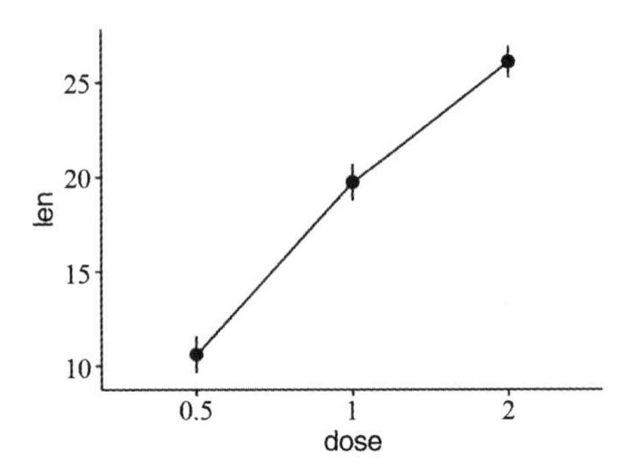

图 9–6 折线图(添加误差棒)

6. 折线图添加误差棒和数据点(图 9-7)

```
ggline(df3, x = "dose", y = "len", add = c("mean_se", "jitter"))
```

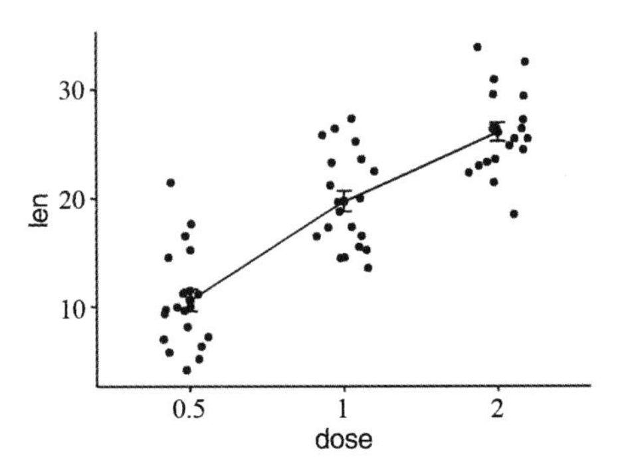

图 9–7 折线图(添加误差棒和数据点)

7. 折线图添加小提琴图和误差棒(图 9-8)

```
ggline(df3, x = "dose", y = "len", add = c("mean_se", "violin"),
       color = "steelblue")
```

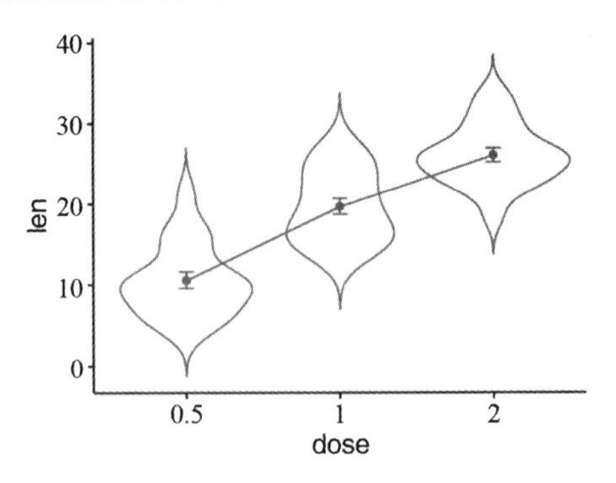

图 9–8 折线图(添加小提琴图和误差棒)

8. 带误差棒的多组折线图(图 9-9)

```
ggline(df3, x = "dose", y = "len", color = "supp",
  add = "mean_se", palette = c("#00AFBB", "#E7B800"))
```

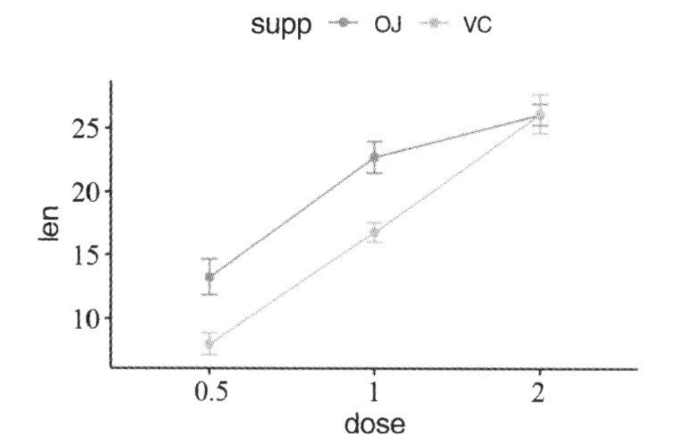

图 9-9　带误差棒的多组折线图

8. 带误差棒的多组折线图(添加数据点,图 9-10)

```
ggline(df3, x = "dose", y = "len", color = "supp",
  add = c("mean_se", "jitter"), palette = c("#00AFBB", "#E7B800"))
```

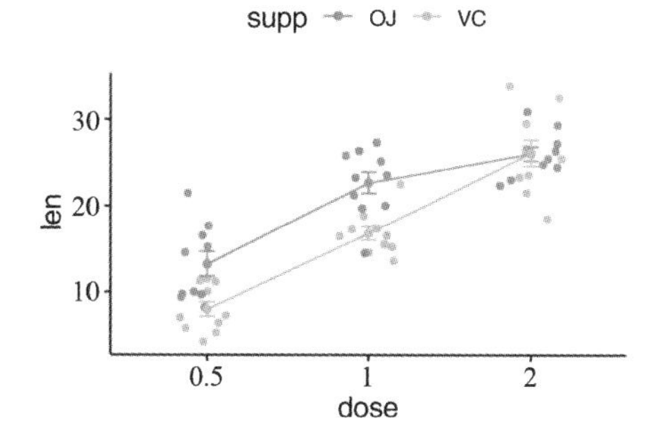

图 9-10　带误差棒的多组折线图(添加数据点)

第十章 分析质量控制图

第一节 均值控制图

均值控制图($\overline{X}$ 图)是将获得的分析数据以正态分布的假设为基础,以实验结果为纵坐标、实验次序为横坐标,以测量平均值为中心,在其上下各取三倍标准偏差(3s)和二倍标准偏差(2s)的宽度画出控制线和警告线,即得到一张控制图。

中心线 $CL=\overline{X}$

上控制线 $UCL=\overline{X}+3s$

下控制线 $LCL=\overline{X}-3s$

上警告线 $UWL=\overline{X}+2s$

下警告线 $LWL=\overline{X}-2s$

均值控制图通常用来控制分析的精密度,因此又叫精密度控制图。它用一个质量控制样品独立分析 25~30 次,计算平均值和标准差。以测定值为纵坐标,以测定顺序为横坐标,测定值的平均值为控制图的中心线,计算出上、下控制限和警告限,绘制控制图。

监控的办法是在分析未知样的同时也分析质量控制样品,把质量控制样品的分析结果接着“打点”到这张图上,如“打点”未出界,表示分析的各种条件正常,反映分析过程处于控制之中,同时进行的未知样的分析结果也是可靠的。如某次分析的质量控制样品“点子”超出控制限,就说明这一次的分析条件有异常,未知样品的分析数据也不可靠。这时应立即查找原因,除存在偶然性因素(随机误差)外,是否还有系统因素(系统误差)在起作用,找出原因,将其消除,从而使分析过程达到控制状态。

一、xbar.one

24 个样品,每个样品测定一次(图 10-1)。

```
library(qcc)
pdensity <- c(10.6817, 10.6040, 10.5709, 10.7858,
              10.7668, 10.8101, 10.6905, 10.6079,
              10.5724, 10.7736, 11.0921, 11.1023,
              11.0934, 10.8530, 10.6774, 10.6712,
              10.6935, 10.5669, 10.8002, 10.7607,
              10.5470, 10.5555, 10.5705, 10.7723)
qcc(data = pdensity, type = "xbar.one")
```

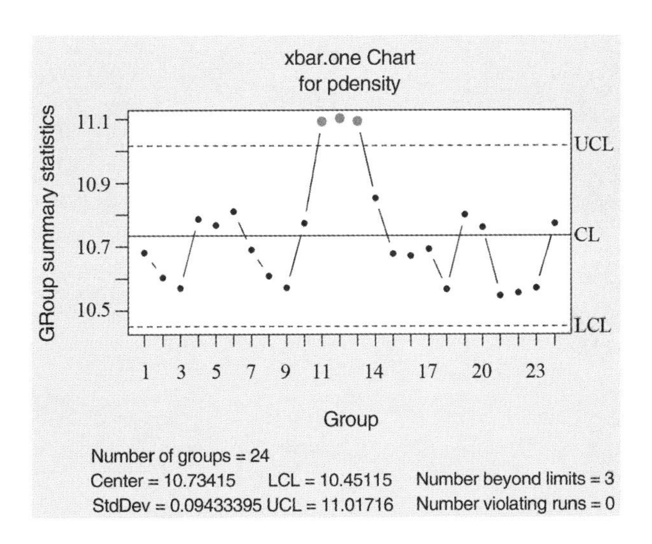

图 10–1　均值控制图(type = "xbar.one")

qcc(data = pdensity, type = "xbar.one")$violations,显示失控数据点序号

二、xbar(使用重复测定数据)

数据集 pistonrings {qcc}包含 40 个样品(每个样品重复测定 5 次)的测定结果,共 200 行。前 12 行数据如下。

```
##        diameter  sample  trial
## 1       74.030      1     TRUE
## 2       74.002      1     TRUE
## 3       74.019      1     TRUE
## 4       73.992      1     TRUE
## 5       74.008      1     TRUE
## 6       73.995      2     TRUE
## 7       73.992      2     TRUE
## 8       74.001      2     TRUE
## 9       74.011      2     TRUE
## 10      74.004      2     TRUE
## 11      73.988      3     TRUE
## 12      74.024      3     TRUE
diameter <- qcc.groups(diameter, sample)# 转换成绘图需要的数据格式
diameter# 部分数据
##        [,1]    [,2]    [,3]    [,4]    [,5]
## 1   74.030 74.002 74.019 73.992 74.008
## 2   73.995 73.992 74.001 74.011 74.004
## 3   73.988 74.024 74.021 74.005 74.002
```

```
## 4  74.002 73.996 73.993 74.015 74.009
## 5  73.992 74.007 74.015 73.989 74.014
## 6  74.009 73.994 73.997 73.985 73.993
```

1. 用前 25 次测量结果绘图

```
library(qcc);data(pistonrings)
attach(pistonrings)
diameter <- qcc.groups(diameter, sample) # 重排数据框
obj <- qcc(diameter[1:25,], type="xbar")  # 图 10-2
```

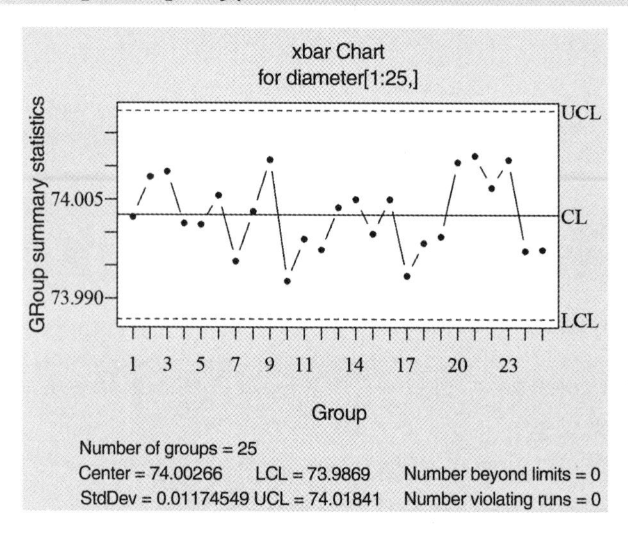

图 10–2 前 25 次测量结果绘图

```
summary(obj)
## Call:
## qcc(data = diameter[1:25, ], type = "xbar")
##
## xbar chart for diameter[1:25, ]
##
## Summary of group statistics:
##      Min.  1st Qu.   Median     Mean   3rd Qu.     Max.
## 73.99020 73.99820 74.00080 74.00118 74.00420 74.01020
##
## Group sample size:  5
## Number of groups:  25
## Center of group statistics:  74.00118
## Standard deviation:  0.009785039
##
## Control limits:
```

```
##       LCL      UCL
##   73.98805 74.0143
process.capability(obj,spec.limits=c(73.95, 74.05))# 计算过程能力指数，图 10-3
```

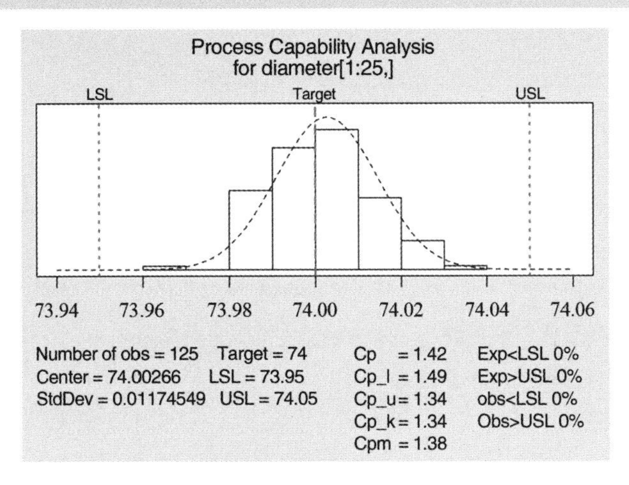

图 10–3　过程能力指数

过程能力指数(Process capability index)表示过程能力满足技术标准(例如规格、公差)的程度，一般用 C_p 表示。

过程能力反映的是对标准差的控制，C_p 越大，过程的标准差越小。

2. 用前 25 次测量建立的控制限监测后 15 次测量

```
library(qcc);data(pistonrings)
attach(pistonrings)
diameter <- qcc.groups(diameter, sample)
qcc(diameter[1:25,], type="xbar", newdata=diameter[26:40,]) # 图 10-4
```

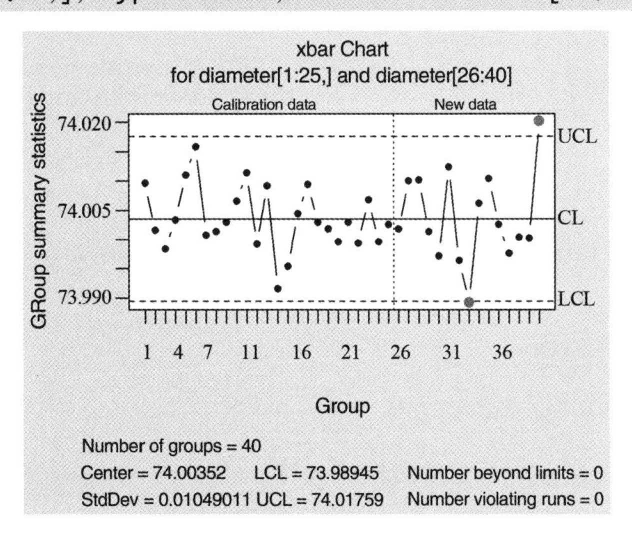

图 10–4　均值控制图(type = "xbar")

第二节 平均值–减差($\bar{X}$–R)控制图

有时分析平行样的平均数与总均值很接近,但极差很大,显然质量较差。而采用平均数 - 减差控制图就能同时考察均数和极差的变化情况。

平均值 - 减差控制图由平均数控制图及减差控制图两部分组成。平均值控制图主要观察测量值的平均变化情况,用于考察测定的准确度;减差控制图主要观察测量值分散程度的变化,用于考察测定的精密度。因此,在平均值 - 减差控制图中,既可以观察平均值的变化趋势,又可以观察分散程度的变化,是一种有效的控制方法。

绘制平均值 - 减差控制图需要对控制样品做 20 批测定,每批至少 2 个平行样,穿插在日常分析工作中进行,以保证数据的代表性。

```
library(qcc);data(pistonrings)
attach(pistonrings)
diameter <- qcc.groups(diameter, sample) # 重排数据框
qcc(diameter[1:25,], type="R")# 用前 25 次观测做减差控制图,图 10-5
```

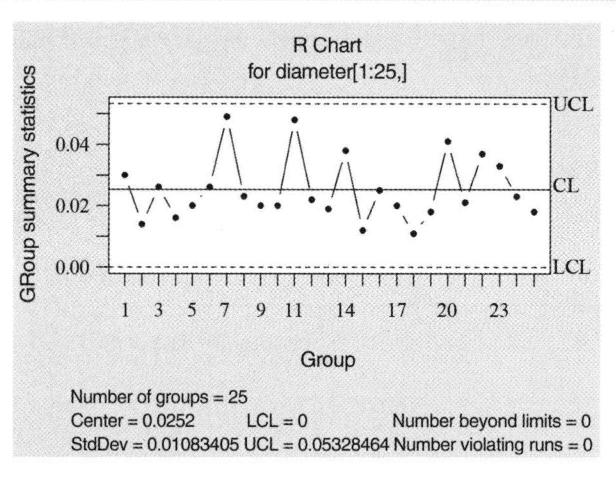

图 10–5 前 25 次观测的减差控制图

```
# 用前 25 次测量建立的控制限监测后 15 次测量,图 10-6
qcc(diameter[1:25,], type="R",newdata=diameter[26:40,])
```

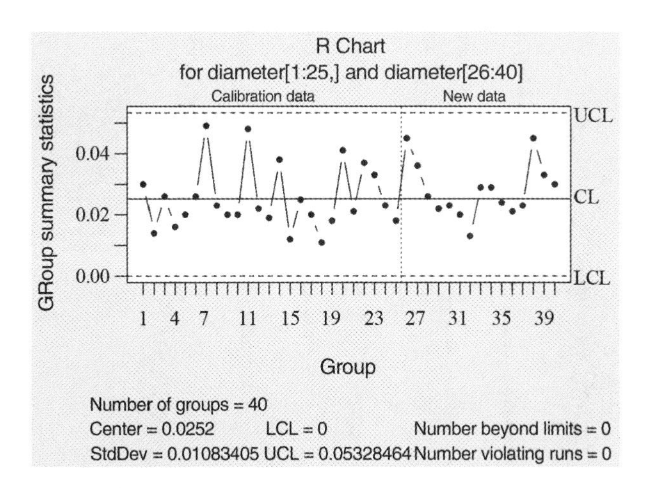

图 10–6 前 25 次测量建立的控制限监测后 15 次测量

第三节 标准差控制图

```
library(qcc);data(pistonrings)
attach(pistonrings)
diameter <- qcc.groups(diameter, sample) # 重排数据框
qcc(diameter[1:25,], type="S") # 用前 25 次观测做标准差控制图
```

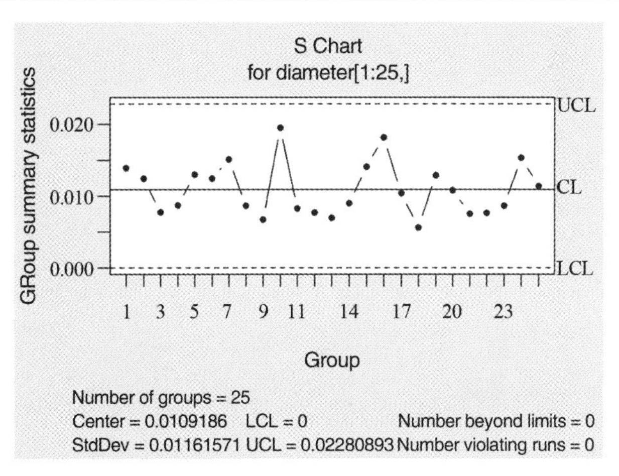

图 10–7 前 25 次观测的标准差控制图

```
# 用前 25 次测量建立的控制限监测后 15 次测量
qcc(diameter[1:25,], type="S",newdata=diameter[26:40,])
```

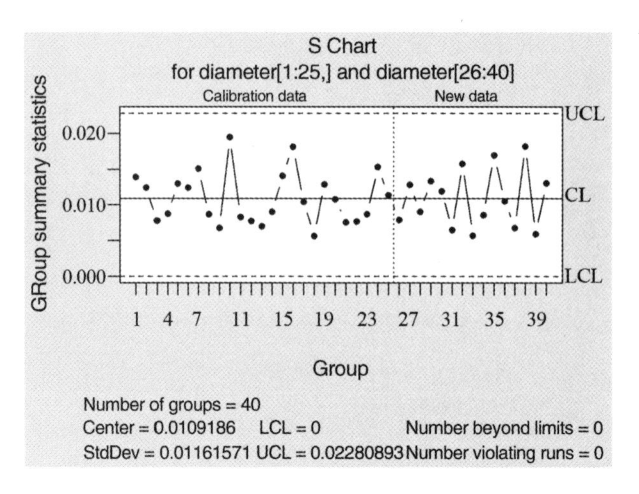

图 10–8 前 25 次测量建立的控制限监测后 15 次测量

第四节 尤金氏控制图(尧敦图)

尤金(Youden)氏控制图(尧敦图)适用于实验室间的质量控制。由分析质量控制中心发给参与质控单位两个浓度相差±5%范围内的质控样品,分别进行测定;或一份质控样品用两种方法分别进行测定。一般均同时测一对数据。故可用于两种测定方法或两种不同含量的真值的比较。

其目的是使各实验室取得的测量值具有较为一致的可比性。凡参加实验室间质量控制的单位,应先在本单位实验室内进行质量控制,以保证自身结果处于稳定的控制状态。

```
library(qcc)
X1 <- matrix(c(72, 56, 55, 44, 97, 83, 47, 88, 57, 26, 46,49, 71, 71,
67, 55, 49, 72, 61, 35, 84, 87, 73, 80, 26, 89, 66,50, 47, 39, 27, 62,
63, 58, 69, 63, 51, 80, 74, 38, 79, 33, 22,54, 48, 91, 53, 84, 41, 52,
63, 78, 82, 69, 70, 72, 55, 61, 62,41, 49, 42, 60, 74, 58, 62, 58, 69,
46, 48, 34, 87, 55, 70, 94,49, 76, 59, 57, 46), ncol = 4)
X2 <- matrix(c(23, 14, 13, 9, 36, 30, 12, 31, 14, 7, 10,11, 22, 21, 18,
15, 13, 22, 19, 10, 30, 31, 22, 28, 10, 35, 18,11, 10, 11, 8, 20, 16,
19, 19, 16, 14, 28, 20, 11, 28, 8, 6,15, 14, 36, 14, 30, 8, 35, 19, 27,
31, 17, 18, 20, 16, 18, 16,13, 10, 9, 16, 25, 15, 18, 16, 19, 10, 30, 9,
31, 15, 20, 35,12, 26, 17, 14, 16), ncol = 4)
X <- list(X1 = X1, X2 = X2);q <- mqcc(X, type = "T2")
ellipseChart(q,show.id = TRUE)
```

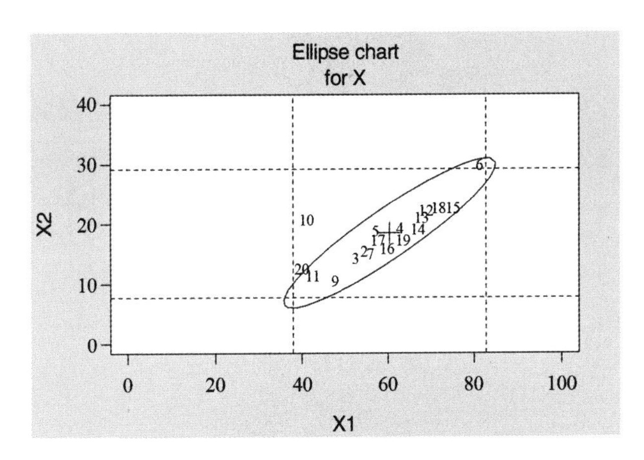

图 10–9　尤金氏控制图

第十一章 地图热力图

第一节 概述

一、需要安装的 R 包

绘制地图热力图一定用中文版 R(否则,图形地名显示乱码),需要安装以下 R 包。

```
install.packages("sp")
install.packages("rgdal")
install.packages("plyr")
install.packages("ggplot2")
install.packages("mapproj")
```

二、数据

shapefile 文件是一种矢量图形格式的文件,主要用于描述球面上的几何对象,包括点、线与多边形。Shapefile 通常由多个子文件组成,分别为“.shp”“.shx”“.dbf”“.prj”,其中,“.shp”用于保存几何体,“.shx”用于记录每一个几何体在“.shp”中的序号,“.dbf”用于存储几何体的属性,“.prj”用于保存地理坐标系统与投影信息。

中国大陆的 shapefile 文件,主要包含四个层级:

①gadm36_CHN_0,中国大陆的多边形文件;

②gadm36_CHN_1,各个省自治区直辖市的多边形文件;

③gadm36_CHN_2,各个市的多边形文件;

④gadm36_CHN_3,各个县的多边形文件。

一级行政区:省级行政区共 34 个,其中,23 个省、5 个自治区、4 个直辖市、2 个特别行政区;

二级行政区:地级行政区共 333 个,其中,11 个地区、3 个盟、30 个自治州、289 个市;

三级行政区:县级行政区共 2 854 个,其中,1429 个县、117 个自治县、49 个旗、3 个自治旗、361 个县级市、893 个(市辖)区、1 个林区、1 个特区;

四级行政区:乡级行政区共 40 497 个,其中,11 626 个乡、1 034 个民族乡、20 117 个镇、7 566 个街道、151 个苏木、1 个民族苏木、2 个(县辖)区;

五级行政区:村级行政区共 N 个,包含行政村、社区;

六级行政区:组级行政区共 N 个,包含行政村村民小组、社区居民小组。

3. 坐标系选择

(1)正轴等角圆锥投影

coord_map()函数,用于设置投影转换参数。参数 polyconic,得到的是正轴等角圆锥投影视图,经线投影后为辐射直线,纬线为同心圆圆孤,经线间的间隔与经差成正比,经线交于极点。

(2)正轴等角圆柱投影

正轴等角圆柱投影又称为墨卡托投影,由荷兰地图学家墨卡托于 1569 年创立。

投影后经线是一组竖直的等距离平行直线,纬线是垂直于经线的一组平行直线。各相邻纬线间隔由赤道向两极增大。赤道附近的纬线较密,极地附近的纬线较稀。

如果要做平面视角的地图,使用 coord_map()(默认的投影参数是 mercator)。

使用上述两种坐标系的任意一种,都可以绘制出一幅完美的地图热力图。

绘制程序中如果没有 coord_map()函数,纬度和经度将绘制在 ggplot2 默认的笛卡尔坐标平面上,绘制的地图呈扁平状。

4. 颜色标度

根据颜色梯度色彩数量划分,共有三类连续型颜色梯度(即渐变色):

①scale_colour_gradient()和 scale_fill_gradient():双色梯度,顺序由低到高,参数 low 和 high 用于控制此梯度两端颜色;

②scale_colour_gradient2()和 scale_fill_gradient2():三色梯度,顺序为低-中-高, 参数 low 和 high 用于控制此梯度两端颜色, 中点默认值是 0, 可以用参数 midpoint 将其设置为任意值;

③scale_colour_gradientn()和 scale_fill_gradientn():自定义的 n 色梯度,此标度需要赋给参数 colours 一个颜色向量。不加其他参数的话,这些颜色将依照数据的范围均匀地分布。如果需要让这些值不均匀地分布,则可以使用参数 values。如果参数 rescale 的值是 TRUE (默认), 则 values 应在 0 和 1 之间取值, 如果 rescale 取值 FALSE,则 values 应在数据范围内取值。

scale_color_manual() ,for lines and points

scale_fill_manual() ,for box plot, bar plot, violin plot, 等

颜色梯度常被用来展示一个二维表面的高度,用以描述第三维度,颜色的深浅代表着不同的值,例如描述地势高低时,地势的高低常常用颜色深浅来展现。以下将使用 R 自带的一个向量数据集 volcano,经过以下转换成数据框(ggplot2 只接受数据框类型)。

离散型数据有两种颜色标度。一种可以自动选择颜色,另一种可以轻松地手工从颜色集中选择颜色。

默认的配色方案,即 scale_colour_hue()、cale_fill_hue(),可通过沿着 hcl 色轮选取均匀分布的色相来生成颜色。这种方案对颜色较少时有比较好的效果,但对于更多不同的颜色就不好区分。

另一种可选的方案是 ColorBrewer 配色,来源是 http://colorbrewer.org。使用的是 scale_colour_ brewer()scale_fill_brewer()。

要想了解所有的调色板,可以使用 RColorBrewer::display.brewer.all()查看。

第二节 中国地图

在D盘建立名称为"china"的文件夹,将地理信息文件和数据文件放入该文件夹。

地理信息文件三个,分别为 bou2_4p.dbf、bou2_4p.shp、bou2_4p.shk。

数据文件一个,名称为 china.csv

数据文件的格式为 csv,第一列为名称,务必和地图数据中的名称一致,并且列名称用 NAME,这样在区域颜色填充中才能和热力数据对应。地图数据中的名称

```
unique(china_map_data$NAME)
[1] 黑龙江省           内蒙古自治区      新疆维吾尔自治区    吉林省
[5] 辽宁省             甘肃省            河北省              北京市
[9] 山西省             天津市            陕西省              宁夏回族自治区
[13] 青海省            山东省            西藏自治区          河南省
[17] 江苏省            安徽省            四川省              湖北省
[21] 重庆市            上海市            浙江省              湖南省
[25] 江西省            云南省            贵州省              福建省
[29] 广西壮族自治区    台湾省            广东省              香港特别行政区
[33] 海南省            <NA>
33 Levels: 安徽省 北京市 福建省 甘肃省 广东省 广西壮族自治区 ... 重庆市
```

数据文件

NAME	City	jd	wd	value
北京市	北京	116.4667	39.9	0.96
上海市	上海	121.4833	29	0.59
天津市	天津	117.1833	39.25	0.61
重庆市	重庆	106.5333	29.53333	0.2
黑龙江省	哈尔滨	128.6833	45.75	0.69
吉林省	长春	125.3167	43.86667	0.88
辽宁省	沈阳	123.4	41.83333	0.51
内蒙古自治区	呼和浩特	111.8	42	0.33
河北省	石家庄	115.4667	38.03333	0.57
山西省	太原	112.5667	37.86667	0.89
山东省	济南	118	36.63333	0.26
河南省	郑州	113.7	34.8	0.5
陕西省	西安	108.9	34.26667	0.33

（续表）

NAME	City	jd	wd	value
甘肃省	兰州	103.8167	36.05	0.65
宁夏回族自治区	银川	106.2667	38.33333	0.48
青海省	西宁	99.75	36.63333	0.66
新疆维吾尔自治区	乌鲁木齐	87.6	43.8	0.3
安徽省	合肥	117.3	31.85	0.67
江苏省	南京	119.8333	33.03333	0.95
浙江省	杭州	120.15	30.23333	0.5
湖南省	长沙	113	28.18333	0.17
江西省	南昌	115.8667	28.68333	0.29
湖北省	武汉	114.35	30.61667	0.53
四川省	成都	104.0833	30.65	0.3
贵州省	贵阳	106.7	26.58333	0.58
福建省	福州	119.3	26.08333	0.66
台湾省	台北	121.7167	24.05	0.81
广东省	广州	113.25	23.13333	0.65
海南省	海口	110.3333	20.03333	0.33
广西壮族自治区	南宁	108.3333	22.8	0.29
云南省	昆明	102.6833	25	0.58
西藏自治区	拉萨	91.16667	29.66667	0.39
香港特别行政区	香港	118.1667	22.3	0.56

city 为省会,jd 为经度,wd 为维度,value,热力值,经纬度为添加标签做准备。

```
library(sp)
library(rgdal)
library(plyr)
library(tidyverse)
china_map = rgdal::readOGR("D:/china/bou2_4p.shp")
x <- china_map@data
xs <- data.frame(x, id = seq(0:924) - 1)
china_map1 <- fortify(china_map)
china_map_data <- join(china_map1, xs, type = "full")
## Joining by: id
china <- read.table("D:/china/china.csv", sep = ",", header = TRUE)
```

```
china_map <- join(china_map_data, china, type = "full")
## Joining by: NAME
ggplot(china_map, aes(
  x = long,
  y = lat,
  group = group,
  fill = value
)) +
  geom_polygon(colour = "grey40") +
  scale_fill_gradient(low = "white", high = "green") +
  coord_map("polyconic") +
  geom_text(
    data = china,
    aes(x = jd, y = wd, label = city),
    inherit.aes = FALSE ,
    size = 2.7
  )
```

```
library(sp)
library(rgdal)
library(plyr)
library(tidyverse)
china_map = rgdal::readOGR("D:/china/bou2_4p.shp")
x <- china_map@data
xs <- data.frame(x, id = seq(0:924) - 1)
china_map1 <- fortify(china_map)
## Regions defined for each Polygons
china_map_data <- join(china_map1, xs, type = "full")
## Joining by: id
china <- read.table("D:/china/china.csv", sep = ",", header = TRUE)
china_map <- join(china_map_data, china, type = "full")
## Joining by: NAME
ggplot(china_map, aes(
  x = long,
  y = lat,
  group = group,
  fill = value
)) +
```

```
  geom_polygon(colour = "grey40") +
  scale_fill_gradient(low = "white", high = "green") +
  coord_map("polyconic") +
  geom_text(
    data = china,
    aes(x = jd, y = wd, label = city),
    inherit.aes = FALSE ,
    size = 2.7
  ) +
  theme(
    panel.grid = element_blank(),
    panel.background = element_blank(),
    axis.text = element_blank(),
    axis.ticks = element_blank(),
    axis.title = element_blank()
  )
```

(1)在绘制地图时,每个区域都是用一个多边形来表示的。GIS 数据,其实就是提供了每个区域其多边形逐点的坐标,然后 R 软件通过依次连接这些坐标,就绘制出了一个多边形区域。此数据中,一共包含了 925 个多边形的信息,之所以有这么多是因为一些省份有岛屿,这些岛屿也构成单独的多边形。在这 925 个多边形中,序号分别为从 0 到 924。

(2)readOGR()函数读入的数据集并非普通的数据框,这个数据集包含了全部的地理信息,需要用 ggplot2 包的 fortify 函数把读入的数据集转化为一个 dataframe,R 按顺序把其中包含的 925 个多边形区域依次画出。

第三节 山东省地图

在 D 盘建立名称为 "shandong" 的文件夹,将地理信息文件和数据文件放入该文件夹。

数据文件名称为 shandong.csv。

1. 普通地图

```
library(sp)
library(rgdal)
library(plyr)
library(ggplot2)
map = rgdal::readOGR("D:/shandong/gadm36_CHN_2.shp")
x <- map@data
```

```
xs <- data.frame(x, id = seq(0:343) - 1)
CHN_adm2_1 <- fortify(map)
## Regions defined for each Polygons
china_map_data <- join(CHN_adm2_1, xs, type = "full")
## Joining by: id
shandong <- subset(china_map_data, NAME_1 == "Shandong")
mydata = read.csv("d:/shandong/shandong.csv")
shandong_data <- join(shandong, mydata, type = "full")
## Joining by: NAME_2
ggplot(shandong_data, aes(x = long, y = lat)) +
  geom_polygon(aes(group = group), fill = "white", colour = "grey") +
  coord_map("polyconic") +
  geom_text(
    aes(x = jd, y = wd, label = city),
    data = mydata,
    colour = "red",
    size = 2.7
  )
```

2. 热力地图

```
library(sp)
library(rgdal)
library(plyr)
library(ggplot2)
map = rgdal::readOGR("D:/shandong/gadm36_CHN_2.shp")
CHN_adm2_1 <- fortify(map)
## Regions defined for each Polygons
x <- map@data
xs <- data.frame(x, id = seq(0:343) - 1)
china_map_data <- join(CHN_adm2_1, xs, type = "full")
## Joining by: id
shandong <- subset(china_map_data, NAME_1 == "Shandong")
mydata = read.csv("d:/shandong/shandong.csv")
shandong_data <- join(shandong, mydata, type = "full")
## Joining by: NAME_2
ggplot(shandong_data, aes(
  x = long,
  y = lat,
  group = group,
```

```
  fill = value1
)) +
  geom_polygon(colour = "grey40") +
  scale_fill_gradient(low = "white", high = "green") +
  coord_map("polyconic") +
  geom_text(
    data = mydata,
    aes(x = jd, y = wd, label = city),
    inherit.aes = FALSE ,
    colour = "red",
    size = 2.7
  )
```

3. 无坐标热力图

```
library(sp)
library(rgdal)
library(plyr)
library(ggplot2)
map = rgdal::readOGR("D:/shandong/gadm36_CHN_2.shp")
CHN_adm2_1 <- fortify(map)
x <- map@data
xs <- data.frame(x, id = seq(0:343) - 1)
china_map_data <- join(CHN_adm2_1, xs, type = "full")
## Joining by: id
shandong <- subset(china_map_data, NAME_1 == "Shandong")
mydata = read.csv("d:/shandong/shandong.csv")
shandong_data <- join(shandong, mydata, type = "full")
## Joining by: NAME_2
ggplot(shandong_data, aes(
  x = long,
  y = lat,
  group = group,
  fill = value1
)) +
  geom_polygon(colour = "grey40") +
  scale_fill_gradient(low = "white", high = "green") +
  coord_map("polyconic") +
  geom_text(
    data = mydata,
```

```
    aes(x = jd, y = wd, label = city),
    inherit.aes = FALSE ,
    size = 2.7
  ) +
  theme(
    panel.grid = element_blank(),
    panel.background = element_blank(),
    axis.text = element_blank(),
    axis.ticks = element_blank(),
    axis.title = element_blank()
  )
```

4. 热力地图叠加柱状图

```
library(sp)
library(rgdal)
library(plyr)
library(ggplot2)
map = rgdal::readOGR("D:/shandong/gadm36_CHN_2.shp")
x <- map@data
xs <- data.frame(x, id = seq(0:343) - 1)
CHN_adm2_1 <- fortify(map)
## Regions defined for each Polygons
china_map_data <- join(CHN_adm2_1, xs, type = "full")
## Joining by: id
shandong <- subset(china_map_data, NAME_1 == "Shandong")
mydata = read.csv("d:/shandong/shandong.csv")
shandong_data <- join(shandong, mydata, type = "full")
## Joining by: NAME_2
ggplot(shandong_data, aes(x = long, y = lat)) +
  geom_polygon(aes(group = group), fill = "white", colour = "grey") +
  geom_errorbar(
    aes(
      x = jd,
      ymin = wd,
      ymax = wd + value1
    ),
    data = mydata,
    inherit.aes = FALSE ,
    size = 3,
```

```
    color = "steelblue",
    width = 0,
    alpha = 0.8
  ) +
  geom_errorbar(
    aes(
      x = jd + 0.096,
      ymin = wd,
      ymax = wd + value2
    ),
    data = mydata,
    inherit.aes = FALSE ,
    size = 3,
    color = "orange",
    width = 0,
    alpha = 0.8
  ) +
  annotate(
    "text",
    x = 122,
    y = 34.4,
    label = "■ 2014",
    color = "steelblue",
    size = 6
  ) +
  annotate(
    "text",
    x = 122,
    y = 34.2,
    label = "■ 2015",
    color = "orange",
    size = 6
  ) +
  geom_text(
    aes(x = jd, y = wd, label = city),
    data = mydata,
    colour = "red",
    size = 2.7
  )
```

在 D 盘建立名称为 "shandong" 的文件夹,将地理信息文件和柱状图数据文件放入该文件夹。柱状图数据文件有一个,名称为 shandong.csv。

先绘制地图底图,再根据坐标,分别绘制两组(或多组)误差线作为柱形图,误差线的长度根据变量数值具体按比例折算。

注释:

(1)x=jd+0.096,柱条间距。

(2)value1、value2,产生柱条的数据,在 D 盘,d:/shandong/shandong.csv。

(3)size=3,柱条宽度。

第十二章 饼图

第一节 3D 饼图

```
# 图 12-1
library(plotrix)
x <- c(50, 100, 80, 130, 150)
label <- c(" 黑龙江 ", " 北京 ", " 山东 ", " 广州 ", " 浙江 ")
percent <- round(100 * x / sum(x), 2) # 保留两位小数
percent <- paste(percent, "%", sep = "")  # 将不同数据类型放在一起
pie3D(
  x,
  labels = percent,
  explode = 0.1,
  radius = 0.9 ,
  height = 0.07,
  col = c("#c72e29", "#016392", "#be9c2e", "#098154", "#fb832d")
)
legend(
  "topright",
  label,
  cex = 1.2,
  fill = c("#c72e29", "#016392", "#be9c2e", "#098154", "#fb832d")
)
```

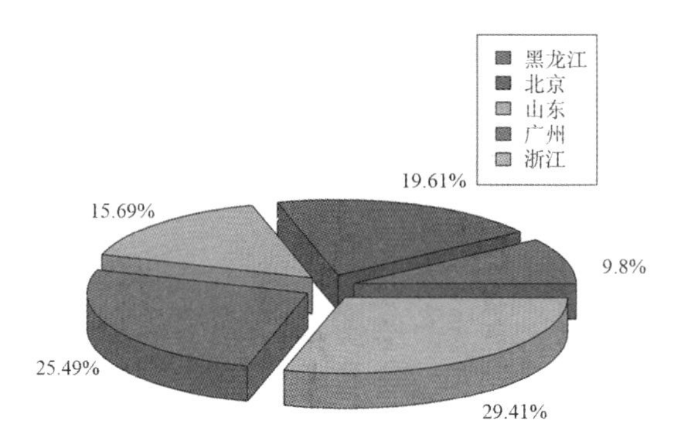

图 12-1 3D 饼图

```
# 图12-2
x <- c(50, 100, 80, 130, 150)
label <- c("黑龙江", "北京", "山东", "广州", "浙江")
percent <- round(100 * x / sum(x), 2)   # 保留两位小数
percent <- paste(percent, "%", sep = "") # 将不同数据类型放在一起
pie3D(
  x,
  labels = percent,
  explode = 0.1,
  radius = 0.9 ,
  height = 0.07,
  col = c("#f20c00", "#f05654", "#ffb3a7", "#8c4356", "#ff2d51")
)
legend(
  "topright",
  label,
  cex = 1.2,
  fill = c("#f20c00", "#f05654", "#ffb3a7", "#8c4356", "#ff2d51")
)
```

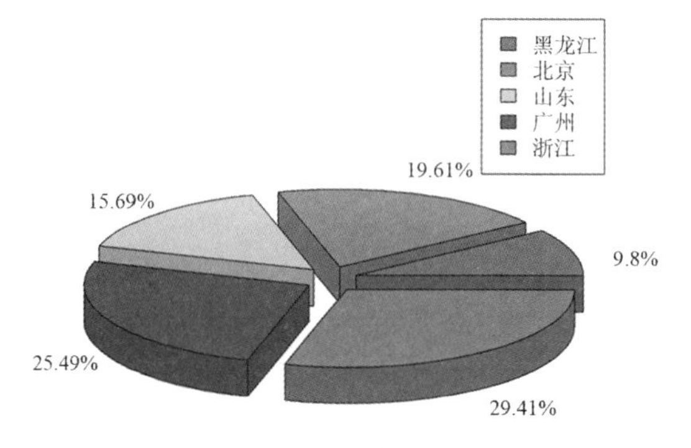

图 12-2 3D 饼图

第二节　ggstatsplot 包绘制饼图

1. 默认参数绘制饼图

```
# 图 12-3
library(NHANES);library(ggstatsplot)
ggpiestats(NHANES::NHANES,
           Education,
           bf.message = F,
           results.subtitle = F)
```

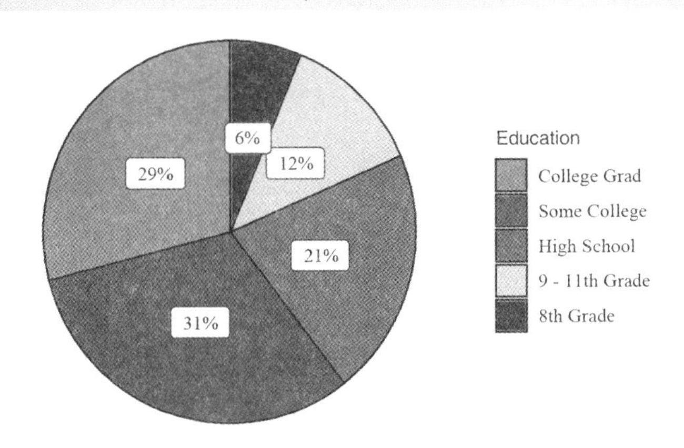

图 12-3　Education 占比饼图(默认参数绘制饼图)

2. 调整标签字号

```
# 图 12-4
library(NHANES);library(ggstatsplot)
ggpiestats(
  NHANES::NHANES,
  Education,
  bf.message = F,
  results.subtitle = F,
  label.args = list(alpha = 1, fill = "white", size = 2.6)
)
```

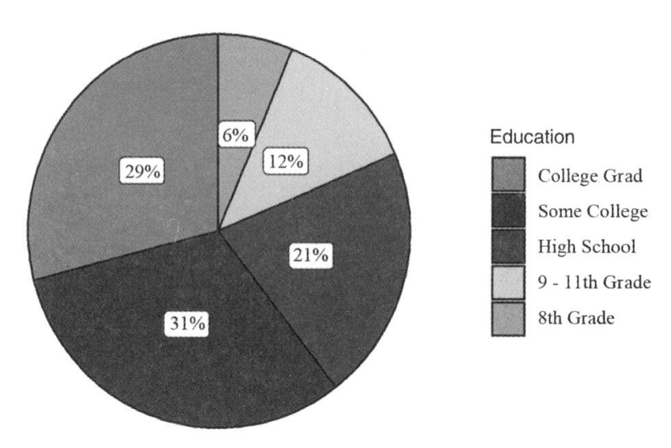

图 12–4 Education 占比饼图(调整标签字号)

第三节 ggplot2 包绘制饼图

1. 用颜色名称设置扇区颜色

```
# 图 12-5
group <- c("E", "D", "C", "B", "A")
value <- c(10, 30, 20, 10, 10)
data <- data.frame(group, value)
data$percent <-
  paste0(round(100 * data$value / sum(data$value), 2), "%")
library(ggplot2)
ggplot(data, aes(x = "", y = value, fill = group)) +
  geom_bar(stat = "identity", color = "white") + theme_bw() +
  scale_fill_manual(values = c(
    "chocolate",
    "dodgerblue4",
    "firebrick",
    "seagreen1",
    "springgreen4"
  )) +
  theme(
    axis.text.x = element_blank(),
    axis.ticks = element_blank(),
    panel.grid = element_blank()
  ) +
```

```
  labs(x = "", y = "") +
  geom_text(aes(y = value / 2 + c(0, cumsum(value)[-length(value)]),
                label = paste0(percent)), size = 5) +
  coord_polar(theta = "y")
```

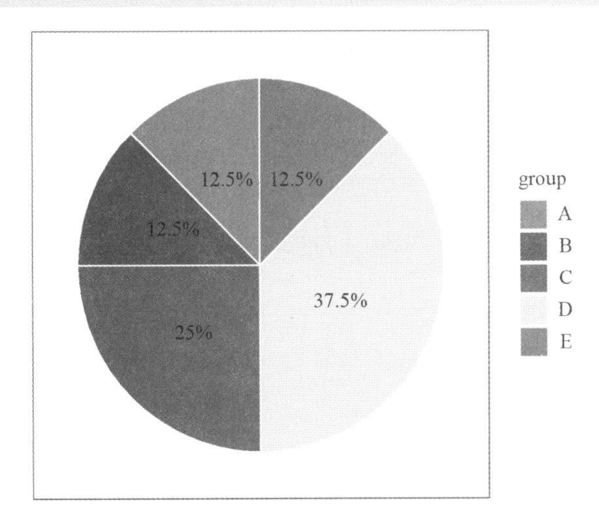

图 12-5　饼图(颜色名称设置扇区颜色)

2. 用 ggsci 包的配色方案

```
# 图 12-6
group <- c("E", "D", "C", "B", "A")
value <- c(10, 30, 20, 10, 10)
data <- data.frame(group, value)
data$percent <-
  paste0(round(100 * data$value / sum(data$value), 2), "%")
ggplot(data, aes(x = "", y = value, fill = group)) +
  geom_bar(stat = "identity", color = "white") + theme_bw() +
  scale_fill_aaas() +
  theme(
    axis.text.x = element_blank(),
    axis.ticks = element_blank(),
    panel.grid = element_blank()
  ) +
  labs(x = "", y = "") +
  geom_text(aes(y = value / 2 + c(0, cumsum(value)[-length(value)]),
                label = paste0(percent)), size = 5) +
  coord_polar(theta = "y")
```

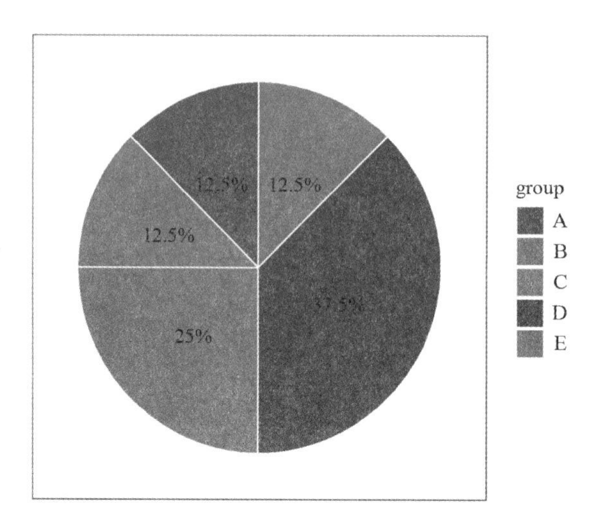

图 12-6 饼图(aaas 配色方案)

3. 改变标签颜色

```
# 图 12-7
library("ggsci")
library(ggplot2)
group <- c("E", "D", "C", "B", "A")
value <- c(10, 30, 20, 10, 10)
data <- data.frame(group, value)
data$percent <-
  paste0(round(100 * data$value / sum(data$value), 2), "%")
ggplot(data, aes(x = "", y = value, fill = group)) +
  geom_bar(stat = "identity", color = "white") + theme_bw() +
  scale_fill_aaas() +
  theme(
    axis.text.x = element_blank(),
axis.ticks = element_blank(),
    panel.grid = element_blank()
  ) +
  labs(x = "", y = "") +
  geom_text(aes(y = value / 2 + c(0, cumsum(value)[-length(value)]),
                 label = paste0(percent)),
            size = 5,
            colour = "white") +
  coord_polar(theta = "y")
```

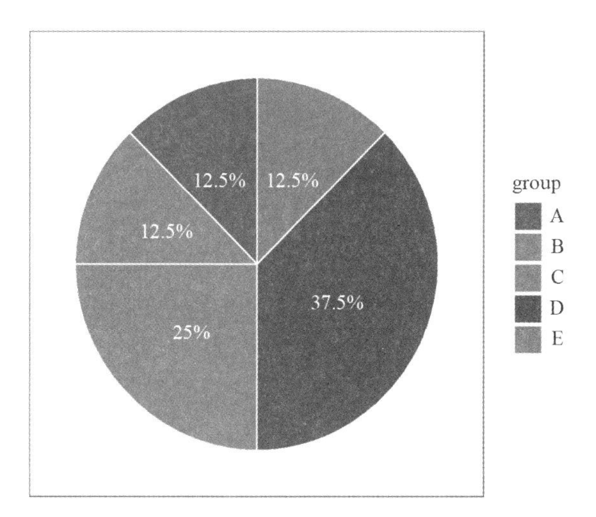

图 12-7 饼图(改变标签颜色)

4. 标签加边框

```
# 图12-8
library("ggsci")
library(ggplot2)
group <- c("E", "D", "C", "B", "A")
value <- c(10, 30, 20, 10, 10)
data <- data.frame(group, value)
data$percent <-
  paste0(round(100 * data$value / sum(data$value), 2), "%")
ggplot(data, aes(x = "", y = value, fill = group)) +
  geom_bar(stat = "identity", color = "white") + theme_bw() +
  scale_fill_aaas() +
  theme(
    axis.text.x = element_blank(),
    axis.ticks = element_blank(),
    panel.grid = element_blank()
  ) +
  labs(x = "", y = "") +
  geom_label(
    aes(y = value / 2 + c(0, cumsum(value)[-length(value)]),
        label = paste0(percent)),
    size = 2.6,
    colour = "white",
    show_guide  = F
  ) +
```

```
  coord_polar(theta = "y")
```

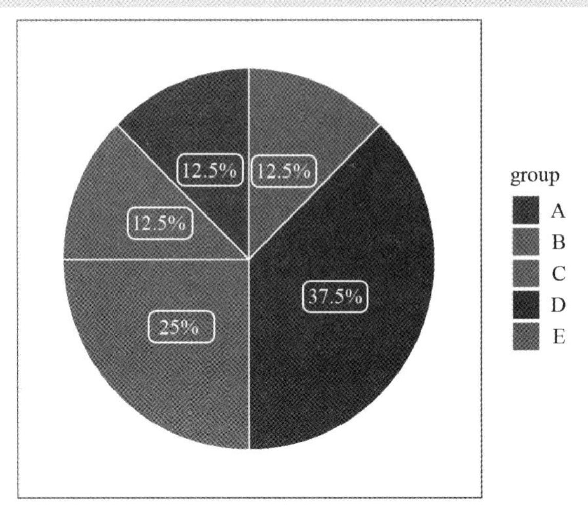

图 12–8 饼图(标签加边框)

5. 去除扇形之间的白线

```
# 图 12-9
library("ggsci")
library(ggplot2)
group <- c("E", "D", "C", "B", "A")
value <- c(10, 30, 20, 10, 10)
data <- data.frame(group, value)
data$percent <-
  paste0(round(100 * data$value / sum(data$value), 2), "%")
ggplot(data, aes(x = "", y = value, fill = group)) +
  geom_bar(stat = "identity") + theme_bw() +
  scale_fill_aaas() +
  theme(
    axis.text.x = element_blank(),
xis.ticks = element_blank(),
    panel.grid = element_blank()
  ) +
  labs(x = "", y = "") +
  geom_label(
    aes(y = value / 2 + c(0, cumsum(value)[-length(value)]),
        label = paste0(percent)),
    size = 2.6,
    colour = "white",
    show_guide  = F
```

```
  ) +
  coord_polar(theta = "y")
```

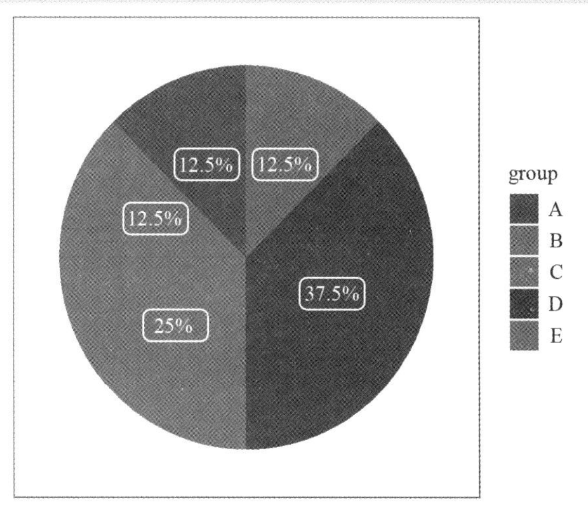

图 12-9　饼图(去除扇形之间的白线)

6. 改变主题

```
# 图12-10
library("ggsci")
library(ggplot2)
group <- c("E", "D", "C", "B", "A")
value <- c(10, 30, 20, 10, 10)
data <- data.frame(group, value)
data$percent <-
  paste0(round(100 * data$value / sum(data$value), 2), "%")
ggplot(data, aes(x = "", y = value, fill = group)) +
  geom_bar(stat = "identity") +
  scale_fill_aaas() +
  theme(
    axis.text.x = element_blank(),
    axis.ticks = element_blank(),
    panel.grid = element_blank()
  ) +
  labs(x = "", y = "") +
  geom_label(
    aes(y = value / 2 + c(0, cumsum(value)[-length(value)]),
        label = paste0(percent)),
    size = 2.8,
    colour = "white",
```

```
    show_guide  = F
  ) +
  coord_polar(theta = "y")
```

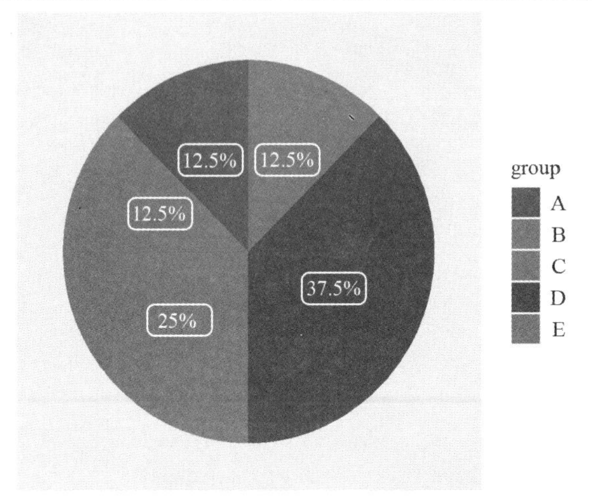

图 12–10 饼图(设置主题)

7. theme_void()主题

```
# 图 12-11
library(ggplot2)
library(ggsci)
group <- c("E", "D", "C", "B", "A")
value <- c(10, 30, 20, 10, 10)
data <- data.frame(group, value)
data$percent <-
  paste0(round(100 * data$value / sum(data$value), 2), "%")
ggplot(data, aes(x = "", y = value, fill = group)) +
  geom_bar(
    stat = "identity",
    width = 1,
    color = "white",
    linetype = 1,
    size = 1
  ) + theme_void() +
  scale_fill_aaas() +
  theme(
    axis.text.x = element_blank(),
    axis.ticks = element_blank(),
    panel.grid = element_blank()
```

```
  ) +
  labs(x = "", y = "") +
  geom_label(
    aes(y = value / 2 + c(0, cumsum(value)[-length(value)]),
        label = paste0(percent)),
    size = 2.8,
    colour = "white",
    show_guide  = F
  ) +
  coord_polar(theta = "y")
```

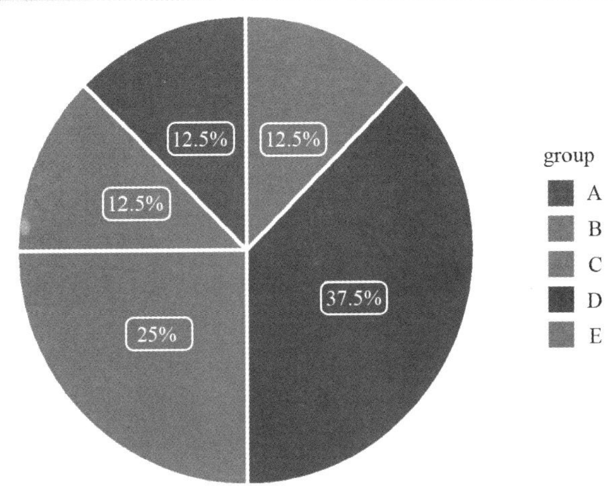

图 12–11 饼图(theme_void()主题)

第四节 ggpubr 包绘制饼图

1. 默认参数

```
# 图 12-12
library(ggpubr)
group <- c("E", "D", "C", "B", "A")
value <- c(10, 30, 20, 10, 10)
data <- data.frame(group, value)
data$percent <-
  paste0(round(100 * data$value / sum(data$value), 2), "%")
library(ggpubr)
labs <- paste0(data$group, " (", data$percent, ")")
```

```
ggdonutchart(
  data,
  "value",
  label = labs,
  lab.pos = "in",
  lab.font = "black",
  fill = "group",
  color = "white",
  palette = c("#c72e29", "#016392", "#be9c2e", "#098154", "#fb832d")
)
```

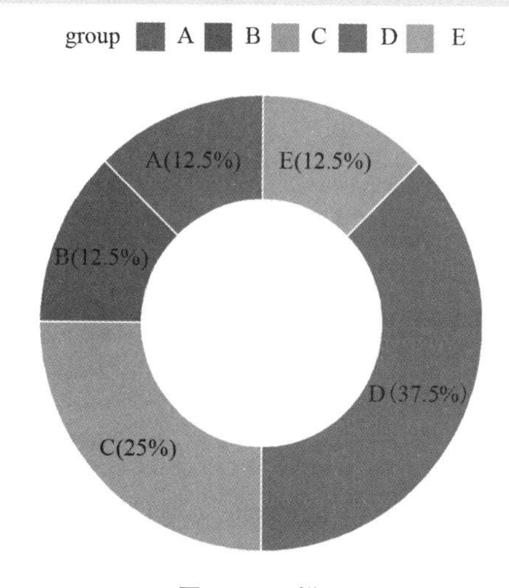

图 12–12 饼图

2. 设置调色板(palette="npg")

```
# 图 12-13
library(ggsci)
group <- c("E", "D", "C", "B", "A")
value <- c(10, 30, 20, 10, 10)
data <- data.frame(group, value)
data$percent <-
  paste0(round(100 * data$value / sum(data$value), 2), "%")
library(ggpubr)
labs <- paste0(data$percent)
ggdonutchart(
  data,
  "value",
  label = labs,
  lab.pos = "in",
```

```
  lab.font = "black",
  fill = "group",
  color = "white",
  palette = "npg"
)
```

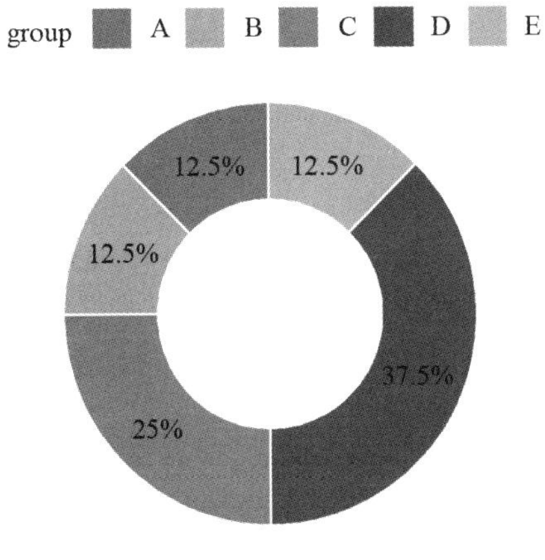

图 12–13 饼图(设置调色板)

3. 参数注释

ggdonutchart(
data,
x,
label = x,
lab.pos = c("out", "in"),# 标签位置
lab.adjust = 0,# 标签位置调整
lab.font = c(4, "bold", "black"),# 标签字号、字体、颜色
color = 色块边框颜色
palette = 调色板名称,
size = 色块间距,
ggtheme = theme_pubr()# 主题)

4. 设置标签字号和颜色

```
# 图 12-14
library(ggsci)
group <- c("E", "D", "C", "B", "A")
value <- c(10, 30, 20, 10, 10)
data <- data.frame(group, value)
data$percent <-
  paste0(round(100 * data$value / sum(data$value), 2), "%")
library(ggpubr)
```

```
labs <- paste0(data$percent)
ggdonutchart(
  data,
  "value",
  label = labs,
  lab.pos = "in",
  lab.adjust = 0,
  lab.font = c(8, "bold", "white"),
  fill = "group",
  color = "white",
  palette = "npg"
)
```

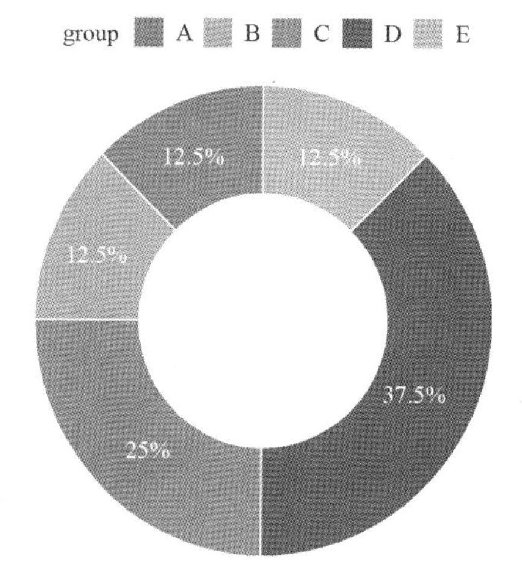

图 12-14 饼图(设置标签字号和颜色)

5. 设置色块间距

```
# 图 12-15
library(ggsci)
library(ggplot2)
group <- c("E", "D", "C", "B", "A")
value <- c(10, 30, 20, 10, 10)
data <- data.frame(group, value)
data$percent <-
  paste0(round(100 * data$value / sum(data$value), 2), "%")
library(ggpubr)
labs <- paste0(data$percent)
ggdonutchart(
  data,
```

```
  "value",
  label = labs,
  lab.pos = "in",
  lab.adjust = 0,
  lab.font = c(5, "bold", "white"),
  fill = "group",
  color = "white",
  size = 1,
  palette = "npg"
)
```

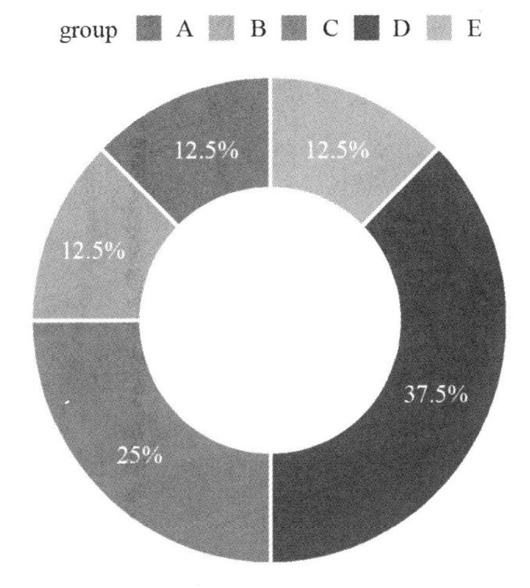

图 12–15 饼图(设置色块间距)

附录　绘图输出格式

R 可以通过输出图形的函数将绘图保存为矢量图或位图。

一、矢量图

矢量图通过数学公式计算,用直线和曲线描述图像,无论放大多少,图像的清晰度不变,而且占用的存储空间很小。矢量图编辑使用 Adobe Illustrator 软件。

1. 矢量图文件格式与输出函数

R 输出矢量图的格式包括 svg 和 pdf。

```
svg(filename = if(onefile) "Rplots.svg" else "Rplot%03d.svg",
   width = 7, height = 7, pointsize = 12,
   onefile = FALSE, family = "sans", bg = "white",
   antialias = c("default", "none", "gray", "subpixel"),
   symbolfamily)
pdf(file = if(onefile) "Rplots.pdf" else "Rplot%03d.pdf",
   width, height, onefile, family, title, fonts, version,
   paper, encoding, bg, fg, pointsize, pagecentre, colormodel,
   useDingbats, useKerning, fillOddEven, compress)
   # 默认物理尺寸为长宽各 7 英寸。
```

2. 应用举例

```
pdf("mygraph.pdf") # 输出 pdf 格式文件,将文件命名为 "mygraph.pdf"
attach(mtcars) # 加载数据集 mtcars
plot(wt, mpg) # 绘制 wt~mpg 的散点图
detach(mtcars) # 卸载数据集 mtcars
dev.off()# 关闭绘图设备
```

二、位图

位图也称为点阵图像或栅格图像,是由像素(图片元素)的点阵组成的。这些点可以进行不同的排列和染色以构成图像。位图的特点是可以表现色彩的变化和颜色的细微过渡,产生逼真的效果，缺点是在保存时需要占用较大的存储空间。常用的位图处理软件有 Photoshop(同时也包含矢量功能)、Painter 和 Windows 系统自带的画图工具等。

1. 位图文件格式与输出函数

R 输出位图的文件格式有 BMP、JPG、TIF 和 PNG。

(1)BMP 格式

BMP 格式是 Windows 的标准格式,后缀名为.bmp。文件体积大,质量高。

```
bmp(filename = "Rplot%03d.bmp",
    width = 480, height = 480, units = "px", pointsize = 12,
    bg = "white", res = NA, family = "", restoreConsole = TRUE,
    type = c("windows", "cairo"), antialias,
    symbolfamily="default")
    # 默认输出图像的宽高均为 480 个像素,res 默认值 72 ppi
```

(2)JPEG 格式

JPEG 格式是最常用的图像文件格式,后缀名为.jpg 或.jpeg。属于有损压缩格式,它能够将图像压缩在很小的储存空间,一定程度上会造成图像数据的损伤。尤其是使用过高的压缩比例,将使最终解压缩后恢复的图像质量降低,如果追求高品质图像,则不宜采用过高的压缩比例。

```
jpeg(filename = "Rplot%03d.jpg",
    width = 480, height = 480, units = "px", pointsize = 12,
    quality = 75,
    bg = "white", res = NA, family = "", restoreConsole = TRUE,
    type = c("windows", "cairo"), antialias,
    symbolfamily="default")
```

其中,参数 quality 为 JPEG 图像的"质量",以百分比表示。较小的值将提供更多的压缩效果,但也会降低图像的质量。

(3)PNG 格式

PNG 是一种采用无损压缩算法的位图格式,后缀名为.png。PNG 格式压缩比高,生成文件体积小,最适合折线图和色块。

```
png(filename = "Rplot%03d.png",
    width = 480, height = 480, units = "px", pointsize = 12,
    bg = "white", res = NA, family = "", restoreConsole = TRUE,
    type = c("windows", "cairo", "cairo-png"), antialias,
    symbolfamily="default")
```

(4)TIFF 格式

TIFF 格式是无损的,文件的扩展名为.tif。并且存储未压缩的 RGB 值,这种格式的文件尤其被书籍和期刊出版者喜欢,这是它相对于 PNG 的主要优点。TIF 文件体积大,是论文和书刊等出版物支持最广的图形文件格式,打印清晰度好。

TIFF 文件可以通过 LZW 无损压缩方式对文件体积压缩,原图像像素信息及品质丝毫不受损失,可通过插图编辑软件(PS 或 GIMP)对 TIFF 格式的插图进行 LZW 压缩处理。LZW 压缩前后,图片的大小可能会相差好几倍,很多未经压缩的 TIFF 图片如果有 500 dpi 以上的清晰度,可能有几十兆,经过 LZW 压缩,压缩好后的 TIFF文件可能只有 2~3 M。

```
tiff(filename = "Rplot%03d.tif",
```

```
width = 480, height = 480, units = "px", pointsize = 12,
compression = c("none", "rle", "lzw", "jpeg", "zip", "lzw+p", "zip+p"),
bg = "white", res = NA, family = "", restoreConsole = TRUE,
type = c("windows", "cairo"), antialias,
symbolfamily="default")
```

2. 应用实例(以 png 格式为例)

位图输出图像的质量取决于保存文件时设置的分辨率高低。位图输出函数以默认的参数输出的图像,长、宽各 480 像素,分辨率为 72 dpi,折合成物理尺寸,长、宽各 6.67 英寸,分辨率为 72 dpi。这种默认参数输出的图形,很多时候不能满足需要。可根据对输出图像的具体要求设置如下参数,使输出图像的物理尺寸和分辨率达到要求。

①filename,输出文件名称。

②width、height,图片的宽和高。

③units = c("in", "cm", "mm"),图像尺寸单位("英寸""厘米"或"毫米")。

④res,图像分辨率(每英寸所包含的像素数目)。

例如:将绘制的散点图保存为 png 格式,文件名 myplot1.png,长、宽各 3 英寸,分辨率 300 dpi。

```
png(file="myplot1.png", height=3,width=3,units="in",res=300)
# 指定存储文件名称,图像高、宽(物理尺寸)和分辨率。
plot(1:10)# 绘图
dev.off()# 关闭图形设备
getwd()# 显示文件保存路径
```

3. 四种格式的文件大小(图像 height=3,widt=3,units="in",res=300)

BMP 文件,793KB; JPG 文件,37 KB;PNG 文件,10 KB; TIF 文件,2374 KB。

4. 像素、英寸与分辨率

(1)像素(px,pixels)

一个像素就是一个颜色格子,像素是个相对尺寸,不是物理尺寸,所以不能实体量化。

(2)英寸

英寸是图像的实际物理尺寸,1 英寸 =2.54 厘米。

(3)分辨率(dpi,Dots Per Inch)

分辨率表示一英寸内像素点的个数,像素点越多,分辨率越高。英寸×dpi= 像素。

一般期刊杂志要求图片的分辨率为 300 dpi。人眼能分辨出的最大分辨率是 300 dpi。超过这个分辨率,用肉眼无法看出差别。

三、组合图

(一)两排两列

cowplot 包 plot_grid()函数,将 p1、p2、p3、p4 四幅图组合成一幅图,按照两行两列排列,标签分别为 A、B、C、D。

```
library(ggplot2);library(cowplot)
p1<-ggplot(mpg,aes(hwy,fill=drv))+geom_histogram(position="identity",
alpha=0.7)
p2<-ggplot(mpg,aes(drv,hwy))+geom_jitter(aes(color=drv))
p3<-ggplot(mpg,aes(drv,hwy,fill=drv)) + geom_boxplot()
p4<-ggplot(mpg,aes(drv ,hwy,fill=drv)) + geom_violin()
p5<-cowplot::plot_grid(p1,p2,p3,p4,nrow = 2,labels = c('A','B','C','D'))
```

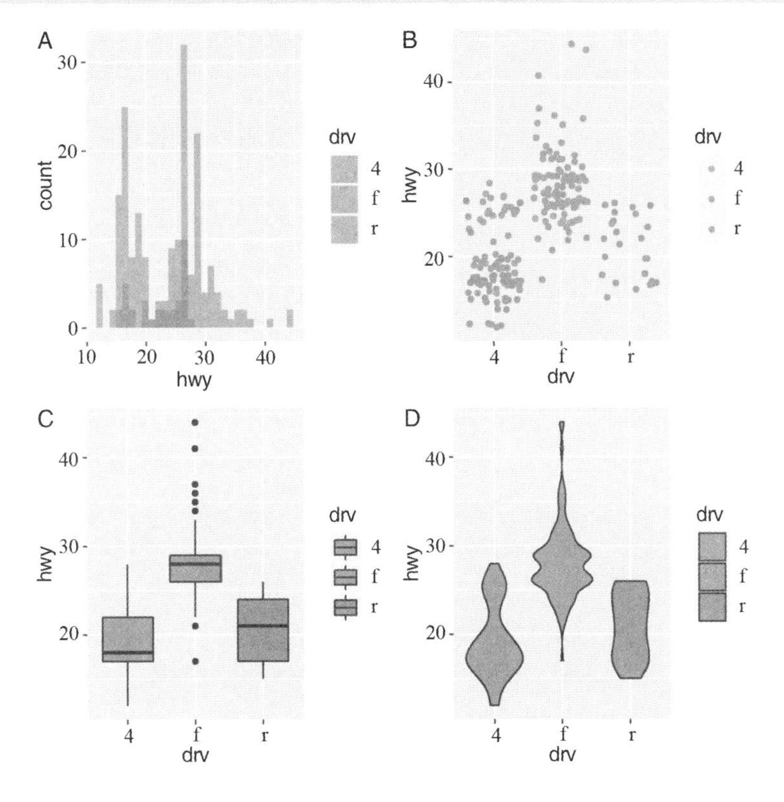

图 1 组合图(两排两列)

(二)一排两列

```
library("gridExtra")
library(ggplot2)
p1<-ggplot(mpg,aes(hwy,fill=drv))+geom_histogram(position="identity",
alpha=0.7)
p3<-ggplot(mpg,aes(drv,hwy,fill=drv)) + geom_boxplot()
grid.arrange(p3, p1,ncol=2)
```

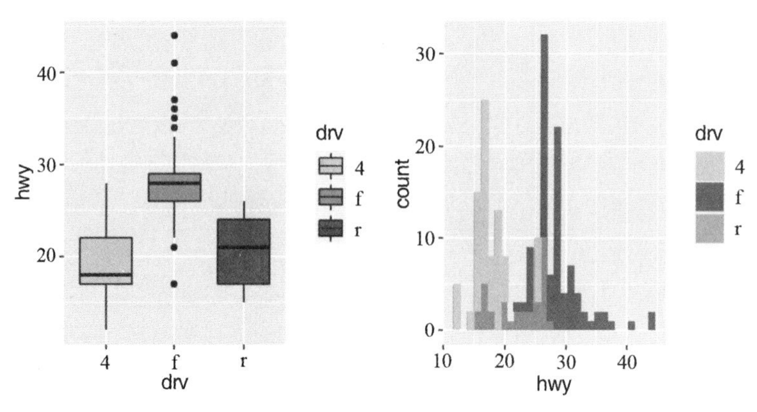

图 2 组合图(一排两列)

(三)一页多图

函数 layout()的调用形式是 layout(mat),mat 是个矩阵,它指定了所要组合的多个图形的所在位置。

```
attach(mtcars)
layout(matrix(c(1,1,2,3), 2, 2, byrow = TRUE))
hist(wt)
hist(mpg)
hist(disp)
detach(mtcars)
```

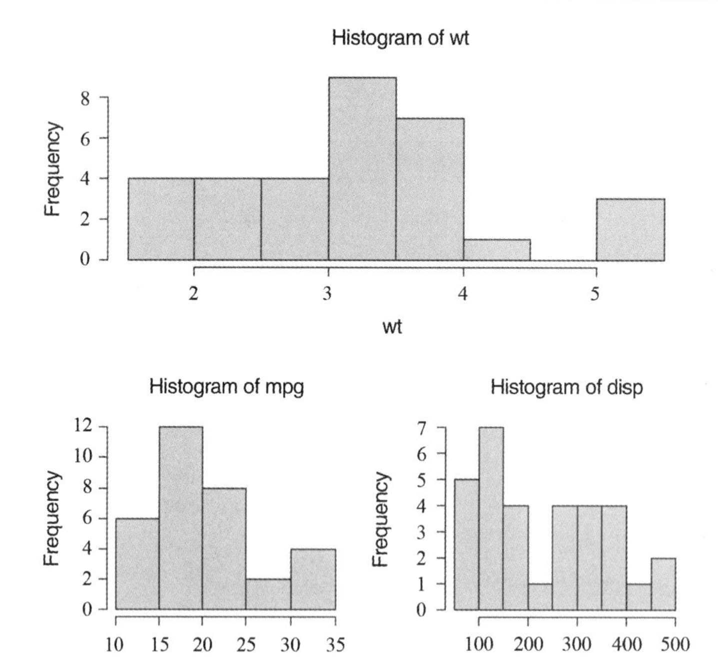

图 3 一页多图

为了精确控制每幅图形大小，可选择地在 layout()函数中使用 widths= 和 heights= 两个参数。

在 R 中使用 par()或 layout()可组合多幅图形为一幅图。在 par()函数中使用图形参数 mfrow=c(nrows, ncols)来创建行数为 nrows 列数为 ncols 的图形矩阵。

例如，用下面代码创建四幅图形并将它排列在两行两列中。

```
attach(mtcars)
opar <- par(no.readonly=TRUE)
par(mfrow=c(2,2))
plot(wt,mpg, main="Scatterplot of wt vs. mpg")
plot(wt,disp, main="Scatterplot of wt vs disp")
hist(wt, main="Histogram of wt")
boxplot(wt, main="Boxplot of wt")
par(opar)
detach(mtcars)
```

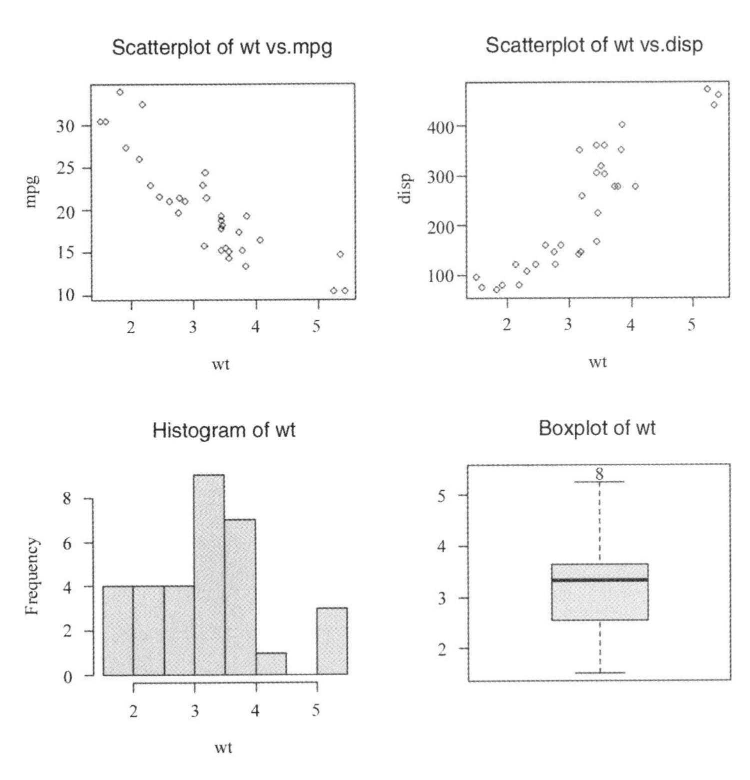

图 4　一页多图

参考文献

[1] Chang W. R Graphics Cookbook [M]. Sebastopol, California: O'Reilly, 2013.

[2] Sarkar D. Lattice: Multivariate Data Visualization with R [M]. New York: Springer,2008.

[3] Wickham H. Elegant Graphics for Data Analysis [M]. New York: Springer,2009.

[4] Chambers J. M. Software for Data Analysis: Programming with R[M]. New York: Springer,2008.

[5] Einman, Ken and Horton, Nicholas J. SAS and R: Data Management, Statistical Analysis and Graphics [M]. 2nd ed. Boca Raton, London, New York: CRC Press,2014.

[6] Emilio L. Cano,Javier M. Moguerza and Mariano Prieto Corcoba. Quality Control with R. New York: Springer,2015.